数学の力

高校数学で読みとくリーマン予想

小山信也

挿絵 Cotone.

データ協力 吉田崇将

日経サイエンス社

まえがき

数学には特別な力がある．数学は理工学の基礎であり現代社会を支えているとか，数学の応用によって最先端のテクノロジーが実現しているとか，そんな意味ではない．

人生において，数学という営みが人の生き方に及ぼす影響力，数学と人の精神とのかかわりの深さ，そうした観点で見たとき，数学のもつ特殊な魅力を認めざるを得ないということである．そんな事例は，数多く存在する．

四十代半ばで会社を辞め，脱サラ後の第二の人生を，数学専攻の大学院生として歩む者がいる．それはまるで，都会の喧騒を逃れ田舎に移住し農業に従事するセカンドライフにも似ている．そんな人々にとって，数学とは，大自然のようなものかもしれない．

あるいは，不登校で引きこもりだった高校生が，数学書に没頭して生きがいを見出し，独学で天才的な研究業績を上げる例もある．また逆に，数学の問題にのめり込んで他の一切に手が付かなくなり，進学や就職の機会も失い，途方に暮れる人生を送る者もいる．彼らにとって，数学とは，麻薬やギャンブルにも似た中毒性のあるものかもしれない．仮にそこまで極端なケースでなくても，定年後の趣味として緩やかに数学を楽しむ人は多いし，余暇に数学を学ぶ大人のための数学塾も盛況である．

こういう事例は，他の理工系の学問，たとえば電気工学や機械工学などでは見られないし，法学・経済学・社会学など文科系の分野でもなかなかないだろう．

しいて似た例を探すとすれば，文学や音楽などの芸術系の営みに，共通点があるかもしれない．趣味とする人々がいる一方，プロを目指しそれに没入して人生を棒に振る人々が少なからず，それも国境を越えて世界の至るところに存在する点など，確かに似ている．そういう意味ではスポーツとも共通点がある．数学者として身を立てることは，プロのスポーツ選手になるくらいに厳しい道のりであり，狭き門であるという見方もできる．

芸術やスポーツの世界で日本人の若者が世界的に活躍してニュースになると，テレビなどマスコミがその人の生い立ちから世界デビューまでの道のりを紹介することがある．かつて，私の妻がそうした報道を見て「数学者が世に出る経緯にそっくりね」と言ったことがある．確かに，無名時代の苦労から，収入に結びつかない努力をしながらの下積み．そして，海外に単身で乗り込み世界の最先端を学び，業績を上げて帰国した後は，世の中から手のひらを返したように評価される様は，少なからず共通している．

実際，海外生活の中身にも共通点は多い．もし，仕事の内容を見ずに生活スタイルや人とのかかわり方だけを追えば，数学者の暮らしぶりは，芸術家やスポーツ選手と区別がつかないだろう．

しかし，数学は決して，美術でも音楽でもスポーツでもない．純粋な学問，それも理系の基礎をなし歴史と伝統の最たる学問である．そのうえ，中学高校の教育では主役を張り，大学入試でも重視され，たくさんの人々の生涯の方向付けに大きな役割を演じている．こんな学問は他にないだろう．なぜ，数学にはこんな力があるのだろう．数学がもつ特別な魅力とは，いったい何なのだろう．

本書は，その謎を解明するための試みの一つである．攻略は，決して容易ではなく，そもそも一言で答えが述べられるようなものではないだろうが，本書では，いろいろな角度から例を挙げて数学の魅力を伝えてみたい．

そして，その中でも究極の題材が，数学史上最大の未解決問題であるリーマン予想である．本書は，リーマン予想がどんな問題なのか，高校数学を前提として解説する．それによって，数学の魅力の一端を伝えていければと思っている．なお，高校数学に属さない事項を補うため，巻末に付録を付けて解説した．本文だけを通読して一通りの理解ができるように努めたが，数学的な厳密さが気になる読者は，付録を使って勉強できるようになっている．

奥深い数学の世界を，本書を通じて一緒に探求して頂ければ幸いである．

著者

数学の力

高校数学で読みとくリーマン予想

目次

目次

装丁　八十島博明（グリッド）
組版　株式会社ウルス

第1章
数学の力とは

1.1　数学研究とは～簡単な例を通して

私は，以前に勤めていた大学で「数学研究法セミナー」という講義を 6 年ほど開講したことがある．受講者は高校を卒業したての大学 1 年生で，予備知識は高校までの数学という前提で，数学の研究を体験してみる試みであった．

「数学は練習問題や入試問題を解くことだ」と思っている多くの学生に対し，「新しい定理を発見することこそ，数学なのだ」と教えるために，彼らでも発見できそうなやさしい題材を用いて研究の手法を説明し，実際に研究をしてもらった．

「新しい定理の発見」といっても，何もないところから黙って座って考えて定理が出てくるわけがない．まずは既存の定理を学び，それをきっかけに何らかの方法で新しい定理を導き出す．そのため，新しい研究の前段階として既知の理論の勉強が必要ということになる．

講義では，既存の定理を発展させ新しい定理を見つけ出す手法として，次の 3 つを挙げた．

1. 精密化 … より詳しい事実を証明すること
2. 一般化 … 元の定理を含む，より広い場合に証明すること
3. 類似構成 … 元の定理と似た定理を発見して証明すること

既存の定理として，初等整数論の題材を用いた例を，以下に解説する．**表 1.1** は，1 から 19 までの自然数に対し，約数とその個数を記し，約数の個数が奇数で

	1	2	3	4	5	6	7	8	9	10	11
約数	1	1, 2	1,3	1, 2, 4	1, 5	1, 2, 3, 6	1, 7	1, 2, 4, 8	1, 3, 9	1, 2, 5, 10	1, 11
約数の個数	1	2	2	3	2	4	2	4	3	4	2
奇数	○			○					○		

	12	13	14	15	16	17	18	19
約数	1, 2, 3, 4, 6, 12	1,13	1, 2, 7, 14	1, 3, 5, 15	1, 2, 4, 8, 16	1, 17	1, 2, 3, 6, 9, 18	1, 19
約数の個数	6	2	4	4	5	2	6	2
奇数					○			

表 1.1　自然数の約数の個数

あるところに○印を付けたものである．○印が付いているのは，

$$1, \quad 4, \quad 9, \quad 16$$

であり，これは

$$1^2, \quad 2^2, \quad 3^2, \quad 4^2$$

であるから，以下の事実に気づく．

定理 1．約数の個数が奇数であるための必要十分条件は，平方数（2 乗数）であることである．

この事実が成り立つ理由（証明）は，少し考えるとすぐにわかる．約数は，多くの場合，2 個で 1 組になっているからである．例えば，8 の約数 1，2，4，8 は，

$$1 \times 8 = 8 \qquad 2 \times 4 = 8$$

より，1 と 8 が組であり，2 と 4 が組である．つまり，掛けて 8 になる相手と組ませれば 2 個ずつが組となるので，8 の約数が偶数個あることは，約数を数えなくてもわかる．しかし，平方数の場合は例外である．9 の約数 1，3，9 は，

$$1 \times 9 = 9 \qquad 3 \times 3 = 9$$

であるから，1 と 9 は組であるが，3 は自分自身と組であるため，独りぼっちとなる．すなわち，平方数に関しては，平方因子のみが独りぼっちとなるため，約数が奇数個となる．

上の説明で用いた 8 と 9 は，それぞれ，非平方数と平方数の代表として選んだわけであり，同様の議論は一般の自然数に対して成り立つので，定理 1 は証明できる．

最近は中学や高校の数学の授業で証明が軽視されており，「証明された定理」の意味合いを理解していない中学生や高校生も多い．実際，私も中学や高校で「数学の研究とは」というテーマで講演をさせてもらうとき，定理 1 を題材として用いることがあるのだが，素朴な中高生から「約数の偶奇なんか，どっちにしても数えればわかることなので，定理 1 を証明したことで何が変わるのか？」という

質問を受けることがある.

本書の読者にはこんな説明は不要かと思うが，念のため言っておくと，数学において「証明された定理」とは絶対的な真実であり，いったん証明されれば，個々の場合をいちいち確かめる必要はない．たとえば，あまりにも巨大な数で約数の個数を数えるのが事実上不可能であるとき，約数を 1 つも挙げなくても，個数の偶奇はわかる．1 億は，

$$1\text{億} = 10^8 = (10^4)^2$$

で平方数だから奇数個の約数をもち，一方，10 億は

$$10\text{億} = 10^9 = 2 \times 5 \times (10^4)^2$$

で非平方数だから偶数個の約数をもつ.

話をもとに戻すと，講義では，今示した定理 1 を出発点とし，これを発展させて新しい定理を作ってみた.

第一の手法である「精密化」は，例えば，定理 1 で扱った「奇数」を，より詳しく「4 で割って 1 余る数」とすることなどが考えられる．すなわち，奇数には 4 で割って 1 余るものと 3 余るものの 2 種類があるので，そのうち一方を特定することで，より詳しい事実がわかる（図 1.1）.

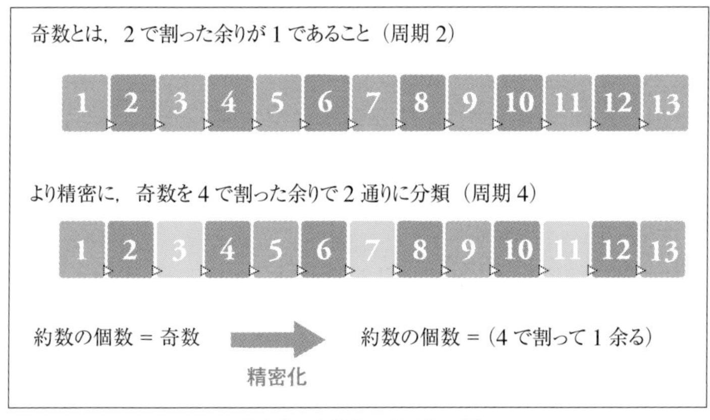

図 1.1　定理 1 の精密化の例

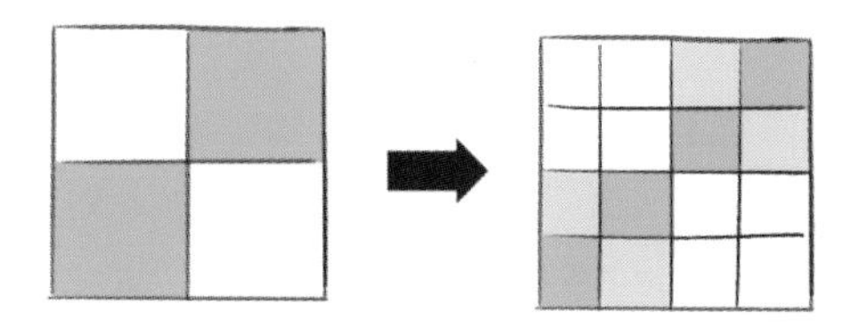

精密化 = より細かく考える

約数の個数を 4 で割って 1 余るのはどんなときか，実際に調べてみる際は，平方数だけチェックすれば十分である．なぜなら，4 で割って 1 余る数は奇数であるから，そうなるのは定理 1 より平方数に限るからである．そこで，36 以下の平方数について調べてみた結果が表 1.2 である．

	1	4	9	16	25	36
約数	1	1, 2, 4	1, 3, 9	1, 2, 4, 8, 16	1, 5, 25	1, 2, 3, 4, 6, 9, 12, 18, 36
約数の個数	1	3	3	5	3	9
4 で割った余り	1	3	3	1	3	1
余り	○			○		○

表 1.2　約数の個数を 4 で割って 1 余る自然数

これをみると，該当する数は

$$1 = 1^4 \qquad 16 = 2^4 \qquad 36 = 2^2 \times 3^2$$

となる．最初の 2 個は 4 乗数であるが，3 個目は 2 個の素数の平方の積になっている．このように，平方数であり，かつ，4 乗数以外の部分が偶数個の素因数からなるものが，約数の個数を 4 で割って 1 余るという性質をもつ．4 乗数は「同じ数の 2 個の積」の平方であることから，定理 1 の精密化として，次の事実が成り立つ．ただし，1 は 0 個の素数の積とみなす．

定理 2.　約数の個数を 4 で割って 1 余るための必要十分条件は，（重複を許した）偶数個の素数の平方の積であることである．

上の例で，$16 = 2^4 = 2^2 \times 2^2$ は 2 個の素数の平方の積なので当てはまる．

$36 = 2^2 \times 3^2$ も平方数が 2 個で偶数個の積となっているから，やはり当てはまる．

定理 2 の証明は，定理 1 よりはやや難しいとはいえ，約数の個数をきちんと数式で表せればわかる．たとえば，$18 = 2 \times 3^2$ の約数が 6 個であることは，約数を数え上げなくても，以下のように理論的に求めることができる．約数の素因数は 2 と 3 に限られ，それ以外の素因数はない．よって，約数は

$$2^{i_1} \times 3^{i_2}$$

という形をしており，i_1 は 0,1 のいずれかで 2 通り，i_2 は 0,1,2 のいずれかで 3 通りの値をとり得る．これら i_1 と i_2 の組合せで約数は得られるから，その総数は $2 \times 3 = 6$ 通りある．

このように，素因数分解に現れる指数を用いて，約数の個数の式を書ける．一般的な記法では，自然数 n の素因数分解を

$$n = p_1^{e_1} \cdots p_r^{e_r}$$

とおくと，n の約数は

$$p_1^{i_1} \cdots p_r^{i_r} \qquad (0 \le i_j \le e_j)$$

の形をしている．指数 i_1 は $0, 1, 2, \ldots, e_1$ の $e_1 + 1$ 通りをわたる．他の指数についても同様であり，n の約数は，p_1 から p_r までの素数の個数の組合せによって得られるから，n の約数の個数は

$$(e_1 + 1) \cdots (e_r + 1)$$

であることがわかる．定理 2 を示すには，$(e_1 + 1) \cdots (e_r + 1)$ が 4 で割って 1 余るような $e_1, \ldots, e_r$ の条件を求めればよい．これは，合同式

$$(e_1 + 1) \cdots (e_r + 1) \equiv 1 \pmod 4$$

を解く問題となる．あとは，方程式を解く問題であるから，その方法を知っている者にとっては自明なプロセスとなる．興味のある読者のために，この合同式を解く過程を**コラム 1** に記した．

コラム 1 の内容は，高校数学の範囲外の代数学を用いている．これについて学習したい読者は，必要事項を付録 A（⇒ 226 ページ）にまとめたので参照されたい．

コラム 1　定理 2 の証明

$n = p_1^{e_1} \cdots p_r^{e_r}$ の約数の個数に関する合同式

$$(e_1 + 1) \cdots (e_r + 1) \equiv 1 \pmod 4$$

を解く．整数環 $\mathbb{Z}$ の剰余環 $\mathbb{Z}/4\mathbb{Z} = \{0, \pm 1, 2\}$ において方程式

$$(\overline{e}_1 + 1) \cdots (\overline{e}_r + 1) = 1$$

を解けばよい．ただし $\overline{e}_i$ は $e_i \in \mathbb{Z}$ の $\mathbb{Z}/4\mathbb{Z}$ への像である．r 個の因数 $\overline{e}_i + 1$ $(i = 1, 2, 3, \ldots, r)$ は，どれも ± 1 のいずれかであり，このうち -1 は偶数個ある．$\overline{e}_i + 1 = 1$ となるとき，$\overline{e}_i = 0$ であるから，e_i は 4 の倍数である．このとき，$p_i^{e_i}$ は 4 乗数となり，素数の平方 $p_i^{\frac{e_i}{2}}$ の 2 個の積となる．一方，$\overline{e}_i + 1 = -1$ となるとき，$\overline{e}_i = 2$ であり，e_i は 4 で割って 2 余る数となる．このとき，$p_i^{e_i}$ は 4 乗数ではない平方数となり，上で示したようにそれは偶数個ある．　　（証明終）

次に，第 2 の研究手法として，定理 1 を「一般化」する例を挙げる．一般化とは，元の定理を含む，より広い範囲で成立する定理を発見することである．

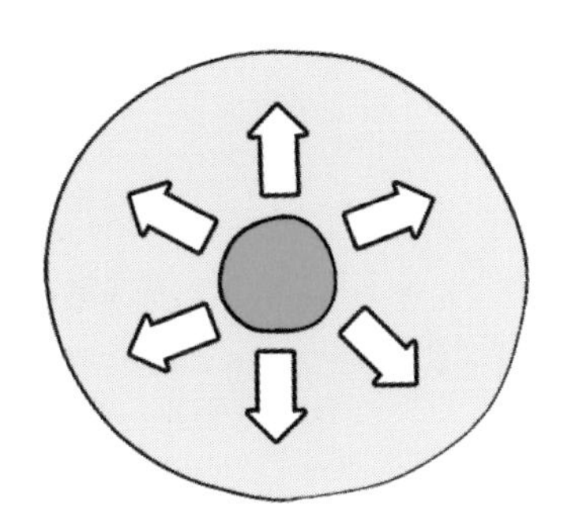

一般化 = より広い範囲で成り立つことを考える

定理1は

約数の個数が，2で割って1余る数である場合

を特徴づけたものであった．これを一般化し，

約数の個数が，m で割って k 余る数である場合

を，m, k を用いて特徴づけることができれば，その結論は $m = 2$，$k = 1$ の場合として定理1を含むことになる．また，$m = 4$，$k = 1$ の場合に定理2も含む．このように，m，k などの一般的な文字を用いて表された定理が，定理1の一般化の例である．そうした定理を求めるには，定理2の証明と同様に，合同式

$$(e_1 + 1)\cdots(e_r + 1) \equiv k \pmod m$$

を解けばよい．あとは方程式の問題になる．結果は m, k によって異なる形となり，数多くの場合分けが必要となる．すべての結果を羅列することは省略するが，結果の一部を抜き出して，それなりにインパクトのある形で定理として記すことはできる．

たとえば，定理1，2では以下の事実を突き止めた．

平方数 $\Longrightarrow$ 約数の個数を2で割ると1余る．

4乗数 $\Longrightarrow$ 約数の個数を4で割ると1余る．

これは，必要十分条件のうちの一方を抜粋したものだが，きれいな形をしていることに注目し，これを一般化すると次の定理を得る．

定理3．m 乗数の約数の個数を，m で割ると1余る．

証明は定理2と同様である．m 乗数なので，素因数分解に現れるすべての指数が m の倍数であることから，それらを $mk_1, \cdots, mk_r$ とおけば，合同式

$$(mk_1 + 1)\cdots(mk_r + 1) \equiv 1 \pmod m$$

が成り立つことから，定理3は成り立つ．　（証明終）

定理3は，定理1の膨大な一般化のうちの小さな一部分にすぎないが，m 乗数に興味をもつ者にとっては意味のある定理だろう．このように，定理を一般化しすぎて長大で書ききれなくなったり，面白さが見失われてしまった場合も，興味深い一部分を見出し，抜粋して記すことで，それなりに価値のある定理を得られることがある．

最後に，第3の研究手法として，定理1を「類似構成」することによって新たな定理を得る例を挙げる．

類似 = 似たことを見出す

［ギター（左）の演奏技術でベース（右）を弾く］

自然数の代わりに多項式を考え，素因数分解の代わりに因数分解を考えると，類似の状況が成り立つ．整数係数多項式において，

$$x^2 - 3x + 2 = (x - 1)(x - 2)$$

を割り切る多項式は，

$$1, \qquad x - 1, \qquad x - 2, \qquad (x - 1)(x - 2)$$

の4つであり，偶数個ある．一方，

$$x^2 - 2x + 1 = (x - 1)^2$$

を割り切る多項式は，

$$1, \qquad x - 1, \qquad (x - 1)^2$$

の3つであり，奇数個ある．定理1と同様に考えると，以下の定理が成り立つこ

とがわかる.

定理 4. 多項式を割り切る多項式の個数が奇数であるための必要十分条件は, 完全平方式であることである.

証明は定理1と同様である. 定理1をすでに学んだ者が見れば, 定理4は当たり前に思えるかもしれないが, 何の予備知識もなくいきなり定理4を見たら, 少し驚くのではないだろうか.

それに, 定理1を知っている全員が自動的に定理4を思いつくわけではない. 定理1から定理4を着想するには, その人の数学的な体験の広さ, 「整数と多項式が似ている」という人間的な感覚が鍵となる.

定理4の証明中で, 定理1を用いていないことに注意しよう. 定理1から論理的に定理4が得られるのではなく, 人間のもつ「似ている」という感性により, 定理4は証明されるのである.

以上, 数学研究法セミナーで扱った例を用いて, 3つの研究手法を説明してきた. 3つのどれもみな, 決まった正解はない点が重要である. どのような観点で精密化するか, どのように一般化するか, どんな類似を考えるか, それは各人のオリジナリティーにかかっている.

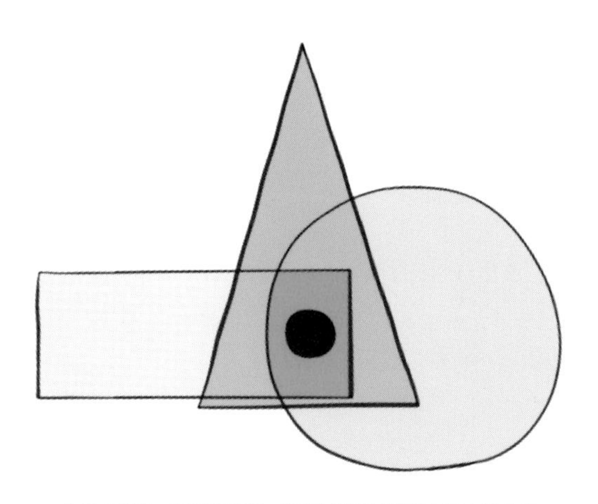

中央の黒丸（元の定理）を広げる方法はいろいろある

このように，数学の醍醐味の一つは，自分の自由な発想で新しいものを生み出せる点にある．そうした創発的な活動に人は魅力を感じるので，それが数学の魅力の一つであることは確かであろう．だが，既存の定理をアレンジすることが数学の魅力のすべてではないことはもちろんである．既存の定理を遡れば，最初にオリジナルな定理があったはずだ．それが魅力的だったからこそ，その定理は後継研究によって発展してきたのだ．本書のテーマは，そうした根源的な数学の魅力を探ることである．それが，まえがきで述べた「数学の力」なのである．

1.2　素数が無数に存在すること

数学最大の未解決問題である「リーマン予想」は，素数に関する謎であり，数学の中の整数論という分野に属する問題である．整数論は，整数の性質を研究する学問である．整数とは，

$$\cdots,\quad -3,\quad -2,\quad -1,\quad 0,\quad 1,\quad 2,\quad 3,\quad \cdots$$

すなわち，

$$0,\quad \pm1,\quad \pm2,\quad \pm3,\quad \pm4,\quad \pm5,\quad \cdots$$

という数たちのことである．そのうち正のもの

$$1,\quad 2,\quad 3,\quad 4,\quad 5,\quad \cdots$$

を自然数と呼ぶ．

素数とは，より小さな自然数の積に分解できないような自然数のことである．たとえば 15 は，$15 = 3 \times 5$ と分解できるから素数ではない．一方，

$$2,\quad 3,\quad 5,\quad 7,\quad 11,\quad 13,\quad 17,\quad 19,\quad \cdots$$

は素数である．

分解できるということは，図 1.2 のように，長方形の形にきれいに並べられることを意味する．

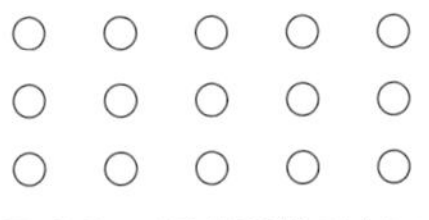

図 1.2　15 は素数でない

この並べ方は一通りとは限らない．たとえば 12 は，$12 = 2 \times 6$ とも，$12 = 3 \times 4$ とも並べられる（図 1.3）．

図 1.3　12 の並べ方は 2 通りある

ここで，一つ重要な問題がある．これは紀元前の昔からあった問題であり，その完全な解答はいまだに最先端の数学でも発見されていない．それは，

素数はどれだけたくさんあるか

という問題である．

この問題に対する，第一段階の正解は「無数にたくさんある」である．まず，これについて少し詳しく考えてみよう．

はじめに，これは決して当たり前の結論ではないことに注意すべきである．大学のクラスで「素数が無数に存在すること」の理由を問うと，よく，以下のように答える学生がいる．

自然数が 1, 2, 3, 4, 5,... と無数にたくさんあるのだから，その構成要素である素数も無数にたくさんあるに決まっている．

しかし，これは論理的に間違っている．たとえば，仮に素数が 2, 3, 7 の 3 個しかなかったとしても，それらの組合せは無数にあるからである．

$$\underbrace{2\times 2\times\cdots\times 2}_{37\text{ 個}}\times\underbrace{3\times 3\times\cdots\times 3}_{59\text{ 個}}\times\underbrace{7\times 7\times\cdots\times 7}_{103\text{ 個}}$$

のようにして，2, 3, 7 を好きな回数だけ掛ければ，回数の選択が無数にあり得るので，結果として無数にたくさんの数が出てくる．とり得る回数の組合せをすべて尽くせば，もしかしたらすべての自然数を表すことができるかもしれない．

もちろん，実際にはそんなことは起きないわけだが，それを示すには，たとえば 5 や 11 のように，2, 3, 7 の組合せで表せない数を具体的に知る必要がある．この例では 2, 3, 7 の 3 個の素数しかなかったから 4 個目を発見するのはやさしいが，1000 個の素数が見つかった後で，1001 個目の素数を発見できるとは限らない．その 1000 個の組合せですべての整数が表せてしまい，素数は全部でその 1000 個しかないという可能性も，容易には否定できないのである．

したがって，素数が無数に存在することは，当たり前ではない．論理的に証明する必要のある数学の定理なのである．

素数が無数に存在することを最初に証明したのはユークリッドであるといわれている．以下，その方法を見ていく．

その前に，「無数に存在する」という用語を正確に定義しなくてはならない．数学は論理的な学問である．証明する前に，すべての用語の厳密な定義を明確にしておく必要がある．

「素数が無数に存在する」あるいは「素数の個数が無限大である」とは，

どんな有限の数よりも大きな個数の素数が存在すること

であると定義する．つまり，人間は「無限」を理解する前に「有限」は理解できるという前提のもと，「無限」を「有限でない」と定義するのである．そして，「有限」とは何らかの具体的な数 n によって個数が表せることだから，この定義を言い換えれば，「素数が無数に存在する」は

任意の自然数 n に対し，n を超える個数の素数が存在する

となる．

ユークリッドの証明は，この定義に従ったものである．すなわち，n 個の素数があるとして，$n+1$ 個目の素数を構成することにより，はじめに与えた n 個以外の新たな素数が存在することを証明したのである．

その発想は，

n 個の素数のすべての積に 1 を加えた数

を考えるというものだ．$n=3$ のときを例にとって説明する．たとえば，3 つの素数 2, 3, 7 が与えられたとき，

$$2 \times 3 \times 7 + 1 = 43$$

を考える．こうして作った数 43 は，2 でも，3 でも，7 でも割り切れない．というのは，前半の $2 \times 3 \times 7$ の部分が，2 でも，3 でも，7 でも割り切れるので，後半の +1 の部分が余りになるからである．43 は，3 つの素数 2, 3, 7 のどれで割っても 1 余る．したがって，43 は，3 つの素数 2, 3, 7 以外の新しい素数の積に分解されるか，または，それ自体が新しい素数であるかのいずれかである．どちらにしても 2, 3, 7 以外の 4 つ目の素数が存在することになる．

なお，実際に 43 が素数であるかどうかは，いろいろな数で割ってみて割り切れるかどうかを調べればよい．その際，割る数は素数だけ考えれば十分である．たとえば「43 が 2 で割り切れない」という事実がわかれば，4 で割ってみる必要はない．もし 4 で割り切れれば当然 2 でも割り切れるのだから，2 で割り切れなかった以上，4 で割り切れるはずがないからだ．

こうして 43 が素数であることがわかり，4 つの素数 2, 3, 7, 43 を得る．ユークリッドの方法によると，次は

$$2 \times 3 \times 7 \times 43 + 1$$

を考えることにより，5 つ目の素数を得ることができる．この手順を永遠に繰り返せば，いくらでも新しい素数を得ることができる．したがって，素数は無数に

たくさんある．以上がユークリッドの証明である．

なお，ここで述べた議論は，単に 2, 3, 7 の 3 個から 43 という 4 個目の素数を構成しただけにとどまらず，一般の n 個の素数から $n+1$ 個目の素数を構成するアイディアを表している．これによって，定理が理論的に証明されることに，注意すべきである．たとえば，5, 11 という別の素数を選んでも，それらの積に 1 を足した $5 \times 11 + 1 = 56$ は，5 とも 11 とも異なる新たな素数である 2, 7 からなっている．したがって，5 と 11 に続く 3 個目，4 個目の素数 2, 7 が得られるのである．

以上の状況をより明確にするため，通常，数学では，証明を記す際に，一般的な記号を用いる．

> n 個の素数 $p_1, p_2, \ldots, p_n$ が任意に与えられたとする．このとき，$p_1 \times \cdots \times p_n + 1$ の素因数の 1 つを p_{n+1} とすると，p_{n+1} は $p_1, p_2, \ldots, p_n$ のどれとも異なるので，$n+1$ 個目の素数 p_{n+1} が存在する

という具合である．

以上で，「素数が無数に存在する」というユークリッドの定理が証明された．ここで一つ注意しておくと，上で説明した証明は，背理法ではない．よくこれを背理法とする文献を見かけるが，それは誤りである．「どんな有限個（n 個）よりも大きな個数（$n+1$ 個）の素数が存在する」ことは，先に確認した「無数に存在する」の定義そのものである．有限個（n 個）の存在を仮定するのは，背理法の仮定ではなく定義に含まれている仮定であり，定義に忠実に証明しているにすぎない．確かに，「有限個（n 個）しか存在しない」と仮定して矛盾を導くという背理法の形式で証明を書くことも可能だが，そのような解釈には意味がない．どんな数学の証明も，結論が成り立たないと仮定してから普通に証明すれば，仮定に矛盾する結果が得られ，背理法の形式で証明が可能である．背理法であるか否かは，「仮定に矛盾するか」という形式で決まるのではなく，「どう矛盾するか」の中身で決まるのである．直接法で証明できることを，わざわざ背理法で示すのはナンセンスである．上の証明が背理法でないことは，証明を無限の定義と見比べれば明らかである．

1.3 第一の力

私はまえがきで「数学には不思議な力がある」と述べた．その説明として，まず第一に挙げられるのは「数学によって，人は絶対的な真実に到達できる」ということである．

証明された命題「素数が無数に存在する」は絶対的な真理であり，どのような状況下でも正しい．いつの時代でもどの場所でも成り立つ，普遍的な真実なのである．

歴史を振り返れば，物理学の法則は，ニュートン力学から相対性理論や量子力学へと変遷を遂げてきた．ニュートン力学だけでは，光速に近い速度で動く物体の運動を記述できないし，光が干渉して縞模様ができることも説明できない．現代物理学の見地から厳密に言えば，「ニュートン力学は誤っていた」という言い方もできる．一方，素数が無数に存在するという定理は，紀元前にユークリッドがこの事実に到達して以来，一度も揺らいだことがない．この定理の価値は，今後10000年たっても少しも変わらないだろう．なぜなら，数学的な真実は，理論的に証明されているからである．

絶対的な真理，普遍的な真実は，人を惹きつける．それゆえ，人は数学に夢中になる．これが第一の説明である．

意外に思われるかもしれないが，こうした絶対的な真理は，日常生活ではもちろんのこと，数学以外の学問の世界でもほとんど見られない．一見，確実に成り立つように見える命題であっても，よく吟味してみると絶対的といえない事例がほとんどである．

たとえば「どんな人間にも寿命はある」という命題は，絶対に正しいかに思える．しかし，私たちがそれを正しいと確信するのは，これまでの膨大な歴史をみて，この命題を満たす事例が数限りなくあり，その一方でこの命題を満たさなかった例が一つもないからである．つまり「今までそうだったから，これからもそうだろう」と言っているにすぎない．仮にこれを証明するとなれば，たとえば，人体を構成するある物質が時間とともに消費されることを突き止め，それが150年以内にすべて使い果たされてしまうといったことが論証できればよいかもしれない．すなわち，何らかの方法で人の余命の上限を測定できるようになれば，証明らしきものに近づいたといえるかもしれない．

しかし，仮にそこまで突き止めたとしても，それでもまだ絶対的な真理に到達できたとはいえないだろう．なぜなら，将来その物質を人工的に製造できるようになるかもしれないし，その物質がなくても代替の物質で生きられるようになるかもしれない．iPS 細胞のような万能細胞が数多く発見され，人体のあらゆる器官が再生でき，衰えた人間の脳を AI に取り換えることができるようになったとき，その個体が「生き続ける」ことの定義すら曖昧になるときが来るかもしれない．そんな時代になっても，はたして「どんな人間にも寿命はある」と断言し続けられるだろうか．これほど当たり前に成り立つかに見える命題ですら，「絶対的な真実」「普遍的な真理」ではないのである．このことは，数学がもつ普遍性がいかに稀少なものであるかということを物語っている．

それでは，そうした数学のもつ普遍性や絶対的な真実に，少しでも近い性質をもつものは，他にあるのだろうか？

これは私の個人的な意見であり，必ずしもすべての数学者が共有している感覚ではないと思うが，私は，音楽などの芸術的な営みの中に，数学と共通する性質を見出すことができると感じている．たとえば，人が美しいと感じる和音と，そうではない不協和音がある．それらをつなぎ合わせたコード進行によって曲ができ，それを美しいと感じる人間の感性がある．その感性は，ときとして時代や国籍を越え，美しい楽曲は人類共有の財産として世界中の人々の心に残る．それは，数学の定理が人類の歴史に刻まれる様子に似ている．

音楽は好みによって価値が異なるではないかとの反論があるかもしれない．確かに，ロック好きがクラシックを聴いても，感動するとは限らない．だが，それはいわば些細なことである．あらゆる音の組合せをランダムに鳴らしたら，まずほとんどは聞くに堪えない不協和音となる．曲として聴こえるものになる確率は非常に低く，その中でも良い曲，名曲になる確率はほとんどゼロに近いといってよい．そういう状況下で，曲として聴こえる音のつながりを発見して楽曲を創作するのは，あたかも，数学の定理を発見する営みのようである．「社会に役立つか」「利益を上げられるか」といったこととは無関係に，ひたすら「良いもの」を希求する人間の感性のみが，そうした営みを推進する．「曲として聴こえる」さらに「良い曲に聴こえる」という現象は，いつの時代の人種にも，どこの国の民族にも共通して起きるものであり，人間が先験的にもつ感覚に根差していると考えられる．それだけではない．あるメロディーを聞くと明るい気持ちで心を躍らされ，あるコード進行には寂しさや悲哀の感情を抱くといった営みも，誰に教えられたわけでなくてもすべての人間が自然に行っていることであり，そこには万人に共通する何かがあると考えられる．それこそ数学がもつ「普遍性」，数学の定理に匹敵する「真実」であるともいえる．実際，音がハモって美しく聴こえるのは，振動数が簡潔な整数比になっている場合であるから，数学的・理論的な裏付けがあることも確かである．だが，人間がそもそも振動数の整数比の数学的な美しさを見て音楽を美しいと感じたわけではない．聴こえた音を純粋に美しいと感じたのである．根底にあるのは「良さ・美しさ」を判断する感性であり，それは，人が，数学の論理が通った証明を「良い・美しいと感じる」のに似ているのだ．

こうしたことはもちろん，音楽だけではない．他の芸術にも共通していえる．たとえば美術においても，遠近法や構図，色彩のコントラストなど，理論化できる部分はあるだろうが，どういうものを美しいと感じ，何を良しとするかは，人間が美意識で判断することである．

数学には，人の感性による判断が不可欠である．完璧な論理によって証明される定理は，それに価値を見出せる人間の感性と合わさることにより，初めて数学と呼べるものになる．

1.4　何がうれしいか

「素数が無数に存在すること」は絶対的な真理であるから，それが証明できたことは素晴らしい．これが，前節までに得た結論であった．

だがここで，一つの疑問が湧く．「そんなことが証明できたからといって，それがどうした？」「いったい何がうれしいのか？」実は，こうした疑問を抱くことは，こと数学においては，非常に重要である．

というのは，数学は，他の理工学系の学問と異なり，「世の中の役に立つこと」

とは別の価値をもち，それが数学の魅力となり，数学研究の推進力となっているからである．いわば「数学的な価値観」と呼べるものが存在するのだ．

念のため言っておくと，素数が無数に存在する事実自体は，世の中に大いに役立っている．現代社会においてインターネット上の暗号の生成に巨大な素数が用いられており，そのシステムは素数が無数に存在することを前提として構築されているからである．したがって，この定理は応用され，世の中に役立っているのだが，たとえそうだとしても，数学という学問の真の魅力がそこにのみあるわけではない．ユークリッドの定理の価値がそれによって生じたわけではないということである．

数学的に証明された事実，すなわち定理は，絶対的な真実であるという点ではどれも共通しているが，だからといって，それらの価値が完全に等しいわけではない．冒頭で中高生の数学研究の例として挙げた「約数の個数に関する定理」は，ユークリッドの定理「素数が無数に存在する」に比べて価値が低いといえるだろう．このように，数学的に証明された命題の中にも，素晴らしい定理と凡庸な定理がある．社会的な応用とは別の，数学的な価値観によって定理を評価することは，研究者が研究課題を選定するうえでも，研究の意義を人に説明するうえでも，重要である．

若い研究者が研究目標を設定するとき，最初は指導教授が問題を与えることも多い．与えられた方針に従って研究を進めることが決して悪いとは言わない．ただ，その問題が重要である理由を，取り組む本人が理解することが必要である．「教授が言ったから」ではなく，その問題が数学的になぜ興味深いのか，それが解決した先にどのような展望が開けているのかといったことを，他者に対して説明できるようでなければ，研究をする意味がない．「絶対的な真実の証明であるから，どんな定理でも価値がある」とうぬぼれてはいけないのだ．なぜその問題でなくてはならないのかを自らに厳しく問いかけ，研究の意義に確信をもって従事すべきである．研究発表を聞くとき，意義を理解し背景から筋立てて話す研究者は魅力的であるし，将来性を感じる．

定理が証明できて何がうれしいのか？ どこに価値があるのか？ 数学的な価値は，どのような判断基準で決まるのか？ こうした問いに対する答えは，一通りではない．ちょうど，音楽の魅力がジャンルや曲によってそれぞれ異なるように，数学も，それぞれの定理が異なる魅力をもっているし，それを読んだ一人一人の感じ方も異なるであろう．

だが，ここで説明する数学的な価値とは，単なる好き嫌いや面白さ，あるいは「どれだけ熱中できるか」といったこととは，少し異なる．先ほど「教授に言われたから」という理由だけでは研究動機として不十分であると述べたが，数学には中毒性に似た性質があるため，たとえ「教授に言われた」というきっかけでも，解いているうちに熱中してしまうことは多い．熱中すると面白くなってしまい，その問題が数学的に価値が高いかのように感じるものだが，それは必ずしも正しくない．仮に教授の勘違いで，実はその問題が自明で無価値なものであったとしても，熱中してしまった学生は面白いと感じるからである．ある意味，数学はパズルに似た性質をもつ．テレビのクイズ番組や，ロールプレイングゲームを攻略する途中でパズル問題が登場することがあるが，数学の問題はそれらと似ていて，いったん解き始めて熱中すると，解けるまで答えが気になって仕方ない．もちろん，そういうことが無価値であるとは言わない．パズルに挑戦して楽しむことは結構なことだし，また，パズル問題を作成する側にも技術やノウハウがあり，やりがいのある仕事だと思う．しかし，それは今ここで説明する「数学的な価値」「数学の魅力」とは異なる．

私は音楽に関しては素人なので，以下に述べることはあくまで推測にすぎないが，テレビCMに使われたり，ドラマの主題歌になったりして何度も繰り返し聞いた曲が耳に残り，覚えて口ずさんだり，気になって脳内で何度も再生してしまうことがある．そういうとき，それが良い曲であるかのように感じることもあるが，それは一時的な現象で，ブームが過ぎれば二度と思い出さない曲も多い．もちろん，音楽業界にはそうしたブームを起こすことを目指して命がけで仕事をしている人々もおり，ヒットを生み出す理論にもきちんとしたものは存在するだろうし，それらの価値を否定するつもりは全くない．それは数学におけるパズル問題のようなものであり，一時的な楽しみや喜びを提供するものなのだと思う．そうした一過性の現象とは別のところで，音楽の歴史に残っていく名曲というものは存在している．流行や環境に左右されない確固たる価値観が，音楽には存在するように思える．

ここで説明したい数学的な価値とは，音楽に例えればそんな名曲がもつ性質に似ている．歴史に残る名曲も優れた定理も，単なる好き嫌いからくる面白さや興味深さとは別に，その分野に特有の普遍的で確固たる価値をもっていると感ずる．

ただ，数学と音楽が決定的に異なる点がある．それは，数学は進展の仕方が一方向的であり，未知の事象と既知の事象の区別が明確なことである．これは学問，特に理系の学問の特徴だが，数学では未解明な定理を証明していくことで進展が得られ，「すでに解かれてしまった問題」は面白さを失っていく．冒頭に述べた中高生の研究は，合同式を解く問題に帰着されたので，ユークリッドの定理に比べて価値が低いと私たちは感ずるが，現代では当たり前である「合同式の解法」も，それが発見された昔には最先端の数学として人々の感動を呼んでいたことであろう．現代になって，その価値が下がったわけではなく，現代数学の豊かな理論が，こうした膨大な古典的な業績を踏まえてその上に構築されているのである．

したがって，数学の研究を行うためには，その時代に「当たり前」になっていることをあらかじめ学んでおく方がよい．そうしないと，自分が苦労して発見した定理であっても，後になってから「実はすでに知られていた」とわかり，努力が無駄になってしまうかもしれない．

一方，音楽は進展の仕方が多方向的である．現代でも，モーツァルトの楽曲を一番好きと思う人は多いし，今後，モーツァルトの作風を受け継いだ作曲家が登場して一世を風靡することもあり得なくはない．モーツァルトの音楽に比べて今の音楽が「進んでいる」か否かも明確でないだろう．

1.5 第二の力

これから，数学の定理が単に「正しい」だけでなく「美しい」とはどういうことか，そうした数学的な価値観について説明していく．数学には第一の力である「絶対的な真実」に続き，第二の力があるということである．

以下に述べることは，一人の数学者としての個人的な意見である．私が「素数が無数に存在すること」をなぜ数学的に価値の高い定理と思うか，その理由を述べることによって，数学的な価値観のイメージをお伝えできればと思う．

私は，定理の価値を測る一つの基準は，その定理の背後または周辺の広がりにあると考えている．平たく言えば，「その定理がどれだけ広大な謎にかかわっているか」「どれだけ深い性質を反映しているか」ということになる．

少し突飛な例えだが，定理を観光名所に置き換えてみるとわかりやすいかもしれない．自由の女神を例にとってみる．言わずと知れたニューヨークの観光名所である．ニューヨークの中心部であるマンハッタンの南端からフェリーに乗ると，20 分ほどでリバティ島という小さな離島に着く．自由の女神はリバティ島にそびえ立つ人気の観光スポットであり，連日多くの観光客が訪れている．では，自由の女神の魅力とは，何だろうか．建造物として美しい，歴史的な価値がある，中からの見晴らしが良いなど，いろいろな意見があるだろう．しかしよく考えてみると，単体のモニュメントとしてのメリットをいくら挙げても，その魅力をとても言い尽くすことはできない．

ニューヨークの街があり，マンハッタンを囲むハドソン川の水面があり，行き交う人々がいて，そこが「自由」の息吹を感じるアメリカであること．そうした背景や広がりがあって，初めて魅力が伝えられると感じる．ドラえもんの「どこでもドア」で瞬間移動で自由の女神に着き，そこからとんぼ返りで帰宅しても，その魅力は堪能できないと思う．あるいは，仮に自由の女神を東京湾の埋め立て地に移築したら，日本人は行きやすくなって便利だけれども，もはやその女神像には今ほどの価値はないだろう．

数学の定理も同じである．自由の女神に建造物としての価値があるのと同様，単体の定理として価値はあるのだが，それ以上に，各定理が異なる背景をもち，さまざまな広がりをもっている．数学の研究者にとって，定理を味わうということは，そうした数学的な広がりの中に身を置き，理論を楽しむことである．そのような豊かな背景が感じられる定理こそ，数学的に価値が高いのである．

1.6　足し算と掛け算

では，「素数が無数に存在する」という定理には，どんな背景があるのだろうか．証明を見ながら探ってみよう．ユークリッドの証明を振り返ると，$n+1$ 個目の素数を発見するために，次の 2 つの手順を用いている．

(1) n 個の素数を掛ける.

(2) その結果に 1 を足す.

掛け算と足し算を連続して行うことにより，新たな素数の存在を示している．この過程をより詳しくみると，(1) で n 個の素数を掛けた時点では，その積は「すべての素数の倍数」であり，(2) で 1 を足した瞬間に「どの素数でも割り切れない」となった．これは，倍数を仲間に例えれば，それまで全員と仲間どうしであった者が，1 を足した途端に全員から仲間外れにされたということである．この豹変する様子は劇的であり，背景に何らかの特別な理由が潜んでいることを直感させる．

人は，一生のうちにさまざまな人たちと，仲良くなったり離れたりしながら生きていくものだから，「今日は誰々に悪く思われた」とか，そんなことをいちいち気にしていたらきりがないし，気にする必要もないだろう．しかし，ある日突然，すべての友人から同時に別れを切り出されたら，さすがに気にしない者はいないだろう．友人たち全員から同時に縁を切られるとは，単なる偶然とは考えにくい．自分が知らない何らかの理由（たとえば自分の悪口を誰かが SNS で流したとか）があるに違いないと，誰もが考えるのではないだろうか.

ユークリッドの証明にも同じことがいえる．1 を足した途端にすべての素数が仲間でなくなってしまう，手のひらを返したような激変ぶり．しかしその激変が完璧に遂行されて初めて「素数が無数にたくさんあること」は証明される．たとえたった 1 つでも，仲間で居続ける素数があってはダメなのだ．それまで掛け算のみからなっていたところに，1 を加えるという足し算の操作を施した瞬間に，世界が大きく変わってしまう．つまり，数の世界を作っている足し算と掛け算は，互いに相容れない側面をもっているということである．この状況はいわば

足し算と掛け算の独立性

を表しているといえる．

小学校で掛け算を習うとき，最初は「足し算の繰り返し」と説明される．2 を 3 倍するとは，3 個の 2 を足し合わせることであり，

$$2 \times 3 = 2 + 2 + 2$$

となる．この式からは，足し算と掛け算が互いに密接に関係しているように見える．実際，左辺の 3 を 4, 5, 6,... と増やしていけば，右辺の足す回数もそれに応じて増える．

$$\begin{aligned}
2 \times 3 &= 2 + 2 + 2 \\
2 \times 4 &= 2 + 2 + 2 + 2 \\
2 \times 5 &= 2 + 2 + 2 + 2 + 2 \\
2 \times 6 &= 2 + 2 + 2 + 2 + 2 + 2 \\
&\vdots \\
2 \times n &= \underbrace{2 + 2 + \cdots\cdots\cdots + 2}_{n \text{ 個}}
\end{aligned}$$

注意すべきことは，これらの式は「計算によって」成り立つのではないということだ．いったん $2 \times 6 = 12$ と計算してから 12 を 6 個の 2 に分けて表したのではない．2×6 という掛け算の意味からダイレクトに右辺の表示を得たものであり，12 と計算すると逆に見通しが悪くなる．

だが，このようなきれいな関係が見られるのは，左辺が掛け算のみ，右辺が足し算のみという状況，すなわち，両辺がそれぞれ一通りの演算のみからなる場合に限られる．ひとたび足し算と掛け算を混在させると，急にわけのわからない結果になる．たとえば，先ほどのユークリッドの証明で行った「1 を加える」という操作を，上の各場合に施してみると，

$$\begin{aligned}
2 \times 3 + 1 &= 7 \\
2 \times 4 + 1 &= 9 = 3 + 3 + 3
\end{aligned}$$

$$2\times 5+1=11$$

$$2\times 6+1=13$$

$$2\times 7+1=15=3+3+3+3+3\ (=5+5+5)$$

$$\vdots$$

となるが，右辺の変化に関して何も規則性は見出せず，一般の場合の様子，すなわち

$$2\times n+1=?$$

の結果がどんな様子の数になるのか，予測不能である．

これは，足した数が1だったから特別に起きたことかというと，そうではない．他の数を加えたときも同様であり，一般に，加える数が右辺の最初の項と互いに素な数であるときには必ず起きる現象である．例えば，掛け算の結果を2つ組み合わせて 2×3 と 5×7 を足した

$$2\times 3+5\times 7$$

がどんなふうになるか，それは掛け算と足し算の意味をいくら考えても決してわからない．仕方がないので計算してみると

$$2\times 3+5\times 7=41$$

であり，41は素数であってこれ以上分解できない．左辺が2, 3, 5, 7と4種類もの素数を使ってできた式なのに，右辺が41というたった1つの素数になることは，意外な結果かもしれない．

しかし，いつもそうなるわけでもなく，

$$3\times 11+5\times 19=128=2^7$$

のように，1つの小さな素数の高いべき乗になる場合もあれば，

$$2\times 61+3\times 7=143=11\times 13$$

のように，大きさが中程度の異なる 2 つの素数の積になる場合もある．

いずれの場合も，最初の項が掛け算のみからなっていた左辺に，足し算が 1 つ入り掛け算と足し算が混在した瞬間，予測不能になる．掛け算の性質として成り立っていた規則性や法則は，足し算が混ざることによって一気に成り立たなくなるのである．

しかし，確実に言えることがただ 1 つだけある．左辺の足し算の答は，左辺に登場するどの素数でも割り切れないということである．たとえば，

$$2 \times 3 + 5 \times 7$$

は，4 つの素数 2, 3, 5, 7 のどれでも割り切れない．なぜなら，仮に 2 で割り切れたとすると，商を k とおいて

$$2 \times 3 + 5 \times 7 = 2k$$

の形になり，2×3 を移項して

$$5 \times 7 = 2k - 2 \times 3 = 2(k - 3)$$

となり，2 でくくれてしまう．これは，5×7 が 2 という素因数をもつことを意味するので矛盾である．

以上のことは，素数の個数が 4 個に限らず，何個のときも成り立つ．すなわち，n 個の素数

$$p_1, p_2, p_3, \ldots, p_n$$

を，最初の a 個と残りの b 個（$a + b = n$ とする）に分けて

$$\underbrace{p_1 \times \cdots \times p_a}_{a\text{ 個}} + \underbrace{p_{a+1} \times \cdots \times p_{a+b}}_{b\text{ 個}}$$

という足し算を考えたとき，この結果として出てくる数は，これら n 個の素数のどれでも割り切れない．なぜなら，仮に p_1 で割り切れたとすると，商を k とおいて

$$\underbrace{p_1 \times \cdots \times p_a}_{a\text{ 個}} + \underbrace{p_{a+1} \times \cdots \times p_{a+b}}_{b\text{ 個}} = p_1 \times k$$

という形に書けるが，そうすると，$p_1 \times p_2 \times \cdots \times p_a$ を移項して

$$\underbrace{p_{a+1} \times \cdots \times p_{a+b}}_{b\text{ 個}} = p_1 k - \underbrace{p_1 \times p_2 \times \cdots \times p_a}_{a\text{ 個}}$$

$$= p_1 \times (k - \underbrace{p_2 \times \cdots \times p_a}_{a-1\text{ 個}})$$

となり，p_1 でくくれてしまう．これは右辺が p_1 の倍数であることを意味するが，一方，左辺は素数 p_1 を含んでいないので矛盾するからである．

したがって，

$$\underbrace{p_1 \times \cdots \times p_a}_{a\text{ 個}} + \underbrace{p_{a+1} \times \cdots \times p_{a+b}}_{b\text{ 個}}$$

という足し算の結果は，n 個の素数 $p_1, p_2, p_3, \cdots, p_n$ のどれでも割り切れない．それ以外の新しい素因数のみからなる．

以上のような考察を進めた後，改めてユークリッドの証明を振り返ってみると，証明中で与えた

$$p_1 p_2 p_3 \cdots p_n + 1$$

は，$a = n$ かつ $b = 0$ の場合であったことがわかる．だが，これは上の考察のうち些細で特殊な一例にすぎない．その他にも，以下，そして次節でも引き続き述べるように，実に多くの考えに至る．

たとえば，$n = 2$ かつ $a = b = 1$ のとき，2 個の素数の和

$$p_1 + p_2$$

を考えるわけだが，ここで，$p_1 = 2$ を選ぶと，

$$2 + p_2$$

という式になる．もはや文字は p_2 の 1 種類しかないのでこれを p と書くと，

$$2 + p$$

という式になる．「足し算と掛け算の独立性」のため，これがどんな数になるか

予測不能であることが今の主題だった．つまり，この $2+p$ という数は，素数になることもあれば，そうでないこともある．素数になるとき，p と $2+p$ の組を**双子素数**と呼ぶ．言い換えると「差が 2 の素数の組」のことである．

$$17 \text{ と } 19, \qquad 41 \text{ と } 43$$

などが例である．双子と名付けられた理由は，素数は 2 を除けばすべて奇数であるから隣り合う素数の差は最低でも 2 であり，差が 2 の素数の組は，最も隣接した素数どうしだからである．双子素数が何個あるかという問題は，有名な未解決問題[1]である．いまだにその真偽はわかっていないが，無数に存在すると予想されている．

1.7　ABC 予想

「足し算と掛け算の独立性」に関し，より一般的な現象を扱った予想もある．それが，**ABC 予想**である．これも有名な未解決問題[2]である．ABC 予想の正確な形は**コラム 2** に述べるとおりで非常に難解であるので，ここでは，この予想が一体どういうことを主張しているのか，数の例を見ながら大まかに説明する．まず，先ほどの考察で得た足し算の式

$$\underbrace{p_1 \times \cdots \times p_a}_{a \text{ 個}} + \underbrace{p_{a+1} \times \cdots \times p_{a+b}}_{b \text{ 個}}$$

において，各素数にべき乗を付けた式を考えても，全く同じ考察が成り立つことに注意する．たとえば，

$$\underbrace{p_1^2 \times p_2^3 \times p_3^5}_{3 \text{ 個}} + \underbrace{p_4^3 \times p_5^8}_{2 \text{ 個}}$$

などである．

---

1 双子素数予想について，2013 年から大きな進展が見られているが，最終解決には至っていない．これについては拙著「リーマン教授にインタビューする」（青土社，2018 年）に詳しく解説した．

2 京都大学の望月新一教授が「ABC 予想を証明した」とする論文を自身のウェブサイトで発表しているが，論文は査読中であるとされ，本稿執筆時点の 2020 年 3 月において，正否は確認されていない．

コラム 2 ABC 予想

自然数 A, B は互いに素であるとする．$A + B = C$ とおき，積 ABC のすべての異なる素因子を 1 回ずつ掛けた積を D とおく．このとき，ABC 予想は以下のとおりである．

> 任意の正の数 ε に対して次が成り立つ．不等式
>
> $$A + B < D^{1+\varepsilon} \qquad \text{すなわち} \qquad C < D^{1+\varepsilon}$$
>
> が，高々有限個の例外を除き，すべての A, B に対して成立する．

ε が入っていたり，「有限個の例外」という言葉があったり，注意すべき箇所はいくつかあるが，まず，この予想の根幹は，不等式の右辺が D でできていて，これが $A + B$ より大きいことを主張していることを理解すべきである．そして，D は素因数分解における指数がすべて 1 に限られていることに注意する．一方の $A + B$ にはその制限はないので，この予想の不等式が成り立つためには，D が大きな素因子をもたなくてはならないことがわかる．D の素因子は A, B, C の素因子を合わせたものだから，A, B が小さな素因子しかもたない場合，必然的に C が大きな素因子をもたなくてはならない．これが，ABC 予想の主張である．

すなわち，任意の指数 $e_1, e_2, \cdots, e_n$ を付けた

$$\underbrace{p_1^{e_1} \times \cdots \times p_a^{e_a}}_{a\text{ 個}} + \underbrace{p_{a+1}^{e_{a+1}} \times \cdots \times p_n^{e_n}}_{b\text{ 個}}$$

という数は，$p_1, p_2, p_3, \cdots, p_n$ のどれでも割り切れない．それ以外の新しい素因数のみからなる．

たとえば，先ほど

$$2 \times 3 + 5 \times 7 = 41$$

によって 2, 3, 5, 7 以外の新たな素数 41 を得たが，代わりに各素因数に適当に指

数を付けて

$$2^5 \times 3^4 + 5^3 \times 7^2$$

を考えても，この結果が素因数 2, 3, 5, 7 をもつことはなく，それ以外の新たな素因数をもつという事実は変わらない．

さて，ABC 予想とは，大雑把に述べるならば，

> **足し算の式**
>
> $$\underbrace{p_1^{e_1} \times \cdots \times p_a^{e_a}}_{a\text{ 個}} + \underbrace{p_{a+1}^{e_{a+1}} \times \cdots \times p_n^{e_n}}_{b\text{ 個}}$$
>
> **に登場する n 個の素数が「比較的小さい」ならば，この足し算の結果は「ある程度大きな素因数をもつ」**

という予想である．もちろん，「比較的小さい」や「ある程度大きな」といった用語は，このままでは曖昧である．大小の境界をどこに置くかという問題もあるが，大きな素因数と小さな素因数が混在した場合にどのように判断するかという問題もあり，この記述では到底十分とはいえない．正式な ABC 予想はコラム 2 に述べたように，厳密に定式化されている．

だが，その正確な形は専門家にとっても難解な形をしており，理解するのは非常に難しい．そこで，ここでは，今述べた ABC 予想の大雑把な意味を，もう少し詳しく考え，まずはこの予想の意義を実感してみよう．

まず，仮に同じくらいの大きさの自然数を比べた場合，素因数とその肩の指数の大小関係は逆になっていることに注意する．たとえば，1024 から 3 つの整数を調べてみると，

$$1024 = 2^{10} \qquad 1025 = 5^2 \times 41 \qquad 1026 = 2 \times 3^3 \times 19$$

となり，最大の指数 10 は 2 の肩にある．次に大きな指数の 3 や 2 は，2 の次に小さな素数である 3 や 5 の肩にある．そして，大きな素因数である 19 や 41 は，指数が 1 となっている．こういうことがいつでも必ず成り立つわけではないだろうが，大まかな傾向として，同じくらいの大きさの数を比較した場合，素因数と指数の大小関係は逆になっているといえそうだ．

そこで，先ほどはABC予想を，素因数の大きさに関する記述によって説明していたが，これを，指数の大きさに関する表現に言い換えてみる．先ほどの表現と大小を逆にすればよいので，ABC予想は，

足し算の式

$$\underbrace{p_1^{e_1} \times \cdots \times p_a^{e_a}}_{a\text{個}} + \underbrace{p_{a+1}^{e_{a+1}} \times \cdots \times p_n^{e_n}}_{b\text{個}}$$

に登場する n 個の素因数の「指数が比較的大きい」ならば，足し算の結果の指数は「ある程度小さくなる」

と言い換えられる．

このように考えると，ABC予想の意味が多少実感しやすくなる．というのは，「指数が大きい」は稀にしか起きない現象だからである．たとえば，

$$1024 = 2^{10}$$

のように，10という大きな指数をもつ数は，この付近には他にない．最も近いものは

$$2048 = 2 \times 2^{10} = 2^{11} \qquad 3072 = 2^{10} \times 3$$

であり，元の数 2^{10} の倍数である．そういったものを除くと，4ケタの数では他に一つもなく，次に指数10となるのは

$$59049 = 3^{10}$$

である．仮に10をあきらめて9で妥協しても，

$$19683 = 3^9$$

までない．9もあきらめて8で妥協すると，ようやく

$$6561 = 3^8$$

と4ケタで見つかる．それでも，当初の1024からみれば5000以上先である．指数の大きさで競ったら，1024は，近隣では向かうところ敵なしの状態である．

以上のことからイメージされることは,「指数が大きい」は非常に稀にしか起きない特別な現象であるということだ．そうした感覚で自然数をみると，ABC 予想の意義が実感される．すなわち,

この「稀にしか起きない」性質をもった 2 つの数を足した結果は，もはやこの性質をもたない

ということである.

ここで言う「稀にしか起きない」性質は，素因数の指数に関するものだから，元の自然数を素因数たちの掛け算として表したときの形に関する性質であり，いわば掛け算的な世界における概念である（仮に，世の中に掛け算しかなかったとしても，この性質は依然として存在する)．そういう 2 数を足すことにより，その性質が壊れてしまい，足し算の結果はもはやその性質をもたないというのが，ABC 予想の主張である.

たとえば，この稀な性質をもつ 2 数

$$1024 = 2^{10} \qquad 729 = 3^6$$

の足し算の結果は

$$2^{10} + 3^6 = 1753\ (\text{素数})$$

となり，右辺に大きな素数が現れ，指数は 1 である．仮にこの右辺が「5 のべき乗」のように，小さな素数と大きな指数で表されれば ABC 予想の主張に反するが，実際にはそうなっていない.

稀にしか見られない「指数が大きい」という特徴が，ひとたび足し算をすることによって消えてしまう現象は，ユークリッドの証明にも見られた**足し算と掛け算の独立性**の現れである.

以上の現象に似た感覚は，日常生活でもときどき経験するように思う．1 つの素数のべき乗の指数を上げていくことを，その分野（= 素数）における，人の成長や努力の成果にたとえるとわかりやすい.

寿司職人になるために修業を積むことは，2 のべき乗数が

$$2,\quad 2^2,\quad 2^3,\cdots$$

と増大することに例えられる．2^{10} の指数 10 がその付近では向かうところ敵なしであったように，熟練した職人技は稀少なものである．ある人が，努力を重ね 2^{10} まで到達したところで，修業に飽きてしまい，そば打ちに転向した場合，新たに別の素数のべき乗として

$$3,\quad 3^2,\quad 3^3, \cdots$$

とやりなおしになるが，その人が 3^6 まで来たとき，はたと思い立ち，「自分は寿司もそばも途中まで修業したので，両方できそうだ」と甘く考え，「寿司の食べられるそば屋」あるいは「そばの食べられる寿司屋」を開業しても，おそらく失敗する．客が求めているのは「美味しい寿司」か「美味しいそば」なのであり，寿司屋なら寿司，そば屋ならそば，と 1 つのものに特化した方が印象が良く，「寿司もあるし，そばもある」という店よりも本格的で美味しそうな気がするものだからである．

これは，足し算と掛け算を混ぜることで，それまで積み上げたものが台無しになった現象であり，数式に例えれば，

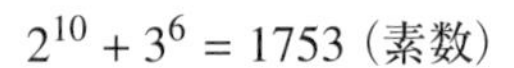

$$2^{10} + 3^6 = 1753\ (\text{素数})$$

と，せっかく指数を 10 とか 6 まで築き上げたのに，別の分野に浮気して 2 種を混在させ足し合わせてしまったために，急にわけのわからない素数 1753 になり，指数は 1 という低評価になってしまったケースになぞらえることができる．もちろん，世の中には多才な人がいて，寿司もそばも両方美味しく作れる器用な料理人も存在するとは思うから，この例えはどんな場合にも絶対に当てはまるという意味ではない．

その意味では，上で「浮気」という言葉を使ったことから連想し，異性関係に例えた方がより適切かもしれない．素数を異性の相手とし，その人とどれくらい深く付き合うかを素数の指数で表す．2 という相手と 10 の深さまで付き合う一方，二股を掛けて，3 という別の相手に 6 の深さまで付き合い，それを両立させようとしても，決して上手くいかない．なぜなら，それらを足し合わせた

$$2^{10} + 3^6 = 1753$$

は素数であり，指数 1 の浅い付き合いしか得られないからである．

ABC 予想の主張は，

実績や評価（＝指数の大きさ）を保つためには，足し算と掛け算を混ぜてはいけない

ということであり，これは人の心に先見的に備わっている感情なのである．

1.8　平方数の和となる素数

ユークリッドの「素数が無数に存在する」ことの証明は，「足し算と掛け算の独立性」という性質をフルに活用していた．そして，この性質は，双子素数予想や ABC 予想など，主要な未解決問題につながっていた．

数学にはたくさんの未解決問題があり，その中には有名なものや重要といわれるものがあるが，それらは最初からそうだったわけではない．人々の心の中に宿っている好奇心，数に対する純粋な思い，美しいものや不思議なものに魅かれ

る気持ち，それを何とかして表現しようと世界中の人々の手によって改善が重ねられた結果，未解決問題という命題の形になったのである．そしてそれが，さらに多くの人々の共感を呼んで有名になり重要とされるに至ったものである．

私は，「足し算と掛け算の独立性」は人間が生来，直感的に抱いている感覚であると思う．それは，普遍的な謎であり，魅力をたたえた概念なのである．ユークリッドの証明の背景には，そんな風景が横たわっていたのだ．

自由の女神は，ニューヨークという街を背景にもち，そこにブロードウェイ，メトロポリタン美術館，フィフスアベニュー，リトルイタリー，チャイナタウンなど，多くの魅力的な観光スポットがある．これと同じように，「素数が無数に存在する事実」は「足し算と掛け算の独立性」という背景をもち，そこは双子素数予想，ABC 予想といった未解決問題の宝庫であったのだ．

「素数が無数に存在してそんなに嬉しいですか？」「そんなことを証明して何になるんですか？」という素朴な質問に対し，以上に述べたことが，一つの答えになっていると思う．誤解を恐れずに言うなら，たとえ，「そのこと自体は大して嬉しくないし，何の得にもならない」であったとしても，それでよい．自由の女神を東京湾に移築してもそれほど魅力を感じないのと同じである．それ単体ではなく，その周辺の風景の広がり，背景のもつ豊かな魅力こそが，数学的な価値を放っているのだ．

では，そうした周辺の風景に思いが至らない人は，数学的な価値を理解できないのだろうか．確かに，ある程度の知識がある方が，数学的な背景が見えやすいということはあるだろう．一度も旅行をしたことのない子供や，ニューヨークに関する予備知識が一つもない人に対して，「自由の女神のついでにニューヨークの街を訪れたいか」と質問しても，あまり意味がないのと一緒である．

だが，数学にはそれとは別に，知識がなくても「価値がありそうだ」「面白そうだ」と直感できる場合がある．これを説明するために，1 つの例を挙げる．

その例とは「平方数の和となる素数」である．私がこの話題を初めて耳にしたのは，大学で整数論を専攻し始めて間もない頃であった．私の尊敬する指導教官の先生が，学生時代に彼女にふられた話をしてくださったときのことである．先生はその女性をめぐって歴史学科の友人とライバル関係にあったという．友人が専門の歴史の話題で彼女とのデートを盛り上げたのに対し，先生は数学の話題を切り出してみたものの受けるにはほど遠く，苦渋の青春時代を過ごされたとのことであった．

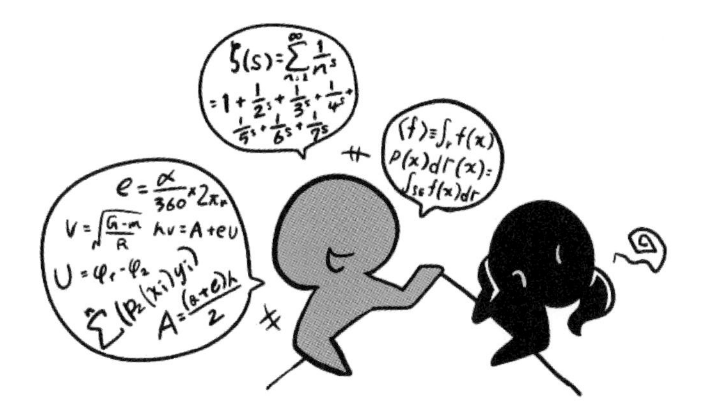

ふられはしたものの，そのとき先生が数ある数学の話題の中から彼女のために選んだとっておきのテーマが「平方数の和となる素数について」であった．さすがに選りすぐったテーマだけあって，この話題は整数論（類体論）における素イデアル分解法則の美しい一例であることを，私は後に知るのだが，当時はそんなことを知る由もなかった．

先生がデートで「素数を 2 つの平方数の和に分けてみよう」と切り出した瞬

間，彼女は「そんなことをして何になるの？」との疑問を抱いたそうである．そのような反応は人としてむしろ当然であり，今この瞬間にも多くの読者がそのように感じているかもしれない．当時数学科の学生であった私ですら，先生がこの話を始められたとき「そんなことに何か意味があるのか？」との疑問を抱いたほどである．ところが，いくつかの素数について実例を知った途端，私の興味は掻き立てられた．

$$
\begin{aligned}
2 &= 1^2 + 1^2 \\
3 &= \\
5 &= 1^2 + 2^2 \\
7 &= \\
11 &= \\
13 &= 2^2 + 3^2 \\
17 &= 1^2 + 4^2 \\
19 &= \\
23 &= \\
29 &= 2^2 + 5^2 \\
31 &= \\
37 &= 1^2 + 6^2 \\
41 &= 4^2 + 5^2 \\
43 &= \\
&\vdots
\end{aligned}
$$

左辺は上から素数を小さい順に並べている．右辺はその素数を2つの平方数の和として表したものである．ただし，そのように表せない場合は右辺を空欄とした．すると，右辺が空欄になっている素数には1つの共通点があることに気づく．それは，

右辺が空欄の素数はどれも，4で割った余りが3

ということである．逆に 4 で割った余りが 1 か 2（といっても余りが 2 となるのは最初の素数 2 のみであるが）であるような素数は，平方数の和として表されるようである．そしてこの法則は，素数をいくら大きくしても例外なく成り立つのだ．

ここまで聞いて，私は「これはただ事ではない」と思った．素数を 4 で割った余りと，素数が平方数の和で表せる可能性とは，元来はまったく関係ない事象である．この 2 つが結びついていることは不思議であり，何らかの理由があるに違いない．それまで抱いていた「何か意味があるのか」との疑問は「何らかの意味があるに違いない」との確信に変わり，ぜひともその意味を知りたいと思うに至った．

「法則（または規則性）」がここではキーワードとなる．とても偶然とは思えない法則（規則性）が成り立っていた場合，そこには必ず理由がある．

卑近な例だが，私は，近所の安い美容院を床屋として利用させてもらっている．普段は空いていて待ち時間 10 分ほどで順番が回ってくるのだが，なぜか時折，非常に混んでいて 2 時間以上も待たされることがある．あまりにも待ち時間が定まらずに困ったので，どんなときにどんな理由で混むのかを知りたいと思い，何度も通いながら考えてみた．そのうち，ある一定の法則があることがわかった．それは，美容院に到着する時刻が，10 時を過ぎると混雑するということである．9 時半とか，9 時 50 分にはガラガラであるのに，10 時を過ぎると長蛇の列ができる．10 時に何か特別なことがあるのだろうと思い，美容師さんに聞いてみたら，「パーマのタイムサービスが始まるので，お客さんが殺到するのです」と教えてもらえた．私は，髪を切りに行くだけでパーマをかけないから，その情報から漏れていたのだ．しかし，いつもちょうど 10 時を境に混み始めることを見出し，それが偶然とは思えず，絶対に何か理由があると推測したわけである．言うまでもなく，それ以来，10 時よりも前に行くようにし，長時間待たずに済むよう

になった.

「平方数の和となる素数」についても同じことがいえる. 4で割って1余る素数がそうなっており, 4で割って3余る素数はそうなっていないという法則が, いくつまで素数を計算しても成り立っている. これが偶然のはずがない. 何か理由があるべきである.

そして, その理由は, 自分の知らない深いものであるはずだ. なぜなら, 平方数の和となることと, 素数を4で割った余りには, 見てすぐわかる因果関係がないからだ. その2つを関連付ける何らかの深い理論があることになる.

こうしたことが, 数学的な価値の高さ, 命題の後ろにある背景を予感させるのである.

実際, この命題を, 数学的にきちんと書くと次のようになる.

定理5. p を3以上の素数とする. $p = x^2 + y^2$ を満たす整数 x, y が存在するための必要十分条件は, p を4で割った余りが1となることである.

この定理の意義は,

$$p = x^2 + y^2 = (x + iy)(x - iy)$$

と, 複素数に範囲を広げた因数分解を考えるとわかる. すなわち, $p = x^2 + y^2$ と平方数の和に表される素数は, 複素数においては $p = (x + iy)(x - iy)$ と分解されるということである. 本来,「素数」という言葉は「それ以上分解できない数」という意味であったから, 複素数としてこのような分解をもつということは, 素数の意味を揺るがす大事件である. この定理は,

複素数に範囲を広げても素数であり続けるか, それとも, 分解されるか

の判定条件を定めたものなのである. これは, もともと, 整数全体のなす環〔環については付録(⇒226ページ)を参照〕である整数環

$$\mathbb{Z} = \{\cdots, -3, -2, -1, 0, 1, 2, 3, \cdots\}$$

を複素の整数環(**ガウス整数環**と呼ばれる)

$$\mathbb{Z}[i] = \{a + bi \mid a, b \in \mathbb{Z}\}$$

に拡大したときの，「素数の分解法則」である．一般に，環において，素数は素イデアルという概念に一般化されるので，上の定理は，少し難しく言うと，

環の拡大における素イデアルの分解理論

と位置付けられる．これは，**類体論**と呼ばれる整数論の主要分野をなしている．先には広大な景色が開けているのである．

定理 5 の証明であるが，一般に必要十分条件を証明したいとき，必要条件と十分条件に分けて考えることは有効である．いずれか一方については簡単にわかってしまう場合も多い．必要と十分を分けて考えることで問題の本質が絞られる．今の場合，必要性，すなわち

p を 3 以上の素数とする．$p = x^2 + y^2$ を満たす整数 x，y が存在すれば，p を 4 で割った余りは 1 である

は，以下のように容易に証明できる．

証明　一般に，偶数の 2 乗は $(2k)^2 = 4k^2$ より 4 の倍数であり，奇数の 2 乗は $(2k-1)^2 = 4(k^2-k)+1$ より 4 で割って 1 余る．したがって，x と y の偶奇の組合せで分けて考えれば

x が偶数，　y が偶数 $\Longrightarrow x^2 + y^2$ を 4 で割った余りは 0

x が偶数，　y が奇数 $\Longrightarrow x^2 + y^2$ を 4 で割った余りは 1

x が奇数，　y が偶数 $\Longrightarrow x^2 + y^2$ を 4 で割った余りは 1

x が奇数，　y が奇数 $\Longrightarrow x^2 + y^2$ を 4 で割った余りは 2

となる．p は 3 以上の素数であるから奇数であり，したがって 4 で割った余りは 1 となる．　（証明終）

この証明では，p が素数であるという性質を用いていない．したがって，この事実は，p が素数でなく一般の奇数であっても成り立つ．すなわち，

$x^2 + y^2$ が奇数ならば，この数を 4 で割った余りは 1 である

ということである．

すなわち，p を 4 で割った余りが 3 である場合，$p = x^2 + y^2$ となるような x, y は存在しない．これで定理が主張する必要十分条件のうちの必要性は証明され，残るは十分性の証明のみとなった．すなわち，証明すべきことは次のことに絞られた．

証明したい命題　素数 p を 4 で割った余りが 1 であるとき，$p = x^2 + y^2$ を満たす整数 x, y が存在する．

この命題は，「存在すること」を主張している．この種の命題を「存在定理」と呼び，その証明を「存在証明」と呼ぶ．存在証明には，実際に p を用いて x, y を「解の公式」のような形で記述できれば問題ない．しかし，それができない場合，

解はわからないが存在することを証明する

という問題になる．存在定理や存在証明は，中学や高校ではあまり登場しない．唯一あるのは，高校の数Ⅲで出てくる「平均値の定理」（微分係数 $f'(x)$ が平均変化率に等しくなるような x の存在を主張する定理）だが，やはり苦手と感じている高校生が多いようである．

とはいえ，この命題の証明は，見方によっては単純である．というのは，4 で割った余りは 4 通りしかないので，有限集合に特有の性質が使えるからである．これは，「部屋割り論法」とか「鳩ノ巣原理」と呼ばれる方法である．10 部屋のホテルがあるとき，「10 人の客を泊めるには，すべての部屋を使う必要がある（どの部屋にも客が存在する）」「もし 11 人の客が来たら，相部屋になる客が少なくとも 1 組存在する」という論法であり，いわば当たり前のことなのだが，相部屋となる客を特定することなく，その存在のみを論理的に示せる手段として，有限集合上の存在証明でしばしば活躍する（客の代わりに鳩を，部屋の代わりに巣穴を考えれば鳩ノ巣原理となる）．

この原理は，整数論において，たとえば次の定理の証明に用いられる．

有限体の逆元存在定理　整数 a は素数 p の倍数ではないとする．このとき，$(p-1)$ 個の整数

$$a, \quad 2a, \quad 3a, \ldots, \quad (p-1)a$$

の中に，p で割った余りが 1 となるものが存在する．

証明　背理法で証明する．$(p-1)$ 個の整数

$$a, \quad 2a, \quad 3a, \ldots, \quad (p-1)a$$

の中に p で割った余りが等しいものがあると仮定する．それを ka と ma $(k \neq m)$ とおくと，

$$ka - ma = (k-m)a$$

は，p の倍数である．仮定より a は p の倍数でないから $k-m$ が p の倍数である．ところが k, m は $1, \ldots, (p-1)$ の中から選んでいるので，$k-m$ が p の倍数になることはありえない．よって背理法により，$(p-1)$ 個の整数 $a, 2a, 3a, \ldots, (p-1)a$ は，p で割った余りがすべて異なる．すなわち，これらを p で割った余りの集合は

$$\{1, 2, 3, \ldots, (p-1)\}$$

の全体と一致する．したがって部屋割り論法により，余りが 1 となるものが存在する．　　　(証明終)

この証明は「pで割った余り」を部屋にたとえ，1番から$(p-1)$番までの部屋に$(p-1)$個の数

$$na \qquad (n = 1, 2, 3, \ldots, p-1)$$

を割り振ると考えている．証明の前半で，相部屋はありえないことを（背理法により）示し，したがってどれかの数が1番の部屋に入らなければならないと結論づけている．

これが逆元存在定理と呼ばれるのは，以下の理由による．整数をpで割った余りの集合$\{0, 1, 2, \ldots, p-1\}$に和，差，積の演算を，pで割る前の整数どうしの演算により定義する（正確には，付録Aで定義する剰余環$\mathbb{Z}/p\mathbb{Z}$である）．たとえば，$p=5$のとき，すべての整数を集合$\{0, 1, 2, 3, 4\}$の元に，5で割った余りとして対応させたうえで

$$3+4=7=2,$$

$$1-3=-2=3,$$

$$3\times 4=12=2,$$

などとするのである（付録Aで導入する準同型φの値で演算することに相当する）．このように等号の意味を拡張しておくと，上の逆元存在定理は，任意のaについて

$$na = 1$$

なる元nが存在することであり，これはすなわち乗法に関するaの逆元a^{-1}の存在に他ならない．すなわち，

$a \in \mathbb{Z}/p\mathbb{Z}$ $(a \neq 0)$ が逆元 $a^{-1} \in \mathbb{Z}/p\mathbb{Z}$ をもつ

ということである．

逆元を掛けることを割り算とみなせば，この定理によって集合

$$\mathbb{Z}/p\mathbb{Z} = \{0, 1, 2, \ldots, p-1\}$$

に四則演算が導入できたことになる．四則演算ができる集合を**体**と呼ぶ．有理数や実数，複素数の集合は体をなすが，集合$\mathbb{Z}/p\mathbb{Z}$も体であり，これを有限体，ま

たは p 元体と呼ぶ．付録 A で定義した環は，四則演算のうち割り算だけが定義されていない（たとえば，整数環 $\mathbb{Z}$ は割り算について閉じていない）．一般に，$\mathbb{Z}/n\mathbb{Z}$ は有限環であるが，それが有限体となるための必要十分条件は，n が素数であることなのである．

さて，上の証明からすぐにわかることは，1 番の部屋に限らず，1 番から $(p-1)$ 番までのどの部屋にもどれかの数が必ず入っているということである．したがって，逆元存在定理は以下のような改良版も成立する．

有限体の逆元存在定理（改良版）　$1, 2, 3, \ldots, (p-1)$ の中の任意の整数 k と，素数 p の倍数ではない任意の整数 a に対し，na を p で割った余りが k（すなわち p 元体の中で $na = k$）となるような整数 n が $1, 2, 3, \ldots, (p-1)$ の中に存在する．

平方数の和の話題に戻ろう．先ほど見たように，素数が平方数の和で表されるということは，素数が複素数の範囲で分解されることだった．この「素数がさらに分解される」という現象は，素数の本質をくつがえす衝撃的な事項であるともいえる．そこでこの現象について，少し詳しく考察してみたい．

複素数 i（虚数単位）を有限体で考えたらどうなるのだろうか．先ほど導入した $\mathbb{Z}/p\mathbb{Z}$ の演算を使って計算してみよう．i とは 2 次方程式

$$x^2 = -1$$

の解であるが，$p = 5$ のとき，有限体 $\mathbb{Z}/p\mathbb{Z} = \{0, 1, 2, 3, 4\}$ の元の 2 乗を調べてみると

$$0^2 = 0,$$

$$1^2 = 1,$$

$$2^2 = 4 = -1,$$

$$3^2 = 9 = -1,$$

$$4^2 = 16 = 1,$$

となっている．これより，$x = 2, 3$ の二元が $x^2 = -1$ の解であり，i と同様の性質をもつことがわかる．$x = 2, 3$ の一方を i と定めれば，他方はちょうど（5 元体の中で）$-i$ になっていることもわかる．実数から複素数を構成した際には新しい元 i を必要としたが，5 元体の場合はもともと i が存在しているのである．

そこで前節で得た素数の分解

$$p = x^2 + y^2 = (x + iy)(x - iy)$$

を $p = 5$ の場合に $i = 2$ とおいて書きなおしてみると，5 元体において成り立つ等式

$$5 = (x + 2y)(x - 2y)$$

を得る．普通の整数の等式として見ると，両辺を 5 で割った余りが等しいという意味である．今，左辺が 5 であるから，この等式は右辺が 5 で割り切れることを意味している．実際，$(x, y) = (1, 2)$ は $x + 2y = 5$ を満たす．

一般に方程式の整数解を求めるとき，まず両辺をある数で割った余りが等しいことを利用し，必要条件から解を絞っていく方法がある．方程式

$$p = x^2 + y^2$$

を解く場合も，両辺を p で割った余りを考え，$x + iy$ が p の倍数になるような整数の組 (x, y) を探し，解の候補とするのが有効であろう．ただし，ここで i と書いたのは p 元体における $x^2 = -1$ の解のことであり，$p = 5$ ならば $i = 2$ または $i = 3$ である．

$x + iy$ が p の倍数になるような組 (x, y) を探すには，x, y について p で割った余りのみに注目すればよい．すなわち，組 (x, y) は p 元体の中で探せば十分であり，有限の範囲に限られた解を見つける方法として，先ほど述べた部屋割り論法が威力を発揮する．たとえば，p 元体の中で $x + iy$ の値が異なるような (x, y) が p 組以上になれば，$x + iy$ が p の倍数になるような解が存在する．

このアイディアを完成したものが以下の定理である．

虚数単位をもつ有限体で成り立つ事実　p 元体が，$x^2 = -1$ なる元 i を含んでいるとする．このとき，$x+iy$ が p の倍数（すなわち，$x+iy = 0 \in \mathbb{Z}/p\mathbb{Z}$）であるような元 x, y が存在する．

証明　x, y を $0 \leq x < \sqrt{p}$, $0 \leq y < \sqrt{p}$ の範囲で渡らせると，(x, y) の組合せの総数は $([\sqrt{p}] + 1)^2$ であるから p 個以上となる．よって部屋割り論法により $x + iy$ を p で割った余りが等しくなるような (x, y) の組がある．これを $(x_1, y_1), (x_2, y_2)$ とおく．すなわち p 元体において

$$x_1 + iy_1 = x_2 + iy_2$$

であり，変形して

$$(x_1 - x_2) + (y_1 - y_2)i = 0$$

が成立する．普通の整数に戻して考えれば，$x = x_1 - x_2$, $y = y_1 - y_2$ に対して $x + iy$ が p の倍数であることを意味する．（証明終）

この定理によって方程式 $p = x^2 + y^2$ の整数解 (x, y) の候補が見つけられたことになる．先の因数分解 $x^2 + y^2 = (x + iy)(x - iy)$ により，この候補は

$$x^2 + y^2 \text{ が } p \text{ の倍数}$$

という性質を満たす．一方，この定理の証明中で x, y をともに $\sqrt{p}$ 未満としていた．したがって，この (x, y) は実際には

$$x^2 + y^2 < 2(\sqrt{p})^2 = 2p$$

を満たしている．p の倍数でありかつ $2p$ より小さなものは p しかないので，$p = x^2 + y^2$ が成立する．これより以下の結論を得た．

有限体が虚数単位をもつ場合の結論　p 元体が，$x^2 = -1$ なる元 i をもつとする．このとき，

$$p = x^2 + y^2$$

の整数解 (x, y) が存在する．

以上の考察から，最終目標には，次を示せば到達することがわかった．

有限体が虚数単位をもつ条件　p を 3 以上の素数とする．p を 4 で割った余りが 1 であるならば，p 元体は，$x^2 = -1$ なる元 x をもつ．

これも有限の世界の話だから，部屋割り論法により証明できる．先ほど示した定理を利用すると話が早い．

証明　先ほどの「有限体の逆元存在定理」を用いると，1 以上 $p-1$ 以下の任意の整数 a に対し，1 以上 $p-1$ 以下の整数 n が存在して na を p で割った余りが 1 となる．この a と n を有限体の中でペアとみなす．$a = 1$ と $a = p - 1 = -1$ の二元だけは自分自身を逆数にもつためペアの相手がいないが，他のすべての元はペアの相手をもつ．したがって，$a = 1$ と $a = p - 1$ の二元を除いた 2 から $p - 2$ までをすべて掛け合わせた積 $(p-2)!$ を p で割った余りは，（先に各ペアで積をとることにより）1 であるとわかる．すなわち，

$$\prod_{a=2}^{p-2} a \equiv 1 \pmod{p}.$$

よって，1 から $p-1$ までをすべて掛け合わせた積 $(p-1)!$ を p で割った余りは $p-1$ となる．すなわち，

$$\prod_{a=1}^{p-1} a \equiv p-1 \pmod{p}$$

（この事実はウィルソンの定理として知られている）．

次に，先ほどの「有限体の逆元存在定理（改良版）」を，$k = -1$ として適用すると，1 以上 $p-1$ 以下の任意の整数 a に対し，1 以上 $p-1$ 以下の整数 n が存在して na を p で割った余りが -1 となる．今度はこの a と n をペアとみなす．証明すべきは，自分自身とペアになるような元 x の存在である．背理法で証明しよう．仮にこのような元が存在しないとすると，1 から $p-1$ までの整数たちは

$\frac{p-1}{2}$ 組のペアからなっており，どの元もいずれかの組に属している．よって，1 から $p-1$ までをすべて掛け合わせた積 $(p-1)!$ を p で割った余りは（再び各ペアで先に積を取ることにより）$(-1)^{\frac{p-1}{2}}$ である．p を 4 で割った余りが 1 であることから $\frac{p-1}{2}$ は偶数となり，この余りの値は $(-1)^{\frac{p-1}{2}} = 1$ となる．一方，上記のウィルソンの定理によれば余りは $p-1$ のはずであったから，これは矛盾である．よって背理法により，自分自身とペアになるような元，すなわち $x^2 = -1$ なる元 x が存在する．（証明終）

以上で，定理 5 の証明が完了し，平方数の和となる素数が，

4 で割って 1 または 2 余る素数

であることが証明できた．そして，そういう素数とは，

複素数の範囲では，もはや素数でない

という性質をもっており，それはさらに

有限体 $\mathbb{Z}/p\mathbb{Z}$ が虚数単位 i をもっている

という背景をもっていることがわかった．

当初，この問題は「平方数の和」と「4 で割った余り」という，一見無関係に見える 2 つのことから始まった．数値実験でそれらがどう見ても深く関係していそうだという観察から，何かしらの隠された事実が背景にあるのだろうとの感覚が湧き起こった．それが，数学のもつ「第二の力」を予見させたのである．

その予測は的を射ており，証明を経験した今，「素数の概念を複素数に拡張する」というアイディアが生まれ，私たちは「有限体が虚数単位をもつのはどのような場合か」という新たな視点をもつに至った．

これは，もともとの素数とか整数に限定した，いわば内にこもっていた状態から，外界を知ったことに相当する．いったん外の世界の存在を知れば，さらにその先にも何かある可能性を，誰もが意識するだろう．

1.1 節の言葉を借りれば，「一般化」の可能性を知ったということである．たと

えば，今回の謎の解明に必要だった「素数の概念の複素数への拡張」を，複素数のうち

$$a + bi \qquad (a, b \in \mathbb{Z})$$

というガウス整数とは違った，別の拡張は考えられないだろうか．あるいは，虚数単位 i とは，2 次方程式

$$x^2 + 1 = 0$$

の解であるが，他の方程式を考えたらどうなるのだろうか．

実際，そうした研究は可能であり，さまざまな結果を証明できる．一例を挙げれば，2 次方程式

$$x^2 + 2 = 0$$

の解

$$x = \sqrt{-2}$$

を，先ほどの虚数単位 i の代わりに扱うことにより，有理数体 $\mathbb{Q}$ の 2 次の拡大体である

$$\mathbb{Q}(\sqrt{-2}) = \{a + b\sqrt{-2} \mid a, b \in \mathbb{Q}\}$$

の整数環

$$\mathbb{Z}[\sqrt{-2}] = \{a + b\sqrt{-2} \mid a, b \in \mathbb{Z}[\sqrt{-2}]\}$$

に素数の概念を拡張でき，それによって，

$$p = x^2 + 2y^2$$

の形に書ける素数 p が

8 で割った余りが 1 または 3 であるような数

であり，そのように書けない素数が

8 で割った余りが 5 または 7 であるような数

であることが証明できる．

当然，これは一例にすぎない．これ以外にも数限りない素数の拡張があり，そ

れらの一つ一つから，これまで見えていなかった新たな性質を導き出すことができるのだ．

こうした視点により，一つの問題の背景に潜む豊かな風景が見えてくるのである．平方数の和となる素数の正体を突き止めることも嬉しいけれど，それ以上に，そこから一歩踏み出して無限に広がる背景の中に身を置くことが，数学研究の醍醐味であり，数学者が幸せを感じられる瞬間なのである．

1.9　バーゼル問題

本書は「数学の力」を紹介してきた．数学がもつ第一の力は「絶対的な真実に到達できること」であり，第二の力は「数学的真実の背後に広大な風景が広がっていること」であった．そしてその風景を味わうために，数学的な知識と体験がある方が有利だが，必ずしもそれがなくても直感的に数学の奥深さを感じられることがあり，そのような最初の例として，前節で，平方数の和となる素数の問題を解説した．

本節では，第 2 の例としてバーゼル問題を挙げる．バーゼルはスイスの地名である．17 世紀から 18 世紀初頭にかけて，バーゼルではベルヌーイ一族をはじめとする有名な数学者のグループが，最先端の数学の研究を行っていた．彼らの間で 100 年以上もの間，未解決だった難問が，

平方数の逆数のすべての和を求めよ

であった．すなわち，

$$\sum_{n=1}^{\infty} \frac{1}{n^2} = \ ?$$

という問題である．

当時，テイラー展開の発見と前後して，先駆的に次のような級数の値が知られていた．

(1)　**マーダヴァ級数**

$$1 - \frac{1}{3} + \frac{1}{5} - \frac{1}{7} + \cdots = \frac{\pi}{4}.$$

(2)　**メルカトル級数**

$$1 - \frac{1}{2} + \frac{1}{3} - \frac{1}{4} + \cdots = \log 2.$$

証明　現代数学の立場では，テイラー展開を利用した証明が最もわかりやすい．
(1) 付録B（⇒231ページ）で証明する逆正接関数のテイラー展開

$$\tan^{-1} x = x - \frac{x^3}{3} + \frac{x^5}{5} - \frac{x^7}{7} + \cdots \quad (-1 < x \leq 1)$$

に，$x = 1$ を代入すれば結論を得る．
(2) 付録Bで証明する対数関数のテイラー展開

$$\log(1 - x) = -x - \frac{x^2}{2} - \frac{x^3}{3} + \cdots \qquad (-1 \leq x < 1)$$

に，$x = -1$ を代入すれば結論を得る．　（証明終）

なお，(1) のマーダヴァ級数は，長らくライプニッツ級数と呼ばれていたが，20世紀末から21世紀にかけて数学史の検証が進み，ライプニッツより約300年前にインドのマーダヴァによって発見されていたことが判明したものである．

これらの例のように，級数からの変形では得られそうもない $\log 2$ や $\pi/4$ という値も，当時の数学ですでに得られていたのだが，「平方数の逆数の和」だけはどうしても求められず，100年以上もの間，一流の数学者たちを悩ませる未解決問題となっていた．

これを解決したのが，若干28歳の無名の青年オイラーであった．オイラーの証明は超人的であり，$\sin \pi x$ の因数分解を利用するものであった．

$\sin \pi x = 0$ の解はすべての整数であるから，因数定理により，$\sin \pi x$ の因数は

$$x, \quad x+1, \quad x-1, \quad x+2, \quad x-2, \quad x+3, \quad x-3, \cdots$$

と考えられる．ただし，因数が無限個あるので，無限積の収束性が問題となる．

たとえば，上の因数をすべて掛けると，最初の因数 x に掛かる定数項は

$$1 \times (-1) \times 2 \times (-2) \times 3 \times (-3) \times \cdots$$

となり，明らかに発散する．

そこで，$n \neq 0$ のとき，因数 $x - n$ の代わりに，それを $-n$ で割った $1 - \dfrac{x}{n}$ を考える．そうすれば，これをすべての $n \neq 0$ にわたらせて掛けても，定数項は 1 であり，わかりやすい．

こうしてできる因数分解の形は，ある定数 C を用いて次のようになる．

$$\sin \pi x = Cx(1+x)(1-x)\left(1+\frac{x}{2}\right)\left(1-\frac{x}{2}\right)\left(1+\frac{x}{3}\right)\left(1-\frac{x}{3}\right)\cdots.$$

無限積の記号 $\prod_{n=1}^{\infty}$ を用いて書くと，

$$\begin{aligned}\sin \pi x &= Cx\prod_{n=1}^{\infty}\left(1+\frac{x}{n}\right)\left(1-\frac{x}{n}\right)\\ &= \pi x\prod_{n=1}^{\infty}\left(1-\frac{x^2}{n^2}\right).\end{aligned}$$

となる．

定数 C を求めるには，両辺を x で割って $x \to 0$ とすればよい．

$$C = \lim_{x\to 0}\frac{\sin \pi x}{x} = \pi$$

である．以上のことから，因数分解形

$$\sin \pi x = \pi x\prod_{n=1}^{\infty}\left(1-\frac{x^2}{n^2}\right).$$

が得られる．右辺を展開して

$$\sin \pi x = \pi x\left(1-\left(\sum_{n=1}^{\infty}\frac{1}{n^2}\right)x^2 + (x^3\ \text{より高次の項})\right).$$

両辺を微分して

$$\pi\cos \pi x = \pi\left(1-3\left(\sum_{n=1}^{\infty}\frac{1}{n^2}\right)x^2 + (x^3\ \text{より高次の項})\right).$$

したがって，

$$\cos \pi x = 1 - 3\left(\sum_{n=1}^{\infty} \frac{1}{n^2}\right) x^2 + (x^3 \text{ より高次の項}).$$

再び両辺を微分して

$$-\pi \sin \pi x = -6\left(\sum_{n=1}^{\infty} \frac{1}{n^2}\right) x + (x^2 \text{ より高次の項}).$$

もう一度，両辺を微分して

$$-\pi^2 \cos \pi x = -6 \sum_{n=1}^{\infty} \frac{1}{n^2} + (x \text{ より高次の項}).$$

ここで $x \to 0$ とすれば，

$$-\pi^2 = -6 \sum_{n=1}^{\infty} \frac{1}{n^2}.$$

したがって，次の結論を得る．

バーゼル問題の解答（オイラー）

$$\sum_{n=1}^{\infty} \frac{1}{n^2} = \frac{\pi^2}{6}.$$

次章で定義する「ゼータ関数」

$$\zeta(s) = \sum_{n=1}^{\infty} \frac{1}{n^s}$$

を用いれば，この結果は

$$\zeta(2) = \frac{\pi^2}{6}$$

とも表せる．

このバーゼル問題解決のニュースは，またたく間にヨーロッパ全土に広がり，無名だった若きオイラーは一躍スターになった．

オイラーは，同じ論文中で，平方数だけでなく，任意の偶数乗について逆数の和，すなわち，

$$\sum_{n=1}^{\infty} \frac{1}{n^{2k}} \qquad (k = 1, 2, 3, \ldots)$$

の値をすべて解明した．$k = 1, 2, 3$ のときの結果を並べると以下のようになる．

$$\zeta(2) = 1 + \frac{1}{2^2} + \frac{1}{3^2} + \frac{1}{4^2} + \frac{1}{5^2} + \cdots = \frac{\pi^2}{6},$$
$$\zeta(4) = 1 + \frac{1}{2^4} + \frac{1}{3^4} + \frac{1}{4^4} + \frac{1}{5^4} + \cdots = \frac{\pi^4}{90},$$
$$\zeta(6) = 1 + \frac{1}{2^6} + \frac{1}{3^6} + \frac{1}{4^6} + \frac{1}{5^6} + \cdots = \frac{\pi^6}{945}.$$

一般の正の偶数 $s = 2k$ $(k = 1, 2, 3, \ldots)$ に対する結果を述べるには，ベルヌーイ数 B_n を用いる必要がある．**ベルヌーイ数** B_n は，マクローリン展開の係数として

$$\frac{t}{e^t - 1} = \sum_{n=0}^{\infty} B_n \frac{t^n}{n!}.$$

と定義される．たとえば，$n = 0, 1, 2$ のとき，

$$B_0 = 1, \qquad B_1 = -\frac{1}{2}, \qquad B_2 = \frac{1}{6}$$

である．

オイラーは，次の定理を証明した．

定理（$\zeta(s)$ の特殊値）　正の偶数 $s = 2k$ $(k = 1, 2, 3, \ldots)$ における $\zeta(s)$ の値は，次式で与えられる．

$$\zeta(2k) = \frac{(-1)^{k+1}(2\pi)^{2k} B_{2k}}{2(2k)!}.$$

この定理を見た多くの人々が，これが突発的に偶然成り立った事実ではなく，何か深い背景が存在することを直感するのではないだろうか．その通り，この定理が端緒となり，後年，ゼータ関数に整数点を代入した値が意味のある表示をもつことが認識され，「ゼータの特殊値」という研究分野が生まれた．それは，現代では数学の主要テーマの一つになっており，リーマン予想と並ぶミレニアム問題の一つである楕円曲線のゼータに関する「バーチ・スウィンナートンダイヤー

予想」や，セルバーグ・ゼータ関数に関する「ラプラシアンの行列式表示」など，整数論や幾何学の多くの予想や命題が，その系譜に属している．

本書の冒頭で中高生向けの講義の題材として述べたように，精密化，一般化，類似構成という手法によって研究を発展させる喜びは確かにある．だが，その根本には，1つの定理が，孤立した事実とは思えないオーラをもち，周辺の風景を引き連れている状況がある．人はそういう定理を目の当たりにしたとき，まだ見ぬ周辺の探索をせずにはいられなくなる．それが新たな発見を生み，数学の進展を促す．それこそが，数学を根本で推進させている原動力であり，数学のもつ「第二の力」なのである．

第2章
リーマン予想と素数

2.1 ユークリッドからオイラーへ

数学がもつ力には，定理そのものの魅力もさることながら，その定理の背景の豊かさが関係している．前章では，数学的に高い価値をもつ定理の例として，「素数が無数に存在する」という命題を挙げ，ユークリッドの証明を吟味しながら，周辺に広がる風景を鑑賞し，深い魅力を探求した．

だが，定理の証明は，必ずしも一通りとは限らない．ユークリッドの証明以外にも，証明する方法はあり得る．新たな証明から，新たな風景が見えてくる．

実は，ユークリッドがこの定理を証明した紀元前3世紀から約2000年後の1737年，オイラーが新証明を与えた．オイラーは後年に「オイラー積」と呼ばれるようになった数式を発見し，証明に用いた．このオイラーの業績は，数学史上最大の偉業の一つに数えられる．

オイラーの証明は，ユークリッドの定理を別の方法で示しただけではなく，定理の精密化にもなっていた．さらに，オイラー積によって，後年，無数の一般化や類似構成がなされ，数学の一大分野「ゼータ関数論」を形成するほどになった．その中の未解決問題の一つが，本書の目標に据えた「リーマン予想」である．

本節では，このオイラーの発見である「オイラー積」を説明し，ユークリッドの定理の新証明を与える．そして，そこからどんな新しい風景が見えてくるか，考えてみたい．

素数を研究するには，素数の性質をよく考えることが必要である．素数は自然数の構成要素であり，どんな自然数も素数の積に一通りに表されることが，素数のもつ根源的な性質であろう．たとえば，$72 = 2^3 \times 3^2$ という素因数分解により，72の約数は，

$$2^a \times 3^b \qquad (a = 0, 1, 2, 3, \quad b = 0, 1, 2)$$

の形で尽くされる．a，b の組合せが $4 \times 3 = 12$ 通りあるので，約数が12個あることも，ここからわかる．

そこで，次のような数式の積を展開すると，展開項として72の約数がすべて登場することがみてとれる．

$$(1+2+2^2+2^3)(1+3+3^2)$$

実際に展開してみると，

$$(1+2+4+8)+(3+6+12+24)+(9+18+36+72)$$

というように，72 の約数がすべて並ぶ．数式に強い読者には，上の記号 a, b を使い，次のように約数の一般形で表示した方がわかりやすいだろう．

$$\left(\sum_{a=0}^{3} 2^a\right)\left(\sum_{b=0}^{2} 3^b\right)=\sum_{a=0}^{3}\sum_{b=0}^{2} 2^a \times 3^b.$$

72 の代わりに，72 の 2 倍である 144 から話を始めれば，a の範囲が一つ広がって $0 \leq a \leq 4$ になる．また，72 の 3 倍である 216 から始めれば，b の範囲が一つ広がって $0 \leq b \leq 3$ になる．2 倍または 3 倍する操作をどんどん繰り返していき，2 と 3 のみを素因数にもつ巨大な自然数 $2^A \times 3^B$ から話を始めれば，そのすべての約数は

$$\left(\sum_{a=0}^{A} 2^a\right)\left(\sum_{b=0}^{B} 3^b\right)$$

の展開項として現れる．ここで，$A, B \to \infty$ とすれば，展開項に「2 と 3 のみを素因数にもつすべての自然数」が現れそうなものだが，残念ながら 2 つの級数がいずれも ∞ に発散するため，数式が意味をなさない．

しかし，ある工夫をすることで，$A, B \to \infty$ の操作に意味をもたせることができる．それは，「逆数をとる」という工夫である．

72 の代わりに逆数 $\frac{1}{72}$ を考えると，積

$$\left(1+\frac{1}{2}+\frac{1}{2^2}+\frac{1}{2^3}\right)\left(1+\frac{1}{3}+\frac{1}{3^2}\right)$$

の展開項として，「約数の逆数」がすべて並ぶ．実際，これを展開すると

$$\left(1+\frac{1}{2}+\frac{1}{4}+\frac{1}{8}\right)+\left(\frac{1}{3}+\frac{1}{6}+\frac{1}{12}+\frac{1}{24}\right)+\left(\frac{1}{9}+\frac{1}{18}+\frac{1}{36}+\frac{1}{72}\right)$$

となり，先ほどの約数の和の式で各項を逆数にしたものに一致する．一般項で書けば，

$$\left(\sum_{a=0}^{3}\frac{1}{2^a}\right)\left(\sum_{b=0}^{2}\frac{1}{3^b}\right)=\sum_{a=0}^{3}\sum_{b=0}^{2}\frac{1}{2^a\times 3^b}.$$

となる．ここで，$\frac{1}{72}$ の代わりに 2 と 3 のみからなる巨大な分母をもつ分数 $\frac{1}{2^A\times 3^B}$ を考えると，今度は

$$\left(\sum_{a=0}^{A}\frac{1}{2^a}\right)\left(\sum_{b=0}^{B}\frac{1}{3^b}\right)$$

において，$A, B\to\infty$ とすることが意味をもつ．実際，各カッコ内は初項 1，公比がそれぞれ $\frac{1}{2}$，$\frac{1}{3}$ の等比数列となるので，極限値が計算できて，

$$\lim_{A\to\infty}\lim_{B\to\infty}\left(\sum_{a=0}^{A}\frac{1}{2^a}\right)\left(\sum_{b=0}^{B}\frac{1}{3^b}\right)=\left(1-\frac{1}{2}\right)^{-1}\left(1-\frac{1}{3}\right)^{-1}$$

となる．この極限値は，

2と3のみを素因数としてもつようなすべての自然数の逆数の和

という意味である．式で書けば以下のようになる．

$$\sum_{a=0}^{\infty}\sum_{b=0}^{\infty}\frac{1}{2^a\times 3^b}=\left(1-\frac{1}{2}\right)^{-1}\left(1-\frac{1}{3}\right)^{-1}.$$

ここまで，素因数が 2 と 3 のみである自然数を考えていたが，当然，他の素因数をもつ場合も同様であり，素因数の個数が多い場合も同様である．たとえば，素因数が 2，3，5 のみであるような自然数の全体を考えれば

$$\sum_{a=0}^{\infty}\sum_{b=0}^{\infty}\sum_{c=0}^{\infty}\frac{1}{2^a\times 3^b\times 5^c}=\left(1-\frac{1}{2}\right)^{-1}\left(1-\frac{1}{3}\right)^{-1}\left(1-\frac{1}{5}\right)^{-1}$$

となり，素因数が 2，3，5，7 のみである自然数の全体を考えれば

$$\sum_{a=0}^{\infty}\sum_{b=0}^{\infty}\sum_{c=0}^{\infty}\sum_{d=0}^{\infty}\frac{1}{2^a\times 3^b\times 5^c\times 7^d}$$
$$=\left(1-\frac{1}{2}\right)^{-1}\left(1-\frac{1}{3}\right)^{-1}\left(1-\frac{1}{5}\right)^{-1}\left(1-\frac{1}{7}\right)^{-1}$$

となる．ここで，左辺の分母 $2^a\times 3^b\times 5^c\times 7^d$ の指数 a，b，c，d は 0 もとり得

るので，分母が「素因数 2，3，5，7 を必ずもつ」と主張しているわけではないことに注意しよう．「素因数をもったとしても，2，3，5，7 だけである」という意味である．そうすると，このようにして素因数を増やしていき，すべての素数をわたるようにすれば，左辺の分母はすべての自然数をわたることになる．

どんな自然数も素因数分解の形で一通りに表される

という，**素因数分解の一意性**が成り立つからである．以上より，次式を得る．

$$\sum_{n=1}^{\infty} \frac{1}{n} = \prod_{p:\,素数} \left(1 - \frac{1}{p}\right)^{-1}.$$

これは，オイラーが 1737 年に発見した等式であり，右辺に現れた素数全体にわたる積を**オイラー積**と呼ぶ．オイラー積は，自然数全体にわたる和を，素数全体にわたる積として表したものであり，いわば，左辺を丸ごと素因数分解した式であるといえる．すなわち，

$$\begin{aligned} \text{自然数全体にわたる和} &= \text{素数全体にわたる積} \\ &= \text{オイラー積} \end{aligned}$$

となっている．

今，私たちは「素数が無数に存在する」というユークリッドの定理を新しい方法で証明しようとしているので，現時点では右辺の「素数にわたる積」が有限積なのか，無限積なのか，未確定であることを注意しておく．

オイラー積は，数学史上最大級の発見といわれている．その理由の一つは，オイラー積によってユークリッドの定理「素数が無数に存在すること」の新証明ばかりでなく，ユークリッドの定理の改善（精密化）が 2000 年ぶりに得られたからである．それはゼータ関数に発展し，今日の数学の主要分野を形成するに至ったのだ．証明から見えてくる数学的な背景は，ユークリッドの証明のとき以上に広大で深みのあるものである．以下に，その景色を見ていこう．

「素数が無数に存在すること」の新証明は，オイラー積を用いると次のように簡単にできる．まず，左辺の自然数全体にわたる和は，無限大である．すなわち，

$$\sum_{n=1}^{\infty} \frac{1}{n} = \infty.$$

この事実は高校の数学Ⅲで，左辺の級数の表す階段グラフの面積と，定積分の極限

$$\lim_{x\to\infty}\int_1^x \frac{1}{t}dt = \lim_{x\to\infty}\bigl[\log t\bigr]_1^x = \infty$$

の比較により証明されるので，読者には周知のことと思うが，参考までに，積分を使わない素朴な証明法をコラム3に記した．

すると，オイラー積の式は，

$$\infty = \prod_{p:\text{素数}}\left(1-\frac{1}{p}\right)^{-1}$$

となる．ここで，各因子

$$\left(1-\frac{1}{p}\right)^{-1} = \frac{p}{p-1}$$

は有限の値である．有限の値を何個か掛けた結果が ∞ なので，掛けた個数は無限大である．よって，素数は無数に存在する．（証明終）

コラム3　$\sum_{n=1}^{\infty}\frac{1}{n}=\infty$ の証明

$$1+\frac{1}{2}+\frac{1}{3}+\frac{1}{4}+\cdots$$

において，まず，$\frac{1}{3}$ を $\frac{1}{4}$ で書き換えると，分母が大きくなるので分数の値は小さくなる．次に，$\frac{1}{5}, \frac{1}{6}, \frac{1}{7}$ の3つを $\frac{1}{8}$ に書き換えると，式の値はさらに小さくなる．不等式で表すと

$$1+\frac{1}{2}+\frac{1}{3}+\frac{1}{4}+\frac{1}{5}+\frac{1}{6}+\frac{1}{7}+\frac{1}{8}+\cdots$$
$$> 1+\frac{1}{2}+\underbrace{\frac{1}{4}+\frac{1}{4}}_{2\text{個}}+\underbrace{\frac{1}{8}+\frac{1}{8}+\frac{1}{8}+\frac{1}{8}}_{4\text{個}}+\cdots.$$

ここで，$\frac{1}{4}$ は2つで $\frac{1}{2}$ となり，$\frac{1}{8}$ は4つで $\frac{1}{2}$ となるから，

$$1+\frac{1}{2}+\underbrace{\frac{1}{4}+\frac{1}{4}}_{\frac{1}{2}}+\underbrace{\frac{1}{8}+\frac{1}{8}+\frac{1}{8}+\frac{1}{8}}_{\frac{1}{2}}+\cdots = 1+\frac{1}{2}+\frac{1}{2}+\frac{1}{2}+\cdots.$$

左辺の $\cdots$ の部分は，各分母を自分より大きな最初の 2 べきで置き換える．たとえば，$\frac{1}{9}$ から $\frac{1}{15}$ までは $\frac{1}{16}$ で置き換えるのである．そうすると 16 の半数である 8 個が $\frac{1}{16}$ となり，和は $8 \times \frac{1}{16} = \frac{1}{2}$ となる．これを繰り返すと，どの部分からも $\frac{1}{2}$ が出てくる．級数の値は，$\frac{1}{2}$ を無数に加えたものなので，∞ となる．以上より，

$$1 + \frac{1}{2} + \frac{1}{3} + \frac{1}{4} + \cdots = \infty$$

が示された． （証明終）

このオイラーの証明は，ユークリッドの定理の単なる新証明ではなく，定理の精密化になっていることに注意すべきである．そのことは，証明の最後の部分の論理を追うとわかる．そこでは，

$$\text{素数全体にわたる積が } \infty \quad \Longrightarrow \quad \text{その積は無限積}$$

という論理を用いているが，この逆は成り立たない．すなわち，無限積だからといって，いつでも ∞ になるとは限らず，収束する無限積も世の中には存在する．

たとえば，素数の代わりに 4 以上の平方数

$$2^2, \quad 3^2, \quad 4^2, \quad \cdots, \quad n^2, \quad \cdots$$

を考え，オイラー積の p を平方数 n^2 $(n = 2, 3, 4, \ldots)$ に変えてみると，無限積は，

$$\begin{aligned}
&\lim_{N\to\infty} \prod_{n=2}^{N} \left(1 - \frac{1}{n^2}\right)^{-1} \\
&= \lim_{N\to\infty} \prod_{n=2}^{N} \frac{n^2}{n^2 - 1} \\
&= \lim_{N\to\infty} \prod_{n=2}^{N} \frac{n}{n-1} \cdot \frac{n}{n+1} \\
&= \lim_{N\to\infty} \left(\frac{2}{1} \cdot \frac{2}{3}\right)\left(\frac{3}{2} \cdot \frac{3}{4}\right) \cdots \left(\frac{N}{N-1} \cdot \frac{N}{N+1}\right) \\
&= \lim_{N\to\infty} \frac{2}{1} \cdot \left(\frac{2}{3} \cdot \frac{3}{2}\right)\left(\frac{3}{4} \cdot \frac{4}{3}\right) \cdots \left(\frac{N-1}{N} \cdot \frac{N}{N-1}\right) \frac{N}{N+1}
\end{aligned}$$

$$= \lim_{N\to\infty} 2\frac{N}{N+1} = 2$$

となり，2に収束する．これは，もし素数の分布が平方数と同程度にまばらであれば，オイラー積が無限積であっても収束することを示唆している．

すなわち，「素数の個数が無限大」という中には

- オイラー積が収束する程度の（小さな）無限大
- オイラー積が発散するほどの（大きな）無限大

の2通りがあり，オイラーは，このうちの大きな方の無限大であることを発見し，証明したのである．オイラーの発見は，無限大の大きさに踏み込み，素数の個数が単なる無限大でなく

ある程度大きな無限大

であることを示した史上初の研究なのである．

2.2 大きな無限大

前節では，オイラーが「素数が無数に存在する」というユークリッドの定理の新証明を与えただけでなく，「素数の個数は無限大の中でも大きい方の無限大である」という新たな事実を発見したことを述べた．「大きい方の無限大」とは，

オイラー積 $\displaystyle\prod_{p:\text{素数}}\left(1-\frac{1}{p}\right)^{-1}$ が発散するくらいに，素数がたくさんある

という意味であった．前節では，もし素数が平方数と同程度しかなかったら，オイラー積は収束してしまうことを観察し，

素数の個数は（同じ無限大どうしといっても）平方数の個数よりも大きい

ことを見たが，では，その「大きな無限大」である素数の個数は，どのように表せるのだろうか．以下に，その方法の一つを解説する．

まず，オイラー積の発散だが，一般に，無限積の発散は，その対数である無限

級数の発散によって定義されるので，

$$\log \prod_{p:\,素数} \left(1 - \frac{1}{p}\right)^{-1} = -\sum_{p:\,素数} \log\left(1 - \frac{1}{p}\right)$$

の発散の様子を調べればよい．

ここで，本書の付録 B（⇒ 231 ページ）で解説した対数関数のテイラー展開（マクローリン展開）を用いる．それは，

$$\log(1 - x) = -x - \frac{x^2}{2} - \frac{x^3}{3} + \cdots \qquad (-1 \leq x < 1).$$

という展開式であり，一般項を用いて書くと

$$\log(1 - x) = -\sum_{n=1}^{\infty} \frac{x^n}{n} \qquad (-1 \leq x < 1)$$

という公式である．対数関数が x^n $(n = 1, 2, \ldots)$ の無限個の結合で表されている．これはいわば「次数が無限大の多項式」で，正しくは**べき級数**と呼ばれる．テイラー展開は高校数学の範囲外である．証明等の詳細は，付録 B を参照されたい．

テイラー展開を初めて見る高校生にとって，対数関数が x^n たちの結合で表されること自体が驚くべき事実であろう．そう．数式には，x のべき乗のように「見た目で内容がわかる表記」と，$\sin x$ や $\log x$ のように「約束事を知らないと内容がわからない表記」の 2 種類がある．テイラー展開は，後者の関数を前者の数式で表す技術である．

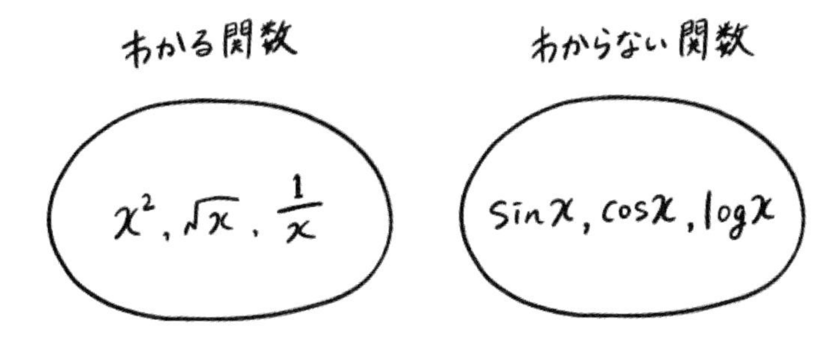

ここでは，その事実に共感してもらう目的で，「無限小解析」の方法を用いた

オイラー[1]の解釈に沿って，この公式を説明する．

以下の説明では，オイラーの用いた記号をそのまま用いるため，本書の習慣に反する部分があるので注意されたい．たとえば，本書のルールでは z を複素数の記号としているが，この説明に限り，オイラーに従い実数を表し，i は虚数単位でなく無限大の記号とする．

無限小解析とは，実数 z を，「無限小 ω」と「無限大 i」の積として

$$z = \omega i$$

と表し，ω と i にそれぞれ独自の演算規則を適用して計算する方法である．たとえば，無限大 i は，n に置き換えて $n \to \infty$ の極限を取ったものと解釈するため，任意の実数 α に対して

$$\frac{i-\alpha}{i} = \lim_{n\to\infty}\frac{n-\alpha}{n} = 1$$

が成り立つ．無限小解析を用いてオイラーは多くの正しい公式を得ていたが，それはオイラーが無限小と無限大の大きさ（今でいうオーダー）に関する正しい洞察を行っていたからであり，天才オイラーだからこそできたことである．無限小解析における無限小や無限大の定義は曖昧であり，$z = \omega i$ とおいたとしても，そこから単なる形式的な計算で万人が結果を得られるものではない．したがって，現代の数学では無限小解析の方法は厳密には正しくないとされ，用いないことになっている．

だが，本書の目的は，高校数学の範囲でリーマン予想を理解することであり，高校数学の範囲外の公式は，証明を正確に理解することとは別に，直感的に共感することが重要であるから，オイラーの無限小解析の方法を，以下の**コラム4**で紹介する．テイラー展開の正しい理論と証明は付録Bで解説するので，厳密性を重視する読者はそちらを参照されたい．

なお，記号 i は infinity（無限大）の頭文字である．虚数単位の i と同じ記号であるが，コラム内のみの使用に限定するので，混乱の恐れはない．オイラーが用いたオリジナルの記号なので，そのまま用いる．

---

1 L. Euler; Introductio in analysin infinitorum; Opera omnia, (1), (1748) pp.8–9.

コラム 4　無限小解析による log のテイラー展開

正の数 z を，「無限小 ω」と「無限大 i」の積として $z=\omega i$ と表す．ω は無限小とはいえ正であるから，$a>0$ ならば a^{ω} は 1 より少し大きいので，これを $a^{\omega}=1+k\omega$ とおく．すると，

$$a^{z}=a^{\omega i}=(1+k\omega)^{i}.$$

これは，1 より大きいので，$1+x$ とおく．すなわち，

$$a^{\omega i}=1+x \qquad \text{かつ} \qquad (1+k\omega)^{i}=1+x.$$

左側の式から

$$\omega i=\log_a(1+x).$$

右側の式から

$$k\omega=(1+x)^{\frac{1}{i}}-1$$

であるから，これらを合わせて

$$\begin{aligned}\log_a(1+x)=\omega i&=\frac{i}{k}(k\omega)\\&=\frac{i}{k}\left((1+x)^{\frac{1}{i}}-1\right)\\&=\frac{i}{k}\left(\frac{x}{i}+\frac{1}{i}\left(\frac{1}{i}-1\right)\frac{x^2}{2!}+\frac{1}{i}\left(\frac{1}{i}-1\right)\left(\frac{1}{i}-2\right)\frac{x^3}{3!}+\cdots\right)\\&=\frac{1}{k}\left(x-\frac{x^2}{2}+\frac{x^3}{3!}-\cdots\right).\end{aligned}$$

最後の等号の式変形で，先ほど紹介した無限大 i の性質

$$\frac{i-\alpha}{i}=1$$

を用いている．

最後から 2 番目の等号は，二項展開

$$(1+x)^{r}=1+rx+\frac{r(r-1)}{2}x^2+\frac{r(r-1)(r-2)}{3\,!}x^3+\cdots$$

$$= \sum_{n=0}^{\infty} \binom{r}{n} x^n \qquad (|x| < 1, \quad r \text{ は任意の実数})$$

を用いている．これもテイラー展開の一種であり，本書では付録 B でテイラー展開の例 (2) として証明している．オイラーは，二項展開を用いて対数関数のテイラー展開を示していることになる．現代的な見地からは「テイラー展開の証明にテイラー展開を用いている」との指摘もあり得ようが，二項展開が二項定理の延長として自然に受け入れられるのに対し，対数関数がべき級数で表されることは，ある意味衝撃的で，より高度な事実であるとみなせるため，オイラーはこのような証明を書いたと思われる．

この証明中の記号 k は，a によって決まる数である．通常の数学の概念では「k は a と ω で決まる」と考えるが，ω は変数ではなく無限小という決まったものであるから，k の定義は，

> **ω を 0 から正に微小に増やしたときに，a^{ω} が 1 から増える分は ω の何倍であるか**

を表す数である．したがって，k の定義には微分の概念が含まれており，現代流な意味付けは

$$k = \left.\frac{d}{d\omega}\right|_{\omega=0} a^{\omega} = \log a.$$

となる．これより，コラムで得た式は対数関数のテイラー展開の公式に一致する．特に，$a = e$ のとき，

$$\log(1 + x) = x - \frac{x^2}{2} + \frac{x^3}{3} - \cdots$$

となる．x を $-x$ で置き換えれば，付録 B で証明するマクローリン展開の公式

$$-\log(1 - x) = x + \frac{x^2}{2} + \frac{x^3}{3} + \cdots$$

になる．

オイラー積に戻ろう．発散の様子を調べるには，上で得た公式で $x = \dfrac{1}{p}$ とおけばよい．

$$\log \prod_{p:\text{素数}} \left(1 - \frac{1}{p}\right)^{-1} = -\sum_{p:\text{素数}} \log\left(1 - \frac{1}{p}\right)$$

$$= \sum_{p:\,素数} \sum_{m=1}^{\infty} \frac{1}{mp^m}.$$

オイラー積が発散するので，この値が ∞ となるわけだが，最後の級数のうち，$m \geq 2$ の部分

$$\sum_{p:\,素数} \sum_{m=2}^{\infty} \frac{1}{mp^m}$$

は収束することが，次の計算によってわかる．はじめに m にわたる和を考えると，

$$\begin{aligned}
\sum_{m=2}^{\infty} \frac{1}{mp^m} &< \sum_{m=2}^{\infty} \frac{1}{2p^m} \\
&= \frac{1}{2p^2} \sum_{m=0}^{\infty} \frac{1}{p^m} \\
&= \frac{1}{2p^2} \frac{1}{1-\frac{1}{p}} \\
&< \frac{1}{2p^2} \frac{1}{1-\frac{1}{2}} = \frac{1}{p^2}.
\end{aligned}$$

よって，

$$\begin{aligned}
\sum_{p:\,素数} \sum_{m=2}^{\infty} \frac{1}{mp^m} &< \sum_{p:\,素数} \frac{1}{p^2} \\
&< \sum_{n=1}^{\infty} \frac{1}{n^2} \\
&< 1 + \sum_{n=2}^{\infty} \frac{1}{n(n-1)} \\
&= 1 + \sum_{n=2}^{\infty} \left(\frac{1}{n-1} - \frac{1}{n} \right) = 2
\end{aligned}$$

これで $m \geq 2$ に関する和の収束が示せたので，オイラー積の発散は，$m = 1$ の部分，すなわち素数の逆数の和の発散と同値であることがわかった．すなわち，次式が証明された．

$$\sum_{p:\,素数} \frac{1}{p} = \infty.$$

この結論からわかることは，素数の個数の無限大の大きさが，「逆数の和が発散するほど大きい」ということである．これがいわゆる「大きな無限大」を表していることは，たとえば平方数と比較するとわかる．コラム３で見たように，分母を自然数全体にわたらせると

$$\sum_{n=1}^{\infty} \frac{1}{n} = \infty$$

が成り立つが，一方，分母を平方数にすると，前ページで見たように

$$\sum_{n=1}^{\infty} \frac{1}{n^2} < 2$$

と収束する．これは，自然数全体のうちで平方数だけを取り出して

$$\boxed{1} + \frac{1}{2} + \frac{1}{3} + \boxed{\frac{1}{4}} + \frac{1}{5} + \frac{1}{6} + \frac{1}{7} + \frac{1}{8} + \boxed{\frac{1}{9}} + \cdots$$

と四角で囲んだ項だけを加えた場合，値が２よりも小さくなることを意味している．全体で ∞ のうち，２より小さな部分しか占めないのであるから，平方数は（無数にあるといっても）非常に少ない．平方数の個数は「小さな無限大」であることがわかる．

これに対して素数を四角で囲んでみると，

$$1 + \boxed{\frac{1}{2}} + \boxed{\frac{1}{3}} + \frac{1}{4} + \boxed{\frac{1}{5}} + \frac{1}{6} + \boxed{\frac{1}{7}} + \frac{1}{8} + \frac{1}{9} + \cdots$$

という具合に取り出すことになる．ここで見えている範囲では，素数の個数は平方数とそれほど変わらないように見えるが，数を大きくしていくと，平方数のまばら具合に比べて素数は密に分布していることがわかる．なぜなら，素数の逆数を取り出した部分和は発散し，自然数全体にわたる和の無限大のうち，無限の部分を占めるからである．

2.3　素数の逆数の和

オイラーは，オイラー積の発見により，「素数が無数に存在する」というユー

クリッドの定理の新証明を与え，さらに，定理を改良し，素数の個数の無限大の大きさに立ち入った研究を，史上初めて行った．前節では，それが，素数の逆数の和の発散，すなわち

$$\sum_{p:\,\text{素数}} \frac{1}{p} = \infty$$

と表されることを見た．これだけでもオイラーの偉大な業績なのだが，実はオイラーの発見はこれにとどまらなかった．

右辺の ∞ が，どれくらいの大きさなのか，オイラーはさらに詳しく求めたのである．オイラーは，次の漸近式を証明した．

$$\sum_{p<x} \frac{1}{p} \sim \log\log x \qquad (x \to \infty).$$

ただし，記号 $f(x) \sim g(x)$ $(x \to \infty)$ は，

$$\lim_{x\to\infty} \frac{f(x)}{g(x)} = 1$$

という意味である．分数が 1 に近づくということは，分母と分子がほぼ等しくなることだから，$f(x)$ と $g(x)$ は x が大きいときに「ほぼ等しい」ということになる．本節の目標は，この漸近式の証明を紹介することである．

証明は，いくつかの用語や記号を補えば，高校数学の知識で理解することが可能だが，考え方が高度であるため，一読してすべてを理解することは高校生にとっては難しいかもしれない．本節の結論は今後用いることはないので，ゼータ関数やリーマン予想への話題を先に読みたい読者は，本節を飛ばしても差し支えない．

はじめに，記号 $f(x) \sim g(x)$ $(x \to \infty)$ に関して，一点，注意をしておく．たとえば $f(x)$ が 3 次多項式

$$f(x) = x^3 + 2x^2 + 3x + 4$$

である場合，$g(x)$ として，x^3 で始まる任意の多項式を選んでも，いつでも

$$f(x) \sim g(x) \qquad (x \to \infty)$$

が成り立つ．すなわち，記号 $f(x) \sim g(x)$ $(x \to \infty)$ は，

$$f(x) \text{ と } g(x) \text{ の初項が等しい}$$

ということを意味しているにすぎない．2次以下の項がどんな多項式であっても，すべて $f(x) \sim g(x)$ を満たすのだから，かなり大雑把な条件である．そのうえ，多項式以外の一般の関数も含めて考えるときは，たとえ $f(x) \sim g(x)\ (x \to \infty)$ が成り立っていても，

$$g(x) = x^3 + x^{2.999}$$

のように，指数が3よりほんのわずか小さな項は存在し得るし，さらに，

$$g(x) = x^3 + \frac{x^3}{\log x}$$

のように，指数が同じ3で，べき乗以外で $\dfrac{1}{\log x}$ のように緩やかに0に収束する因子が掛かっている項の存在も否定できない．$f(x)$ と $g(x)$ が「ほぼ等しい」といっても，それに肉薄する項があり得ることになってしまう．

もちろん，それでも「$f(x)$ と $g(x)$ がほぼ等しい」といえることにそれなりの価値はあるのだが，次の項がどれだけ近いかわからないのでは，心許ない．そこで，こうした状況を区別するために，いくつか用語と記号を導入する．

まず，**有界**という用語を定義する．

$$\text{関数 } f(x) \text{ が } x \to \infty \text{ において有界}$$

とは，定義域を十分大きな実数の集合に制限したとき，ある定数 $C > 0$ によって

$$|f(x)| \leq C$$

が成り立つことである．これはつまり，

> $y = f(x)$ のグラフが，右側の方で，ある水平方向の帯の中にすっぽり入ること

である．例を挙げると，

$$f(x) = \frac{1}{x}, \qquad f(x) = \sin x$$

は，$x \to \infty$ において有界だが，

$$f(x) = x^2, \qquad f(x) = \log x$$

は，$x \to \infty$ において有界ではない．

次に，O **記号**を導入する．これは，$g(x) \geq 0$ に対して

$$f(x) = O(g(x)) \qquad (x \to \infty)$$

のように用い，この意味は，

$$\text{関数 } \frac{|f(x)|}{g(x)} \text{ が } x \to \infty \text{ において有界}$$

であると定める．たとえば，$f(x)$ が多項式のとき，

$$f(x) = O(x^2) \qquad (x \to \infty)$$

は，

$$f(x) \text{ の次数は } 2 \text{ 以下}$$

と同義である．

上で定義した「関数 $f(x)$ が $x \to \infty$ において有界」は，

$$f(x) = O(1) \qquad (x \to \infty)$$

と表される．

先ほどの例 $f(x) = x^3$ に対し，単に

$$f(x) \sim g(x) \qquad (x \to \infty)$$

だと，

$$g(x) = x^3 + x^{2.999}, \qquad g(x) = x^3 + \frac{x^3}{\log x}$$

など，いろいろな場合があり得たが，O 記号を用いて

$$f(x) - g(x) = O(x^2)$$

あるいは

$$f(x) = g(x) + O(x^2)$$

と書けば,

$$g(x) = x^3 + (x \text{ の 2 乗以下})$$

に限定される.

このように O 記号を用いることで, 漸近状況のより正確な記述が可能となるので, O 記号はゼータ関数論でよく用いられる. だが, いくつか使用上の注意がある. まず,

O 記号を含む等式は, 左から右の順序で「左辺は右辺である」と読むこと. したがって, 等号の意味が通常と異なる. 左辺と右辺を入れ替えた等式は, 一般に成立しない

という点は重要である. すなわち,

$$f(x) = O(x^2)$$

を,

$$O(x^2) = f(x)$$

と書いてはいけない. 基本的に, O 記号は右辺に用いるのがわかりやすい. しかし, 次のような計算もときには必要だろう.

$$f(x) = O(x^2 + 2x + 5) = O(x^2).$$

これは, $f(x) = O(x^2 + 2x + 5)$ であることがわかった後で, より簡単に $O(x^2)$ で表せることに気づき, 式変形を行ったものである. この場合, 等式

$$O(x^2 + 2x + 5) = O(x^2)$$

の左辺に O 記号が来てしまう. こうした場合も踏まえ, O 記号の等式は, 関数の集合間の包含関係を述べた式であると定義する. すなわち, 左辺は

$x^2 + 2x + 5$ で割って有界である関数の全体の集合

であり, 右辺は

x^2 で割って有界である関数の全体の集合

であり，等式は，「左辺の元が右辺の元である」ことを表している．この場合は，両者の集合が同一だが，一般に O 記号の等式は

$$\text{左辺の集合} \subset \text{右辺の集合}$$

という包含関係を表しており，必ずしも両者の集合が等しいとは限らない．

たとえば，右辺の指数を敢えて 3 に変えた

$$O(x^2+2x+5)=O(x^3)$$

という等式も，証明の目的が「3 次以下であることを示すこと」である場合などに用いられる．

以上の記号を用い，本節では以下の定理を証明する．

定理 1．素数の逆数の和の振舞い（オイラー）

$$\sum_{\substack{p\le x \\ p:\,\text{素数}}} \frac{1}{p} = \log\log x + O(1) \qquad (x\to\infty).$$

この定理を証明するため，以下に一つ一つ事実を積み重ねていく．

自然数 m の素因数分解に素数 p が現れる回数を $\nu_p(m)$ とおく．すなわち，

$$m=p^{\nu_p(m)}\times(p\text{ と互いに素な数})$$

である．たとえば，$m=72=2^3\times3^2$ であるとき，

$$\nu_2(72)=3,\qquad \nu_3(72)=2$$

であり，$p\ge 5$ なる任意の素数 p に対して $\nu_p(72)=0$ であり，

$$72=2^{\nu_2(72)}\times3^{\nu_3(72)}$$

となる．

命題 1.　階乗に対する ν_p の公式

$$\nu_p(n!) = \sum_{k=1}^{\infty} \left[\frac{n}{p^k} \right].$$

ただし，$[x]$ は，x 以下の最大整数を表す．

証明　指数法則より

$$\nu_p(n!) = \sum_{m=1}^{n} \nu_p(m)$$

である．任意の自然数 k に対し，$1 \leq m \leq n$ なる自然数 m で p^k の倍数となるものは $\left[\frac{n}{p^k} \right]$ 個存在する．これらの各々を数えていった合計が $\nu_p(n!)$ であるので，命題が成り立つ．（証明終）

以下の 3 つの関数 $\theta(x)$，$\psi(x)$，$T(x)$ はチェビシェフが導入したものである．

$$\theta(x) = \sum_{\substack{p \leq x \\ p:\text{素数}}} \log p,$$

$$\psi(x) = \sum_{n=1}^{\infty} \theta(x^{1/n}),$$

$$T(x) = \sum_{n \leq x} \log n.$$

$\psi(x)$ は，無限和の形で書かれているが，$x < 2$ のとき $\theta(x) = 0$ であるから，$n > \log_2 x$ に対し $\theta(x^{1/n}) = 0$ となり，実質的に有限和である．

命題 2

(i)

$$\psi(x) = \sum_{\substack{p,n \\ p^n \leq x}} \log p = \sum_{p \leq x} \left[\frac{\log x}{\log p} \right] \log p.$$

(ii)

$$T(x) = \sum_{n \le x} \psi\left(\frac{x}{n}\right) = \sum_{n=1}^{\infty} \psi\left(\frac{x}{n}\right).$$

(iii)

$$\psi(x) - \sqrt{x}\log x \le \theta(x) \le \psi(x).$$

証明 (i) 定義から容易に

$$\psi(x) = \sum_{n=1}^{\infty} \theta(x^{1/n}) = \sum_{n=1}^{\infty} \sum_{p \le x^{1/n}} \log p = \sum_{n=1}^{\infty} \sum_{p^n \le x} \log p$$

であるから，結論を得る．

(ii) x が整数の場合に示せば十分であるから，以下，x を整数とする．記号 ν_p の定義から

$$x! = \prod_{p \le x} p^{\nu_p(x!)}$$

であるから，両辺の対数を取ると，命題 1（階乗に対する ν_p の公式）より

$$T(x) = \log(x!) = \sum_{p \le x} \nu_p(x!) \log p = \sum_{p \le x} \sum_{k=1}^{\infty} \left[\frac{x}{p^k}\right] \log p.$$

ここで

$$n \le \left[\frac{x}{p^k}\right] \iff p \le \left(\frac{x}{n}\right)^{1/k}$$

であり，この不等式を満たすような n は，x, p, k を固定したときに $\left[\frac{x}{p^k}\right]$ 個あるので，

$$T(x) = \sum_{n=1}^{\infty} \sum_{k=1}^{\infty} \sum_{p \le (\frac{x}{n})^{\frac{1}{k}}} \log p = \sum_{n=1}^{\infty} \sum_{k=1}^{\infty} \theta\left(\left(\frac{x}{n}\right)^{\frac{1}{k}}\right) = \sum_{n=1}^{\infty} \psi\left(\frac{x}{n}\right).$$

$n > x$ のとき $\psi(x/n) = 0$ であるから，

$$T(x) = \sum_{n \le x} \psi\left(\frac{x}{n}\right).$$

(iii) (i) より

$$\psi(x)-\theta(x)=\sum_{k=2}^{\infty}\sum_{\substack{p^k\le x\\ p:\,素数}}\log p=\sum_{\substack{p\le\sqrt{x}\\ p:\,素数}}\sum_{2\le k\le\frac{\log x}{\log p}}\log p$$
$$\le\sum_{\substack{p\le\sqrt{x}\\ p:\,素数}}\frac{\log x}{\log p}\log p\le\sqrt{x}\log x.$$

(証明終)

この命題 2 により，3 つの関数 $\theta(x)$，$\psi(x)$，$T(x)$ は互いに密接な関係にあることがわかったが，これらのうち $\theta(x)$ と $\psi(x)$ は素数にわたる和で定義されるのに対し，$T(x)$ は自然数にわたる和であり，素数に関係ない．したがって，$T(x)$ の振舞いは素数の性質と無関係に求められ，比較的容易にわかる．実際，次の事実が得られる．

命題 3. $T(x)$ の振舞い

$$T(x)=x\log x-x+O(\log x)\qquad(x\to\infty)$$

証明 付録 C（⇒ 260 ページ）で証明する部分和の公式 2 において $a(r)=1$, $f(r)=\log r$ とおくと，$A(x)=[x]$ となるから，

$$T(x)=\sum_{r\le x}\log r$$
$$=[x]\log x-\int_1^x\frac{[t]}{t}dt.$$

正の数 x の小数部分を $\{x\}:=x-[x]$ とおけば，

$$T(x)=(x-\{x\})\log x-\int_1^x\frac{t-\{t\}}{t}dt$$
$$=x\log x-x+S(x).$$

ただし，

$$|S(x)|=\left|1+\int_1^x\frac{\{t\}}{t}dt-\{x\}\log x\right|$$

$$\leq \log x.$$

（証明終）

ここで得た $T(x)$ に関する性質を $\psi(x)$ に関する性質に翻訳することが，今の目標である．それには命題 2 (ii) を用いればよいが，命題 2 (ii) では項数が x によっているため，$x \to \infty$ の際の評価が難しい．そこで，次の命題で $\psi(x)$ と有限個（5 項）の $T(x)$ たちの一次結合との関係を導いておく．

命題 4.　$\psi(x)$ と $T(x)$ の関係

$\alpha(x) = T(x) - T(\frac{x}{2}) - T(\frac{x}{3}) - T(\frac{x}{5}) + T(\frac{x}{30})$ とおくと，$x \geq 0$ に対し，次式が成り立つ．

$$\alpha(x) \leq \psi(x) \leq \alpha(x) + \psi\left(\frac{x}{6}\right).$$

証明　命題 2 (ii) より，何らかの係数 $A_n \in \mathbb{R}$ によって

$$\alpha(x) = \sum_{n=1}^{\infty} A_n \psi\left(\frac{x}{n}\right)$$

とおける．これより A_n を求める．命題 2 (ii) より，

$$\alpha(x) = \sum_{m=1}^{\infty} \psi\left(\frac{x}{m}\right) - \sum_{m=1}^{\infty} \psi\left(\frac{x}{2m}\right) - \sum_{m=1}^{\infty} \psi\left(\frac{x}{3m}\right) - \sum_{m=1}^{\infty} \psi\left(\frac{x}{5m}\right) + \sum_{m=1}^{\infty} \psi\left(\frac{x}{30m}\right)$$

したがって，n と 30 が互いに素ならば，A_n への寄与は右辺の第 1 の和のみから来るので $A_n = 1$ である．n と 30 の最大公約数が 2, 3, 5 のいずれかならば，第 1 の和から係数 1，第 2，第 3，第 4 の和のうちのいずれか 1 つから係数 (-1) が出て，それ以外の係数は 0 となるので，合計すると $A_n = 0$ である．同様にして n と 30 の最大公約数が 6, 10, 15 ならば，第 1 の和から係数 1，第 2，第 3，第 4 の和のうちのいずれか 2 つから係数 (-1) が出て，それ以外の係数は 0 となるので，合計すると $A_n = -1$ である．最後に n が 30 の倍数のとき，第 1 から第 5 の和からすべて 1 または (-1) が出てくるので，合計して $A_n = -1$ となる．以上より

$$A_n = \begin{cases} 1 & (\text{n と 30 の最大公約数が 1 のとき}) \\ -1 & (\text{n と 30 の最大公約数が 6, 10, 15, 30 のとき}) \\ 0 & (\text{それ以外のとき}) \end{cases}$$

となる．A_n は n を 30 で割った余りのみによるから，$1 \leq n \leq 30$ に対する値によって，すべて決まる．

n	1	2	3	4	5	6	7	8	9	10	11	12	13	14	15
G.C.D.	1	2	3	2	5	6	1	2	3	10	1	6	1	2	15
A_n	1	0	0	0	0	−1	1	0	0	−1	1	−1	1	0	−1

n	16	17	18	19	20	21	22	23	24	25	26	27	28	29	30
G.C.D.	2	1	6	1	10	3	2	1	6	5	2	3	2	1	30
A_n	0	1	−1	1	−1	0	0	1	−1	0	0	0	0	1	−1

表 2.1 $1 \leqq n \leqq 30$ に対する A_n の値
（中段の G.C.D. は，n と 30 の最大公約数）

ここで，表の最下行をみると，0 でないところは 1, −1 が交互に現れている．すなわち，数列 $1 = c_0 < c_1 < c_2 < \cdots$ を，$A_n \neq 0$ なる n たち全体のなす増加列とすると，

$$\alpha(x) = \sum_{n=0}^{\infty} A_{c_n} \psi\left(\frac{x}{c_n}\right) \qquad (A_{c_n} \neq 0)$$

と表されるが，このときの係数が $A_{c_n} = (-1)^n$ となる．よって，

$$\alpha(x) = \sum_{n=0}^{\infty} (-1)^n \psi\left(\frac{x}{c_n}\right)$$

が成り立つ．$\psi(x)$ は非減少関数であるから，

$$\psi\left(\frac{x}{c_0}\right) - \psi\left(\frac{x}{c_1}\right) \leq \alpha(x) \leq \psi\left(\frac{x}{c_0}\right).$$

すなわち，

$$\psi(x) - \psi\left(\frac{x}{6}\right) \leq \alpha(x) \leq \psi(x)$$

となる．（証明終）

この定理から，$\theta(x)$ の振舞いを以下のように得ることができる．

命題 5. $\theta(x)$ の振舞い

(i) 定数 $A_1 = 1.1224$ と任意の $x \geq 2$ に対し，次の不等式が成り立つ．

$$\theta(x) \leq A_1 x.$$

(ii) 定数 $A_2 = 0.73$ と任意の $x \geq 37$ に対し，次の不等式が成り立つ．

$$A_2 x \leq \theta(x).$$

証明 命題 3 の証明中で得たように，

$$T(x) = x\log x - x + S(x), \qquad |S(x)| \leq \log x$$

が成り立つ．これを $\alpha(x)$ の定義式に代入すると，$x\log x$ の項は打ち消しあって 0 になり，主要項は x のオーダーとなる．また誤差項は $5\log x$ で押さえられるので，

$$\left|\alpha(x) - \left(\frac{x}{2}\log 2 + \frac{x}{3}\log 3 + \frac{x}{5}\log 5 - \frac{x}{30}\log 30\right)\right| \leq 5\log x.$$

すなわち，

$$\left|\alpha(x) - \frac{14\log 2 + 9\log 3 + 5\log 5}{30}x\right| \leq 5\log x.$$

数値計算により

$$|\alpha(x) - cx| \leq 5\log x, \qquad (c = 0.921292\cdots).$$

となる．あとは右辺 $\log x$ を数値的に処理すればよい．たとえば，$x > 3000$ において $5\log x \leq 0.014x$ が成り立つので，

$$0.9072x < (c - 0.014x) \leq \alpha(x) \leq (c + 0.014x) < 0.9353x.$$

$x \leq 3000$ に対してもこれを実際に数値計算で確かめると，$x \geq 350$ ならば同じ不等式が成り立つことがわかる．

(i) を示すには，命題 3 より，任意の t に対して

$$\psi(t) - \psi\left(\frac{t}{6}\right) \le \alpha(t)$$

が成り立つことを用いる．$t = x/6^j$ ($j = 0, 1, 2, \ldots$) にこれを適用し，$\psi(x)$ を以下のように変形する．

$$\begin{aligned}\psi(x) &= \sum_{j=0}^{\infty}\left(\psi\left(\frac{x}{6^j}\right) - \psi\left(\frac{x}{6^{j+1}}\right)\right)\\ &\le \sum_{j=0}^{\infty}\alpha\left(\frac{x}{6^j}\right)\\ &\le \sum_{j=0}^{\infty}0.9353\cdot\frac{x}{6^j}\\ &\le 1.1224x.\end{aligned}$$

以上では $x \ge 350$ としていたが，$2 \le x < 350$ に対しては最後の不等式を個別に数値計算で確かめることにより，$\psi(x)$ に関する同じ不等式が成り立つことがわかる．ここで得た $\psi(x)$ に関する不等式を，命題 2 (iii) を用いて $\theta(t)$ に関するものに書き換えれば，(i) の証明が完了する．

次に (ii) を示す．上で見たように，$x \ge 350$ に対して

$$0.9072x \le \alpha(x)$$

が成り立ち，さらに命題 4 と合わせると

$$0.9072x \le \psi(x)$$

となる．命題 2 (iii) より

$$0.9072x - \sqrt{x}\log x \le \psi(x) - \sqrt{x}\log x \le \theta(x).$$

任意の $x > 0$ に対して $\sqrt{x}\log x < 0.15x$ が成り立つから，

$$\theta(x) > 0.9072x - 0.15x > 0.75x.$$

以上で $x \ge 350$ に対する証明が終わったが，$37 \le x < 350$ に対しては個別に数値計算で確かめることにより，$\theta(x) > 0.73x$ が成り立つことがわかる．　（証明終）

この系で (ii) の条件として設定した $x \geq 37$ は，定数 A_2 を必要に応じて小さく取れば，外すことが可能である．$x < 37$ なる各 x に対し，不等式が成立するような A_2 を個別に選びなおし，それらの中で最小のものを選べばよいからだ．したがって，ある定数 A_1, A_2 が存在して，任意の $x \geq 2$ に対して

$$A_2 x \leq \theta(x) \leq A_1 x$$

が成り立つ．

以上で得た結果を用いると，素数に関する和の評価式をいろいろ証明できる．次の命題はその例である．

命題 6.

$$\sum_{\substack{p \leq x \\ p:\,\text{素数}}} \frac{\log p}{p} = \log x + O(1).$$

証明　x が自然数 n の場合に示せば十分である．記号 ν_p の定義から

$$n! = \prod_{p \leq n} p^{\nu_p(n!)}$$

であるから，両辺の対数をとると，命題 1 より

$$\begin{aligned}
\log(n!) &= \sum_{p \leq n} \nu_p(n!) \log p \\
&= \sum_{p \leq n} \sum_{k=1}^{\infty} \left[\frac{n}{p^k} \right] \log p \\
&= \sum_{p \leq n} \left[\frac{n}{p} \right] \log p + \sum_{p \leq n} \sum_{k=2}^{\infty} \left[\frac{n}{p^k} \right] \log p \\
&= \sum_{p \leq n} \left(\frac{n}{p} + O(1) \right) \log p + O\left(n \sum_{p \leq n} \sum_{k=2}^{\infty} \frac{1}{p^k} \log p \right) \\
&= n \sum_{p \leq n} \frac{\log p}{p} + O\left(\sum_{p \leq n} \log p \right) + O\left(n \sum_{p \leq n} \frac{\log p}{p^2} \right) \\
&= n \sum_{p \leq n} \frac{\log p}{p} + O\left(\theta(n)\right) + O\left(n\right).
\end{aligned}$$

この両辺を n で割り，

$$\frac{\log(n!)}{n} = \sum_{p \le n} \frac{\log p}{p} + O\left(\frac{\theta(n)}{n}\right) + O(1).$$

命題5より $\frac{\theta(n)}{n}$ は有界であるから，命題6を示すには，

$$\frac{1}{n}(\log(n!) - n\log n) = O(1)$$

を示せばよいが，この左辺は次の計算により $O(1)$ となる．

$$\frac{1}{n}(\log(n!) - n\log n) = \frac{1}{n}\sum_{k=1}^{n}(\log k - \log n) = \frac{1}{n}\sum_{k=1}^{n}\log\frac{k}{n}$$
$$\underset{(n\to\infty)}{\longrightarrow} \int_0^1 \log x dx = \big[x\log x - x\big]_0^1 = -1.$$

これで命題6が証明された．　(証明終)

いよいよ，本節の目的である「素数の逆数の和の振舞い」を求める．証明は，無限区間上の積分である「広義積分」を利用する方法がわかりやすい．高校数学の範囲を若干越えるので，以下に説明する．

広義積分とは，その名の通り，従来の積分の意味を拡張した概念であり，定積分の積分区間を動かしたときの極限値のことである．

たとえば，$a < x \le b$ で $f(x)$ が定義され，$x = a$ で $f(x)$ が定義されていないとき

$$\int_a^b f(x)dx = \lim_{h\to+0}\int_{a+h}^b f(x)dx$$

とおく．また，$a \le x$ で $f(x)$ が定義されているとき，

$$\int_a^\infty f(x)dx = \lim_{M\to\infty}\int_a^M f(x)dx$$

とおく．すなわち，被積分関数が定義されていない点や ∞ を，積分区間の端点として認め，極限値をとることによって定積分を定義したものである．これを**広義積分**と呼ぶ．

広義積分は極限値であるから，必ずしも存在するとは限らない．以下に，広義積分が存在する例を挙げる．

例 1. $f(x) = \dfrac{1}{\sqrt{x}}$ は $x = 0$ では定義されないが，以下の広義積分が存在する．

$$\int_0^1 \frac{1}{\sqrt{x}}\,dx = 2.$$

証明

$$\begin{aligned}\int_0^1 \frac{1}{\sqrt{x}}\,dx &= \lim_{h\to+0}\int_h^1 \frac{1}{\sqrt{x}}\,dx \\ &= \lim_{h\to+0}\Big[2\sqrt{x}\Big]_h^1 \\ &= \lim_{h\to+0} 2\left(1-\sqrt{h}\right) \\ &= 2.\end{aligned}$$

（証明終）

例 1 の広義積分は，図 2.1 のような面積の極限値に相当する．

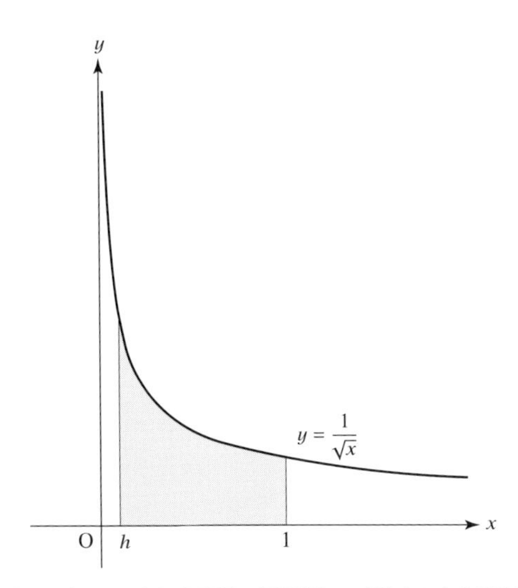

図 2.1 （$h \to 0$ とした面積の極限値）＝（例 1 の広義積分値）

次に，∞ を端点とする広義積分の例を挙げる．

例 2.

$$\int_1^{\infty} \frac{1}{x^2}\, dx = 1.$$

証明

$$\begin{aligned}\int_1^{\infty} \frac{1}{x^2}\, dx &= \lim_{M\to\infty} \int_1^{M} \frac{1}{x^2}\, dx \\ &= \lim_{M\to\infty} \left[-\frac{1}{x}\right]_1^M \\ &= \lim_{M\to\infty} \left(-\frac{1}{M} - (-1)\right) \\ &= 1.\end{aligned}$$

（証明終）

例 2 の広義積分は，図 2.2 のような面積の極限値に相当する．

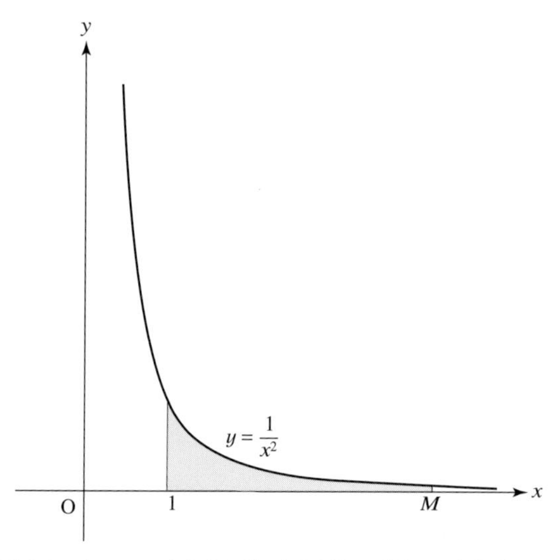

図 2.2 （$M \to \infty$ とした面積の極限値）＝（例 2 の広義積分値）

広義積分を用いて，本節の目標の定理を証明する．

定理 1．素数の逆数の和の振舞い（オイラー）

$$\sum_{\substack{p \le x \\ p:\,素数}} \frac{1}{p} = \log\log x + O(1) \qquad (x \to \infty).$$

証明　部分積分により

$$\int_p^{\infty} \frac{dt}{t(\log t)^2} = \frac{1}{\log p}$$

であるから，

$$\begin{aligned}
\sum_{\substack{p \le x \\ p:\,素数}} \frac{1}{p} &= \sum_{\substack{p \le x \\ p:\,素数}} \frac{\log p}{p} \cdot \frac{1}{\log p} \\
&= \sum_{\substack{p \le x \\ p:\,素数}} \frac{\log p}{p} \int_p^{\infty} \frac{dt}{t(\log t)^2} \\
&= \sum_{\substack{p \le x \\ p:\,素数}} \frac{\log p}{p} \left(\int_p^{x} \frac{dt}{t(\log t)^2} + \int_x^{\infty} \frac{dt}{t(\log t)^2} \right) \\
&= \sum_{\substack{p \le x \\ p:\,素数}} \frac{\log p}{p} \int_p^{x} \frac{dt}{t(\log t)^2} + \sum_{\substack{p \le x \\ p:\,素数}} \frac{\log p}{p} \int_x^{\infty} \frac{dt}{t(\log t)^2} \\
&= \int_2^{x} \sum_{\substack{p \le t \\ p:\,素数}} \frac{\log p}{p} \frac{dt}{t(\log t)^2} + \frac{1}{\log x} \sum_{\substack{p \le x \\ p:\,素数}} \frac{\log p}{p}.
\end{aligned}$$

ただし，最後の変形は次のようにした．まず式の前半部分では，p にわたる和と t にわたる積分の順序交換を行った．その際，積分区間が p によることに注意した．和では $2 \le p \le x$，積分では $p \le t \le x$ であるから，常に $2 \le p \le t \le x$ が成り立つ．よって，積分変数 t は $2 \le t \le x$ を動けば十分で，そのうち，$p \le t$ にわたる部分に値が存在する．次に，式の後半部分では，証明の冒頭で得た部分積分の式を再び p の代わりに変数 x に対して用いた．

ここで，2 カ所の p にわたる和に対して，命題 6 を用いると，ある有界な関数 $R(x)$ を用いて

$$\sum_{\substack{p \le x \\ p:\,素数}} \frac{1}{p} = \int_2^x \frac{\log t + R(t)}{t(\log t)^2} dt + \frac{1}{\log x}(\log x + R(x))$$

$$= \int_2^x \frac{1}{t \log t} dt + \int_2^x \frac{R(t)}{t(\log t)^2} dt + 1 + \frac{R(x)}{\log x}$$

と表せる．この第 1 項は部分積分により

$$\int_2^x \frac{1}{t \log t} dt = \log\log x - \log\log 2$$

と計算でき，第 2 項は，2 つの収束する広義積分の差として

$$\int_2^x \frac{R(t)}{t(\log t)^2} dt = \int_2^\infty \frac{R(t)}{t(\log t)^2} dt - \int_x^\infty \frac{R(t)}{t(\log t)^2} dt$$

と書ける．ここで，

$$a = \int_2^\infty \frac{R(t)}{t(\log t)^2} dt - \log\log 2 + 1$$

とおけば，a は有限の定数であり，

$$\sum_{\substack{p \le x \\ p:\,素数}} \frac{1}{p} = \log\log x + a - \int_x^\infty \frac{R(t)}{t(\log t)^2} dt + \frac{R(x)}{\log x}$$

となる．$R(x)$ は有界であるから，

$$\int_x^\infty \frac{R(t)}{t(\log t)^2} dt = O\left(\int_x^\infty \frac{1}{t(\log t)^2} dt\right) \qquad (x \to \infty)$$

$$= O\left(\frac{1}{\log x}\right) \qquad (x \to \infty)$$

かつ

$$\frac{R(x)}{\log x} = O\left(\frac{1}{\log x}\right) \qquad (x \to \infty)$$

が成り立つ．よって，

$$\sum_{\substack{p \le x \\ p:\,素数}} \frac{1}{p} = \log\log x + a + O\left(\frac{1}{\log x}\right) \qquad (x \to \infty)$$

$$= \log\log x + O(1) \qquad (x \to \infty)$$

が示された．　　　　　　　　　　　　　　　　　　　　　　　　　（証明終）

2.4　ゼータ関数

本章の冒頭でオイラー積を導出した際，最初に $n = 72$ の素因数分解

$$n = 2^3 \times 3^2$$

から出発し，大きな n を考えるにあたり，発散を避けるために逆数をとって

$$\frac{1}{n} = \frac{1}{2^3 \times 3^2}$$

の形を利用した．しかし，発散を避けることができるのは，必ずしも逆数に限らない．逆数である (-1) 乗の代わりに，(-2) 乗，(-3) 乗など，いくらでも選択肢はある．すなわち，

$$\frac{1}{n^2} = \frac{1}{(2^2)^3 \times (3^2)^2},$$

$$\frac{1}{n^3} = \frac{1}{(2^3)^3 \times (3^3)^2}$$

という式を使っても，全く同じ計算によってオイラー積に到達でき，その結果は，

$$\sum_{n=1}^{\infty} \frac{1}{n^2} = \prod_{p:\,\text{素数}} \left(1 - \frac{1}{p^2}\right)^{-1},$$

$$\sum_{n=1}^{\infty} \frac{1}{n^3} = \prod_{p:\,\text{素数}} \left(1 - \frac{1}{p^3}\right)^{-1}$$

となる．そこで，このようにオイラー積が成り立つ状況をまとめて考えて，

$$\zeta(x) = \sum_{n=1}^{\infty} \frac{1}{n^x} = \prod_{p:\,\text{素数}} \left(1 - \frac{1}{p^x}\right)^{-1}$$

とおき，これを**ゼータ関数**と呼ぶ．ゼータ関数 $\zeta(x)$ は，上式によって

- **自然数全体にわたる和**
- **素数全体にわたる積**

の 2 通りで定義されている．これが，$x = 1$ のとき，$\zeta(1) = \infty$ を満たすことは，**コラム 3** で証明した．また，$\zeta(2) = \dfrac{\pi^2}{6}$ はバーゼル問題の解答であり，1.9 節で解説した．そして，定義式の無限和は，$x > 1$ のとき収束し，$x \leq 1$ のとき発散す

る．この事実は次節で証明する．

オイラー積を見ると，ゼータ関数 $\zeta(x)$ にはすべての素数が1回ずつ参加しているので，ゼータ関数の性質はすべての素数を反映している．このことから，ゼータ関数を研究することで素数の謎が解明される．実際，後で示すように，ゼータ関数の複素関数としての性質，特に $\zeta(x)=0$ の解（これを零点という）を突き止めることにより，素数に関する多くの謎が解けるのである．

零点が重要である理由は，高校で習う「因数定理」を思い浮かべると，理解しやすい．因数定理とは，多項式 $f(x)$ に対し，

方程式 $f(x)=0$ が解 $x=a$ をもてば，$f(x)$ は因数 $x-a$ をもつ

という定理である．逆に，$f(x)$ が因数 $x-a$ をもてば $f(a)=0$ であることは明らかだから，この定理により，

$f(x)=0$ の解が決まれば，$f(x)$ の因数はすべて決まる

ということがわかる．$f(x)=0$ の解を，$f(x)$ の**零点**という．n 次多項式 $f(x)$ の零点が

$$a_k \qquad (k=1,2,3,\ldots,n)$$

と n 個あるとき，$f(x)$ は因数 $x-a_k$ たちの積の定数倍として

$$f(x)=C\prod_{k=1}^{n}(x-a_k)$$

と，ある定数 $C\neq 0$ を用いて表される．なお，この表記において，零点が重解のときは，同じ零点を重複度分だけ並べることにする．たとえば，$x=1$ が3重解であるとき，$a_1=a_2=a_3=1$ とし，

$$(x-a_1)(x-a_2)(x-a_3)=(x-1)^3$$

となる．

分母と分子が多項式であるような分数関数を**有理関数**という．すなわち，有理関数とは，多項式 $f(x), g(x)$ を用いて

$$h(x)=\frac{f(x)}{g(x)}$$

の形に表される関数 $h(x)$ のことである．$f(x)$ の零点は $h(x)$ の零点に一致する．一方，$g(x)$ の零点は $h(x)=\infty$ となる点である．これを，$h(x)$ の**極**という．有理関数 $h(x)$ は，$f(x)$ と $g(x)$ の零点たち，a_k $(k=1,\ldots,n)$ と b_k $(k=1,\ldots,m)$ を用いて

$$h(x)=C\frac{\prod_{k=1}^{n}(x-a_k)}{\prod_{k=1}^{m}(x-b_k)}$$

と，ある定数 C によって表される．

このように有理関数は，零点と極が決まれば，定数倍を除いて完全に決まるので，零点と極はその関数の性質をほとんど決するといってよい．したがって，関数 $h(x)$ を知るためには，方程式

$$h(x)=0,\qquad h(x)=\infty$$

の解を求めればよいということになる．その際，すべての解を求める必要があるので，解 x は実数解だけでなく，複素数の範囲で求める必要がある．

以上の理由により，変数 x を複素数に広げて考える必要がある．今後，変数が複素数であることを意識して記号を（習慣に従い）x から z または s に変える．複素変数を記すとき，

$$z=x+iy\quad\text{または}\quad s=\sigma+it$$

として，実部を x または σ，虚部を y または t で記す．

ゼータ関数 $\zeta(s)$ は有理関数に似た性質をもつ「有理型関数」であり，有理関数と同様に，零点と極でほとんど表される．有理型関数が有理関数と異なる点は，零点と極が無限個あり得ること．そして，定数 C が「零点も極ももたない関数」に変わることである．一般に，指数関数は零点や極をもたないため，定数 C の代わりとなる関数を指数関数を合成した形で $e^{g(s)}$ と記すことが多い．これによって，

$$\zeta(s)=e^{g(s)}\frac{\text{零点にわたる積}}{\text{極にわたる積}}$$

の形が得られ，

$$
\begin{aligned}
\text{素数の謎} &\Longrightarrow \text{オイラー積} \\
&\Longrightarrow \text{ゼータ関数 } \zeta(s) \\
&\Longrightarrow \zeta(s) \text{ の零点と極} \\
(&\Longrightarrow \text{リーマン予想})
\end{aligned}
$$

という流れで，零点に関する命題であるリーマン予想につながる．

以上により，素数の謎を解き明かすために複素関数が重要であることがわかった．複素関数は高校数学の範囲外なので，次節で入門的な解説をする．

2.5 複素平面

中学生が負の数の掛け算を習うとき，

$$
\begin{aligned}
\text{正} \times \text{正} = \text{正} \\
\text{正} \times \text{負} = \text{負} \\
\text{負} \times \text{正} = \text{負}
\end{aligned}
$$

には多くの生徒が賛同するが，最後の組合せである

$$\text{負} \times \text{負} = \text{正}$$

には，納得できない生徒が多数いるようだ．確かに，正を善行，負を悪事に例えて理解している生徒がいたとすれば，彼にとって，「負 × 負 = 正」とは，「悪事に悪事を重ねたら善行になる」ようでもあり，にわかに共感できない気持ちもわかる．

「負 × 負 = 正」の一つの説明として，代数的に証明する方法がある．「負 × 正 = 負」を認め，かつ，「0 には何を掛けても 0」であることを認めれば，分配法則を用いて以下のように証明できる．

$$0 = (-1) \times 0$$

$$
\begin{aligned}
&= (-1) \times ((+1) + (-1)) \\
&= (-1) \times (+1) + (-1) \times (-1) \\
&= -1 + (-1) \times (-1).
\end{aligned}
$$

ここで，-1 を移項して

$$1 = (-1) \times (-1)$$

を得る．　(証明終)

ただ，この方法で中学生が必ずしも納得するとは限らないだろう．理論的に証明しても，直感的な理解に至らないことは往々にしてあり得る．そこで，負の数を用いた演算を，数直線上で図示することが有効かもしれない．

まず足し算の場合，正の数を足すことは「右向きの平行移動」として表される．

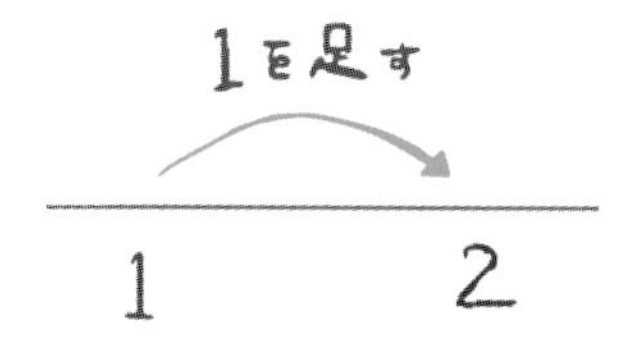

一方，負の数を足すことは「左向きの平行移動」である．

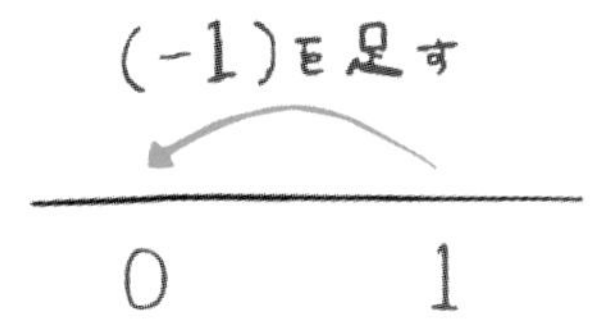

次に，(−1) を掛けることは，「原点を中心とした 180 度の回転移動」である．

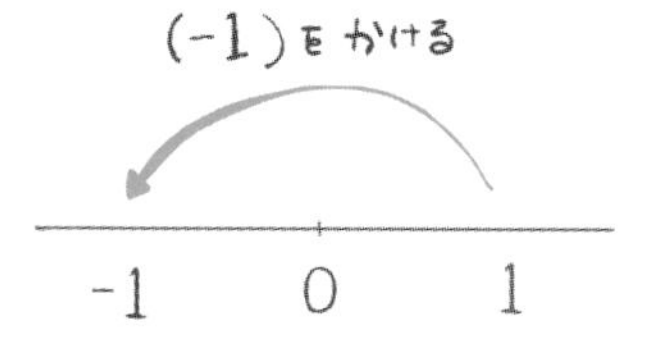

このように考えると，180 度の回転移動を 2 回行えば最初の点に戻ることから，

$$(-1) \times (-1) = 1$$

が図形的に納得できる．

この考え方は，中学生を説得するために捏造したものではなく，数学的に正当な意味をもつ．実数のときには，数直線の中では左右の平行移動と 180 度の回転移動しかできなかった．そこに，上下や斜めの平行移動や，一般の角度の回転移動を加えて自由に動けるようにしたことが，実数から複素数への拡張に相当するからである．

虚数単位の $i = \sqrt{-1}$ は，

2 乗して (−1) になる数

である．「そんな数は本当にあるのか」と誰もが最初は思うのだが，「掛け算は回転移動」という考えに従えば，

2 乗して (−1) になるとは，回転を 2 度行って 180 度になること

であるから，90 度の地点，ちょうど原点の真上にある数が i であることがわかる．

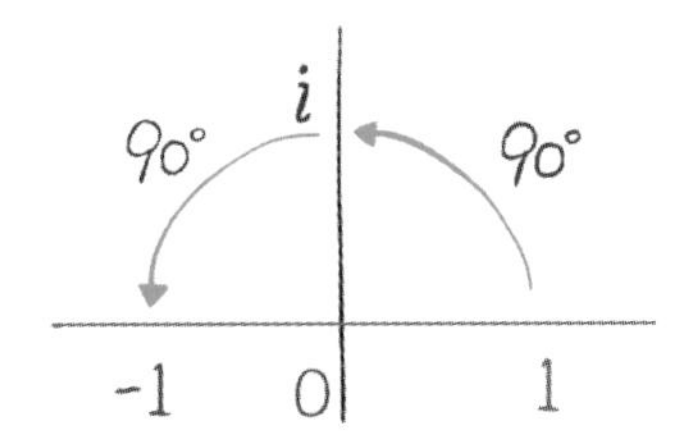

i が原点の上側にあることがわかれば，i を足すことは「上側への平行移動」と解釈でき，$2i$ はそのさらに上，$3i$ はそのまた上にあることがわかる．足し算が平行移動であるという原則を守ることで，$3 + 2i$ は平面上の点 (3, 2) として表される．

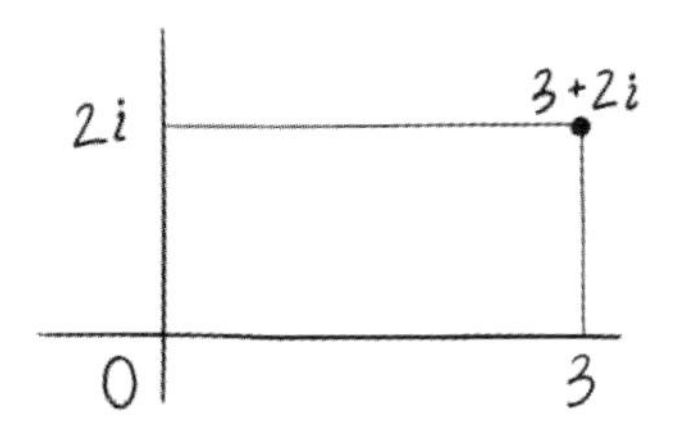

したがって，複素数は平面上の点として表される．小学校以来，数直線を用いて数（実数）を図示してきたが，実はその上下にも数が広がっていたということである．数直線を拡張したこの平面を，**複素平面**と呼ぶ．平面上の点 (x, y) は，複素平面上の複素数 $z = x + iy$ に対応する．

前節で述べたように，本書では複素数を記号 $z = x + iy$ または $s = \sigma + it$ で表すから，平面上では点 (x, y) または (σ, t) を考えることになる．

複素数の演算を複素平面内で図形的に解釈すると，

- 実数 x の足し算は，横に x の平行移動
- 虚数 iy の足し算は，縦に y の平行移動
- 正の数の掛け算は，原点を中心とする拡大（相似変換）
- 負の数 (-1) の掛け算は，原点を中心とする 180 度の回転移動
- 虚数 i の掛け算は，原点を中心とする 90 度の回転移動

と，まとめられる．

では，指数が複素数になった「複素数乗」は，どう定義されるだろうか．すなわち，複素数 z に対する a^z は，どのように解釈すればよいのだろうか．

その答えは，まず $a = e$ の場合に与えられる．テイラー展開の式で定義するのである．関数 e^x のテイラー展開とは，

$$e^x = 1 + x + \frac{x^2}{2} + \frac{x^3}{3\,!} + \cdots + \frac{x^n}{n\,!} + \cdots$$

と，e^x を x^n $(n = 0, 1, 2, \ldots)$ の無限個の結合（**べき級数**）で表す式である．本書の付録 B「テイラー展開（マクローリン展開）の例」(3) で証明したので，厳密な証明が知りたい読者はそちらを参照されたい．付録 B では x を実数としているが，変数を複素数 z に広げた式

$$e^z = 1 + z + \frac{z^2}{2!} + \frac{z^3}{3!} + \cdots + \frac{z^n}{n\,!} + \cdots$$

を，e^z の定義とする．実際，この展開式が任意の複素数 z に対して収束することを，後ほど示す．e^z の展開式がわかれば，一般の a^z は，$a = e^{\log z}$ の変形により，

$$a^z = e^{x \log z}$$

と定義できる．ここで，$\log z$ は，e^z の逆関数（多価関数）として定義[2]される．

以下のコラム5では，コラム4の対数関数に引き続き，指数関数に対してテイラー展開を「直感的に理解したい」，あるいは「自然なものとして受け入れたい」と感じている読者のために，オイラーによる「無限小解析」を用いた導出を紹介する．

コラム4同様，**コラム5**においても，実数 z はオイラーが用いた記号で，本書の記号（z は複素数）と異なる．ただし，この展開式を複素変数に適用して e^z を定義するので，結果的に本書の記号の通りに z を複素数とみなしても差し支えないことになる．

また，記号 i は虚数単位ではなく，オイラーの記号で無限大 i を表す．コラム4の準備で説明したように，

$$\frac{i-1}{i} = \frac{i-2}{i} = \frac{i-3}{i} = \cdots = 1$$

が成り立つ．

コラム5　無限小解析による e^z のマクローリン展開

実数 z を「無限大 i」と「無限小 ω」の積として $z = i\omega$ と表し，コラム4と同様に

$$a^{\omega} = 1 + k\omega$$

とおく．無限大の性質 $\frac{i-1}{i} = \frac{i-2}{i} = \cdots = 1$ と二項展開〔付録B「テイラー展開（マクローリン展開）の例」(2)〕により，

$$\begin{aligned} a^z &= a^{i\omega} = (a^{\omega})^i \\ &= (1 + k\omega)^i \\ &= 1 + \frac{i}{1}(k\omega) + \frac{i(i-1)}{2!}(k\omega)^2 + \cdots \\ &= 1 + \frac{i}{1}\left(k\frac{z}{i}\right) + \frac{i(i-1)}{2!}\left(k\frac{z}{i}\right)^2 + \cdots \end{aligned}$$

2 多価関数であるから枝を指定する必要がある．後ほど示すオイラーの公式からわかるように，0以外のすべての複素数は無限個の対数をもち，それらは互いに $2\pi i$ の整数倍の差をもつ．通常は，z が正の数のときに $\log z$ が実数値となるような枝を選ぶ．

$$= 1 + kz + \frac{k^2}{2!}z^2 + \frac{k^3}{3!}z^3 + \cdots .$$

$z = 1$ とおくと，a と k の関係式を得る：

$$a = 1 + k + \frac{k^2}{2!} + \frac{k^3}{3!} + \cdots .$$

さらに $k = 1$ とおいたときの値を e とおけば，

$$e = 1 + 1 + \frac{1}{2!} + \frac{1}{3!} + \cdots$$

であり，上で得た a^z の展開式に $k = 1$ を代入して結論を得る．

$$e^z = 1 + z + \frac{z^2}{2!} + \frac{z^3}{3!} + \cdots$$

この証明には「e^z の極限表示」という副産物がある．実際，この証明の冒頭で得た式

$$a^z = (1 + k\omega)^i = \left(1 + \frac{kz}{i}\right)^i$$

において $k = 1$ とすると，

$$e^z = \left(1 + \frac{z}{i}\right)^i = \lim_{n\to\infty}\left(1 + \frac{z}{n}\right)^n$$

となり，e^z の極限表示を得る．これはのちに，オイラーの公式を得るために用いる（**コラム 6** 参照）．

複素関数 e^z をテイラー展開で定義したことにより，実関数 e^x に対してよく知られていた**指数法則**を，複素の指数関数についても証明できる．

指数法則（複素版）　任意の複素数 z, w に対して

$$e^{z+w} = e^z e^w$$

が成り立つ．

証明　展開式を 2 つ掛けて丁寧に計算するだけである．

$$\begin{aligned} e^z e^w &= \left(\sum_{n=0}^{\infty} \frac{z^n}{n!}\right)\left(\sum_{m=0}^{\infty} \frac{w^m}{m!}\right) \\ &= \sum_{n=0}^{\infty}\sum_{m=0}^{\infty} \frac{z^n w^m}{n!m!} \\ &= \sum_{k=0}^{\infty}\sum_{n=0}^{k} \frac{z^n w^{k-n}}{n!(k-n)!} \\ &= \sum_{k=0}^{\infty}\frac{1}{k!}\sum_{n=0}^{k} \frac{k!}{n!(k-n)!} z^n w^{k-n} \\ &= \sum_{k=0}^{\infty}\frac{1}{k!}\sum_{n=0}^{k} \binom{k}{n} z^n w^{k-n} \\ &= \sum_{k=0}^{\infty}\frac{1}{k!}(z+w)^k \\ &= e^{z+w}. \end{aligned}$$

途中，$n+m=k$ とおき，n, m にわたる和から m を消去して n, k にわたる和に書き換えている．その際，$k=n+m$ はすべての非負整数をわたるが，$n=k-m \leq k$ より，n は（先に k を決めれば）k 以下の非負整数しかわたれないことに注意すると，上の証明が得られる．（証明終）

この指数法則により，複素数 $z=x+iy$ に対し，

$$e^z = e^{x+iy} = e^x \cdot e^{iy}$$

となる．このうち，e^x は既知であり，指数が純虚数の e^{iy} が新奇のものである．

y は，のちに偏角という複素平面内の角度として解釈できることから，記号 θ に書き換えて，一般の実数 θ に対して $e^{i\theta}$ を考える．これに関して，次の定理が有名である．

オイラーの公式

$$e^{i\theta} = \cos\theta + i\sin\theta.$$

証明 $e^{i\theta}$ を定義から計算していく．n を偶数と奇数に分け，

$$n = \begin{cases} 2k & (n\text{ が偶数のとき}) \\ 2k+1 & (n\text{ が奇数のとき}) \end{cases}$$

とおいて，k にわたる和に書き換えると，

$$i^n = \begin{cases} (-1)^k & (n\text{ が偶数のとき}) \\ i(-1)^k & (n\text{ が奇数のとき}) \end{cases}$$

であるから，n の偶数部分と奇数部分が，それぞれ $e^{i\theta}$ の実部と虚部になる．したがって，

$$\begin{aligned} e^{i\theta} &= \sum_{n=0}^{\infty} \frac{(i\theta)^n}{n!} \\ &= \sum_{k=0}^{\infty} \left(\frac{(-1)^k \theta^{2k}}{(2k)!} + i \frac{(-1)^k \theta^{2k+1}}{(2k+1)!} \right) \\ &= \sum_{k=0}^{\infty} \frac{(-1)^k \theta^{2k}}{(2k)!} + i \sum_{k=0}^{\infty} \frac{(-1)^k \theta^{2k+1}}{(2k+1)!} \\ &= \cos\theta + i\sin\theta. \end{aligned}$$

ただし，最後の等号は，sin と cos のマクローリン展開であり，本書では付録 B の「テイラー展開（マクローリン展開）の例」(4)(5) で与えた．（証明終）

コラム 6 オイラーの公式の，オイラーによる証明

三角関数の加法定理より

$$\begin{aligned} &(\cos z + \sqrt{-1}\sin z)(\cos y + \sqrt{-1}\sin y) \\ &= (\cos z\cos y - \sin z\sin y) + \sqrt{-1}(\sin z\cos y - \cos z\sin y) \\ &= \cos(y+z) + \sqrt{-1}\sin(y+z). \end{aligned}$$

ここで，$y = z$ のとき，

$$(\cos z + \sqrt{-1}\sin z)^2 = \cos 2z + \sqrt{-1}\sin 2z.$$

さらに，$y = 2z$ のときの結果と合わせると

$$
\begin{aligned}
&(\cos z + \sqrt{-1}\sin z)^3 \\
&= (\cos z + \sqrt{-1}\sin z)(\cos 2z + \sqrt{-1}\sin 2z) \\
&= \cos 3z + \sqrt{-1}\sin 3z.
\end{aligned}
$$

これを繰り返すと，任意の自然数 n に対して

$$(\cos z + \sqrt{-1}\sin z)^n = \cos nz + \sqrt{-1}\sin nz.$$

$nz = \nu$ とおき，ν を固定して $z \to 0$ とすると $n \to \infty$ なので上式において，$\cos z \to 1$ かつ $\sin z \sim z = \dfrac{\nu}{n}$ であるから，

$$\lim_{n\to\infty}\left(1 + \sqrt{-1}\frac{\nu}{n}\right)^n = \cos\nu + \sqrt{-1}\sin\nu.$$

コラム5の副産物で得た公式より，左辺は $e^{\sqrt{-1}\nu}$ に等しい．

（証明終）

オイラーの公式により，$e^{i\theta}$ を複素平面上に図示すると，図 2.3 のようになる．これより，

$$e^{i\pi} = -1$$

すなわち，

$$e^{i\pi} + 1 = 0$$

が成り立つ．この式は，$e, i, \pi, 1, 0$ という5つの特別な数（どれ一つとっても，その数に関して1冊の本が書けるほどの歴史と背景をもった数）が，1本の数式の中にちょうど1回ずつ登場して完全な等式をなしているため，「世界で最も美しい数式」といわれている．

さて，$e^{i\theta}$ は原点を中心とする半径1の円周上にあるので，複素数の**絶対値**を，複素平面上における「原点からの距離」と定義すれば，

$$|e^{i\theta}| = 1$$

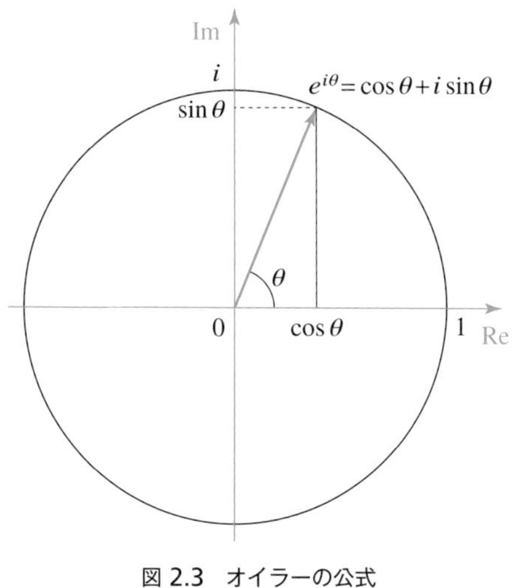

図 2.3　オイラーの公式

が成り立つ．そして，θ は，$e^{i\theta}$ が実軸の正方向となす角を表す．これを**偏角**と呼ぶ．一般に，複素数 z の偏角を $\arg(z)$ で表す．絶対値が $r = |z|$，偏角が $\theta = \arg(z)$ であるような複素数 z は，

$$z = re^{i\theta} = r(\cos\theta + i\sin\theta)$$

と表される．これは，

$$z = x + iy$$

によって 2 変数 x, y で表されていた z が，別の 2 変数 r, θ によって表されたということである．この，絶対値 r と偏角 θ による複素数の表示を，**極形式**という．極形式は，地図上の地点を定義するときに，「東経と北緯」という 2 つの数値を与える代わりに，基準点（原点）からの「距離と方角」という 2 つの数値を与えることに相当する．

オイラーの公式により，「実数の純虚数乗」が常に絶対値 1 となる．この事実を用いて，ゼータ関数が絶対収束する領域を求めることが可能となる．ここで，**絶対収束**とは，級数の各項の絶対値をとった級数が収束することである．

絶対収束という概念は，以下の理由により重要である．一般に，級数が収束するパターンには次の 2 種類がある．

- 各項が速く 0 に近づくため，級数が収束する．
- 各項の 0 への近づき方はそれほど速くないが，項どうしが打ち消しあうことによって，級数が収束する．

前者の例は

$$\sum_{n=1}^{\infty} \frac{1}{n(n+1)} = \lim_{N\to\infty} \sum_{n=1}^{N} \left(\frac{1}{n} - \frac{1}{n+1} \right) = \lim_{N\to\infty} \left(1 - \frac{1}{N+1} \right) = 1$$

であり，後者の例は 1.9 節で紹介したメルカトル級数

$$\sum_{n=1}^{\infty} \frac{(-1)^n}{n} = \sum_{n=1}^{\infty} \frac{x^n}{n} \Big|_{x=-1} = -\log(1-x)|_{x=-1} = -\log 2$$

である．後者の収束は正負の項の打ち消しあいによっているため，各項の絶対値をとれば打ち消しあいが起きなくなり，

$$\sum_{n=1}^{\infty} \left| \frac{(-1)^n}{n} \right| = \sum_{n=1}^{\infty} \frac{1}{n} = \infty$$

と発散する．

絶対収束とは，前者のタイプを指す用語である．すなわち，項どうしの打ち消しあいに頼ることなく，項が十分速く 0 に近づくことによる収束を表す言葉である．それに対し，項の打ち消しあいによる後者のような収束を，**条件収束**という．条件収束する級数には

項の順序を変えると級数の値が変わり得る

という著しい特徴がある．たとえば，上の例では正負の項が 1 つずつ交互に加えられていたが，順序を入れ替えて「負の項を 2 つ，正の項を 1 つ」の順で加える操作を永遠に繰り返すと，無限和が全項を含む点は同じであるが，常に負がリードした状態のまま極限をとることになるので，和の値は先ほどよりも小さくなる．実際，計算してみるとその結果は，

$$
\begin{aligned}
&\left(-1-\frac{1}{3}+\frac{1}{2}\right)+\left(-\frac{1}{5}-\frac{1}{7}+\frac{1}{4}\right)+\cdots \\
&=\lim_{n\to\infty}\sum_{k=1}^{n}\left(-\frac{1}{4k-3}-\frac{1}{4k-1}+\frac{1}{2k}\right) \\
&=-\lim_{n\to\infty}\left(\sum_{k=1}^{n}\left(\frac{1}{4k-3}+\frac{1}{4k-1}-\frac{1}{2k}-\frac{1}{2n+2k}\right)+\sum_{k=1}^{n}\frac{1}{2n+2k}\right) \\
&=-\lim_{n\to\infty}\left(\sum_{k=1}^{4n}\frac{(-1)^{k+1}}{k}+\frac{1}{2n}\sum_{k=1}^{n}\frac{1}{1+\frac{k}{n}}\right) \\
&=-\log 2-\frac{1}{2}\int_0^1\frac{1}{1+x}dx \\
&=-\log 2-\frac{1}{2}\log 2 \\
&=-\frac{3}{2}\log 2
\end{aligned}
$$

と，先ほどの $\frac{3}{2}$ 倍になった．

「足し算は交換が可能」とは，小学校以来慣れ親しんできた法則だが，それが成り立つのは項数が有限個のときであり，無限個の足し算に関しては一般に交換法則は成り立たないのである．そんな状況の中，絶対収束級数は項の打ち消しあいに依存せず，どのような順序で加えても和の値は一定である．絶対収束級数は，「交換法則が成り立つ無限級数」という意味で貴重である．

なお，無限積に対しては，絶対収束を「無限積の対数である無限級数の絶対収束」によって定義する．すなわち，

$$\prod_{n=1}^{\infty}(1+a_n)$$

の絶対収束は，

$$\sum_{n=1}^{\infty}|a_n|$$

の収束と同値である．無限積をなす各項の絶対値をとった

$$\prod_{n=1}^{\infty}|1+a_n|$$

の収束ではないので，注意されたい．

ゼータ関数に話を戻すと，「級数表示が絶対収束する」とは，級数

$$\sum_{n=1}^{\infty}\left|\frac{1}{n^s}\right|$$

が収束することであるが，オイラーの公式から純虚数乗は絶対値が1であるから，

$$\left|\frac{1}{n^s}\right| = \frac{1}{n^\sigma}$$

が成り立つ．したがって，ゼータ関数が絶対収束する領域は，級数

$$\sum_{n=1}^{\infty}\frac{1}{n^\sigma}$$

が収束するような実数 σ の範囲を求めればわかる．これは，次の定理を用いると求められる．

オイラー・マクローリンの判定法

$f(x)$ が単調減少関数で $f(x) \geq 0$ であるとき，次の2つは同値である．

1. 無限級数 $\sum_{n=1}^{\infty} f(n)$ が収束する．
2. 広義積分 $\int_1^{\infty} f(x)dx$ が収束する．

証明 $y = f(x)$ グラフと x 軸の間で，$1 \leq x \leq X$ の部分の面積と，棒グラフの面積を比較すると，図 **2.4** より，

$$\sum_{n=2}^{X} f(n) < \int_1^X f(x)dx < \sum_{n=1}^{X-1} f(n)$$

であるから，無限級数が収束するとき，その値を S とすると，右側の不等式より，

$$\int_1^X f(x)dx < S - f(X).$$

$f(x) \geq 0$ より，$\int_1^X f(x)dx$ は X に関して単調増加であり，かつ，〔付録 B2 節で定義した意味で〕上に有界だから，広義積分は収束する．

逆に，広義積分が収束するとき，その値を I とすると，上の左側の不等式から

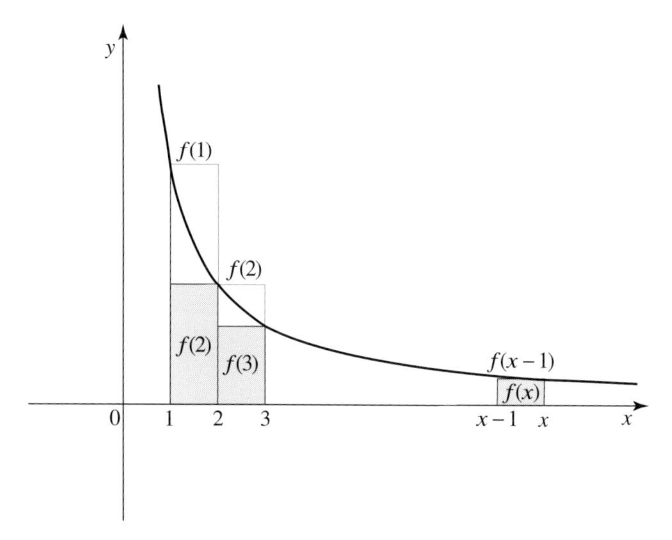

図 2.4　$\boldsymbol{y = f(x)}$ のグラフと，棒グラフの面積の比較

$$\sum_{n=1}^{X} f(n) - f(1) < I$$

より，

$$\sum_{n=1}^{X} f(n) < I + f(1).$$

左辺は X に関して単調増加で上に有界だから，無限級数は収束する．（証明終）

この結果を用いると，ゼータ関数の絶対収束域は次のように求められる．

ゼータ関数の絶対収束域（級数表示）　ゼータ関数

$$\zeta(s) = \sum_{n=1}^{\infty} \frac{1}{n^s}$$

が絶対収束する s の範囲は，右半平面 $\mathrm{Re}(s) > 1$ である．

証明　先ほど見たように，$\mathrm{Re}(s) = \sigma$ とおくと，求める領域は級数

$$\sum_{n=1}^{\infty} \frac{1}{n^{\sigma}}$$

が収束する範囲であるが，$\frac{1}{n^{\sigma}}$ は正で単調減少であるから，オイラー・マクローリンの判定法により，以下の広義積分が収束する範囲を求めればよい．

$$\int_1^{\infty} \frac{1}{x^{\sigma}} dx = \begin{cases} \left[\dfrac{x^{1-\sigma}}{1-\sigma} \right]_1^{\infty} & (\sigma \neq 1) \\ \left[\log x \right]_1^{\infty} & (\sigma = 1) \end{cases}$$

$$= \begin{cases} \dfrac{1}{\sigma - 1} & (\sigma > 1) \\ \infty & (\sigma < 1) \\ \infty & (\sigma = 1). \end{cases}$$

よって，$\sum_{n=1}^{\infty} \frac{1}{n^s}$ の絶対収束域は $\sigma = \mathrm{Re}(s) > 1$ である．　（証明終）

この定理から，オイラー積の絶対収束域も次のようにわかる．

ゼータ関数の絶対収束域（オイラー積）　リーマン・ゼータ関数のオイラー積表示は，$\mathrm{Re}(s) > 1$ においてのみ絶対収束する．

証明　$\mathrm{Re}(s) > 1$ においては，

$$\sum_{p:\,\text{素数}} \left| \frac{1}{p^s} \right| = \sum_{p:\,\text{素数}} \frac{1}{p^{\sigma}} \leq \sum_{n=1}^{\infty} \frac{1}{n^{\sigma}} < \infty$$

が成り立つから絶対収束する．また，オイラー積が $\mathrm{Re}(s) \leq 1$ において絶対収束しないことも，2.3 節で示したオイラーの定理よりわかる．すなわち，$\mathrm{Re}(s) \leq 1$ のとき，

$$\sum_{p:\,\text{素数}} \left| \frac{1}{p^s} \right| \geq \sum_{p:\,\text{素数}} \frac{1}{p} = \infty$$

となる．　（証明終）

オイラー積の絶対収束域を求めたことにより，今の目的である $\zeta(s) = 0$ の解に

ついて，最初の進展を得る（図 2.5）.

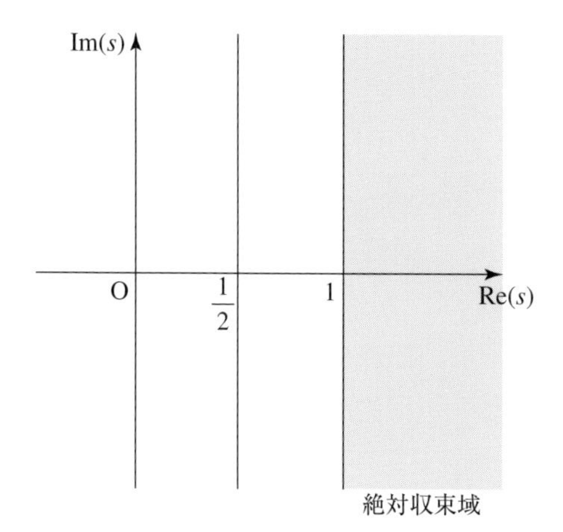

図 2.5　$\zeta(s)$ のオイラー積による非零領域

自明な非零領域　リーマン・ゼータ関数は，絶対収束域において非零である．すなわち，

$$\zeta(s) \neq 0 \qquad (\mathrm{Re}(s) > 1).$$

証明　オイラー積が収束するので，無限積の収束の定義により，値は 0 でない．

（証明終）

この証明からわかるように，ゼータ関数の零点の研究にはオイラー積が重要な役割を果たす．オイラー積を用いずに非零領域を求めることは非常に難しい．仮にオイラー積を用いずに級数表示を用いて求めようとすると，たとえば次のようにして

$$\zeta(s) \neq 0 \qquad (\mathrm{Re}(s) > 2)$$

まではわかる．

級数表示を用いた証明　$\mathrm{Re}(s) = \sigma > 2$ とする．

$$|\zeta(\sigma + it)| \leq \zeta(\sigma)$$

かつ，級数表示の初項を除いた形より

$$|\zeta(\sigma+it)-1| \leq \zeta(\sigma)-1$$

であるから，$\zeta(\sigma+it)$ は，複素平面内で 1 を中心とする半径 $\zeta(\sigma)-1$ の円の内部にある．$\mathrm{Re}(s)=\sigma>2$ のとき，$1<\zeta(\sigma)<\zeta(2)<2$ であるから円の半径は 1 より小さく，円は 0 を含まない．よって，$\zeta(s)=0$ とはなり得ない．　（証明終）

$\zeta(\sigma)$ は $\sigma>1$ において単調減少な実数値関数であり，$\sigma\to 1+0$ のとき $\zeta(\sigma)\to\infty$ であることから，$\zeta(\sigma_0)=2$ なる $\sigma=\sigma_0$ が区間 $1<\sigma<2$ にただ 1 つ存在する．この σ_0 を用いると，上の証明からわかるように，$\mathrm{Re}(s)\geq\sigma_0$ においてはディリクレ級数表示から $\zeta(s)\neq 0$ がわかる．しかし，$1<\mathrm{Re}(s)<\sigma_0$ に対して $\zeta(s)\neq 0$ を級数表示で示すのは困難であろう．

実際，ディリクレ級数の各項は

$$\frac{1}{n^s}=\frac{e^{-it\log n}}{n^\sigma}$$

であり，絶対値 $\frac{1}{n^\sigma}$，偏角 $-t\log n$ の複素数である．この絶対値は $n\to\infty$ のとき 0 に収束するが，偏角は n の増大に伴って単調に変動（t の符号によって減少または増加）し，$\pm\infty$ に発散する．したがって，一般項は複素平面内で原点 0 のまわりをらせん状に回転しながら 0 に収束する点列となる．偏角が各方向にまんべんなく分散すれば点列の和に打ち消しあいが起こるので $\zeta(s)=0$ となる可能性が排除しきれない．このように，絶対収束域内においてすら，ディリクレ級数表示は $\zeta(s)\neq 0$ の判定にほとんど無力なのである．

今の目的は $\zeta(s)=0$ の解を調べることである．解はすべての複素数の範囲で求める必要があるが，これまでのところ，$\zeta(s)$ のオイラー積と級数表示のどちらも，絶対収束域が

$$\mathrm{Re}(s)>1$$

であり，それ以外の s に対して $\zeta(s)$ が定義されていない．

ここまでの議論で唯一わかっていることは，コラム 3 で見た $\zeta(1)=\infty$ であり，$s=1$ は $\zeta(s)$ の極である．実は，複素関数論の一般論により，この種の級数（ディリクレ級数）は極よりも左側（実部が小さい側）で発散することが知られている．したがって，

$$\mathrm{Re}(s) < 1$$

においては，オイラー積と級数表示のどちらも発散する．絶対収束をしないことはすでにみたが，それだけでなく条件収束もしないということである．また，境界

$$\mathrm{Re}(s) = 1$$

上においては，級数表示が発散すること，および，オイラー積が $s \neq 1$ で収束することが知られている．これらの事実の証明は本書の範囲を越えるので，証明に興味のある読者は，小山信也『素数とゼータ関数』（共立出版，2015 年）の定理 3.6 ならびに定理 3.9 を参照されたい．

今の目的である $\zeta(s) = 0$ の解を調べるために重要なオイラー積の収束域について，$s \neq 1$ において現在知られている状況をまとめると，以下のようになる．

$$\begin{array}{llllll} \mathrm{Re}(s) > 1 & \Longrightarrow & \text{絶対収束} & \Longrightarrow & \text{素数が無数に存在} \\ \mathrm{Re}(s) = 1 & \Longrightarrow & \text{条件収束} & \Longrightarrow & \text{素数定理} \\ \frac{1}{2} < \mathrm{Re}(s) < 1 & \Longrightarrow & \text{発散} & \Longrightarrow & \text{リーマン予想} \\ \mathrm{Re}(s) = \frac{1}{2} & \Longrightarrow & \text{発散} & \Longrightarrow & \text{深リーマン予想} \end{array}$$

絶対収束域の $\mathrm{Re}(s) > 1$ では，たとえば $s = 2$ のとき，バーゼル問題の解答

$$\zeta(2) = 1 + \frac{1}{2^2} + \frac{1}{3^2} + \frac{1}{4^2} + \frac{1}{5^2} + \cdots = \frac{\pi^2}{6}$$

が，「素数が無数に存在する」というユークリッドの定理の新証明を与えている．それは，オイラー積表示

$$\zeta(2) = \prod_p \left(1 - \frac{1}{p^2}\right)^{-1}$$

において各因子 $\left(1 - \frac{1}{p^2}\right)^{-1}$ は有理数であるから，もし素数が有限個しかなければ，$\zeta(2)$ は有理数となる．一方，$\frac{\pi^2}{6}$ は無理数であるから，素数は無数に存在することがわかる．したがって，上表の $\mathrm{Re}(s) > 1$ の意味は，オイラー積が絶対収束する事実だけでなく，そこでの値まで考慮すると「素数が無数に存在すること」が証明できるという意味である．

次に，オイラー積が条件収束する $\mathrm{Re}(s)=1$ 上では，収束によって $\zeta(s)\neq 0$ が示され，そこから，x 以下の素数の個数を表す $\pi(x)$ に対し，素数定理

$$\pi(x) \sim \int_2^x \frac{dt}{\log t} \qquad (x \to \infty)$$

が証明できる．これは，オイラーが得ていた

$$\sum_{\substack{p \le x \\ p:\, 素数}} \frac{1}{p} = \log\log x + O(1) \qquad (x \to \infty)$$

をさらに精密化した定理であり，より直接的に素数の個数の振舞い（無限大の大きさ）を表している．証明は1896年にアダマールとド・ラ・ヴァレ・プーサンという2名の数学者によって独立になされた．この概要は，本章の後半で解説する．

そして，$\frac{1}{2} < \mathrm{Re}(s) < 1$ においては，オイラー積は発散するのだが，発散の仕方を正確に表した数式が，その範囲にゼータの零点が存在しないことと同値であることが，赤塚宏隆[3]により証明されている．もしそのようなオイラー積の挙動が解明されれば，そこからリーマン予想が証明できるということである．リーマン予想により，上述の素数定理に誤差項を付けた精密化が得られる．

赤塚は研究内容をそのまま $\mathrm{Re}(s)=\frac{1}{2}$ 上まで拡張しており，その線上でのオイラー積のある挙動が，次章で述べる「深リーマン予想」と同値になることを突き止めた．深リーマン予想によって，素数定理のさらに良い誤差項を与えることができ，より優れた精密化が可能となる．これについては3.6節で概要を解説したが，詳細に興味のある読者は，小山信也『素数とゼータ関数』（共立出版，2015年）の第6章を参照されたい．

以上のように，オイラー積の振舞いから，素数論の進展を垣間見ることができる．素数の研究におけるゼータとオイラー積の重要性が十分におわかり頂けたと思うが，ここで一つ，根本的な問題がある．本書でこれまでに与えてきた $\zeta(s)$ は，条件収束域まで含めても，せいぜい $\mathrm{Re}(s)\ge 1$ でしか通用しなかった．$\mathrm{Re}(s)<1$

---

3 文献は H. Akatsuka: "The Euler Product for the Riemann Zeta-Function in the Critical Strip"（臨界領域内のリーマン・ゼータ関数のオイラー積）Kodai Math. J. 40 (2017) 79-101．赤塚は本書冒頭で紹介した「数学研究法セミナー」の第一期受講生である．大学1年の当時から，自力でオリジナルな定理を創出し，非凡な才能を発揮していた．

においては，そもそも $\zeta(s)$ が未定義である．どのように定義すればよいだろうか．それは「解析接続」という複素関数論の手続きでなされる．これは高校数学の範囲外であるので，次節で解説する．解析接続に関する高校生向け解説は，前著『素数からゼータへ，そしてカオスへ』（日本評論社，2010 年）の第 9 章「高校生のための素数定理」で行った．次節では，その一部を再録しながら解説を行う．

2.6　解析接続

高校の数学Ⅲで習う無限等比数列の和の公式から話を始める．

$$1 - s + s^2 - s^3 + \cdots = \frac{1}{1+s}.$$

左辺を $f(s)$，右辺を $g(s)$ とおく．

左辺の

$$f(s) = 1 - s + s^2 - s^3 + \cdots$$

は，$|s| < 1$ のときのみ収束するが，右辺の

$$g(s) = \frac{1}{1+s}$$

は $s \neq -1$ であればいつでも定義される．$f(s)$ と $g(s)$ は s の関数として等しいのに，両辺の定義域がこれほど異なるとはどういうことだろう．

この疑問を突き詰めたものが，解析接続である．解析接続は，s を実数から複素数に広げて考えて初めて可能となる．s を複素数とみなしたとき，$f(s)$ が複素単位円盤

$$D = \{s \in \mathbb{C} \mid |s| < 1\}$$

でしか定義されず，その外で発散すること，そして，右辺 $g(s)$ が全複素平面から 1 点を除いた領域

$$E = \{s \in \mathbb{C} \mid s \neq -1\}$$

という，より広い範囲で定義されることは，実数の場合と似ている．

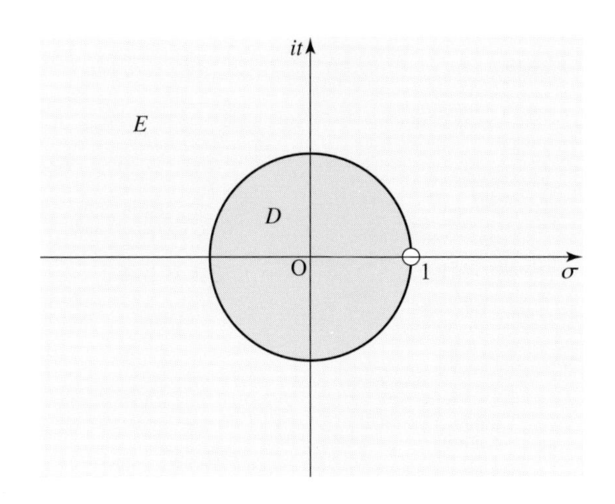

図 2.6　狭い領域 $\boldsymbol{D}$ を含む広い領域 $\boldsymbol{E}$

簡単に言ってしまうと，解析接続とは，この例のように，ある関数がある領域で定義域の異なる2つの表示として表されたときに，一方の関数の定義域を他方の表示によって拡張する手続きのことである（図 2.6）.

今の例では，狭い定義域をもつ $f(s)$ の解析接続が，より広い定義域をもつ $g(s)$ によって与えられる．領域 D の外部で，かつ E の内部においては，$f(s) = g(s)$ によって $f(s)$ の値が定義されていると考えるのだ.

何とも都合のよい安直な方法に思えるかもしれない．実はこれは，s を複素数に拡張したことによる恩恵である．複素関数論には「一致の定理」と呼ばれる基本的な定理がある．簡単に言うと

正則関数の定義域を広げる方法は高々一通りしかない

という定理である．正則とは，複素関数として微分可能という意味である．変数 s のみで（$\mathrm{Re}(s)$ や $\mathrm{Im}(s)$ を用いずに）表される通常の関数は（定義域内において）正則と考えてよい．多項式，分数関数，三角関数，指数関数，対数関数などは，すべて（定義域内において）正則である.

一致の定理をより正確に表現すると，以下のようになる.

ある領域 D 上で値が等しい 2 つの正則関数 f，g があり，g がより広い領域 E で定義されているとする．もし，f も E 上で定義されるならば，E 上でも g と f の値は一致する．

一致の定理の主張は，f の E への拡張は g 以外の正則関数ではできないということである．したがって，もともと存在しているのは広い領域で定義された関数 g であり，それを狭い領域に制限した形が f であると考える．すなわち「f と g は，1 つの関数を異なる表示法で表しただけ」とみなすのである．

このとき

f は D から E に解析接続される

といい，g を f の**解析接続**と呼ぶ．ひとたび解析接続されてしまうと，関数として元来存在しているのは g であり，f というのは，D という限られた領域における g の仮の姿だとみなせる．そうすると，級数 f が発散する場合でも，たまたまその関数の f という表示が悪いだけであり，本質的には $g(s)$ という値をもっているとみなせるのである．

これはすなわち，級数の式

$$1 - s + s^2 - s^3 + \cdots$$

を単にそのまま文字通りに見るのではなく，一つの関数として見るということである．一致の定理により，その関数は $1/(1 + s)$ と同一のものとなる．$s = 1$ を代入すれば，「本来の値」が得られるというわけである．

この「本来の値」という考えは，数式を外見にとらわれず，一つの関数として把握する見方からきている．こうした考え方は，数式を人物に例えるとわかりやすいかもしれない．人間にはいろいろな側面があり，一人の人物がさまざまな顔をもっている．職場の上司が「統率力のない駄目な人間」に見えても，実は彼は，家庭では良き夫であり父であり，家族の全員から信頼され，誰よりも上手く家族を統率している人なのかもしれない．自分に見えている上司の姿は，職場という限定された環境下での仮の姿であり，それだけを見て，彼が人として「統率力がない」と一概に断ずることはできないのだ．

ちょうど，無限等比級数という姿が「収束域」（という職場）における仮の姿であり，そこで発散したからといって，その数式の「本来の値」が無限大であるとは限らない，というのと同じである．無限大ではない「本来の値」をもつことは，無限等比級数の和が $1/(1+s)$ のように簡明な形に計算され，そうした新しい表示をもつことからわかるのである．

実は，この「簡明な形」は，一つのキーワードといえるかもしれない．この無限等比級数

$$1 - s + s^2 - s^3 + \cdots$$

は，一般項 s^n $(n = 0, 1, 2, 3, \ldots)$ の係数が

$$1, \quad -1, \quad 1, \quad -1, \quad \cdots$$

のように，1と -1 が交互に現れる，きわめて特殊な規則性をもっており，そのせいで特別な資格が与えられ，その恩恵として簡明な表示をもったとみなされる．

もう一つの例を挙げるなら，対数関数のテイラー展開式がある．

$$-\log(1-s) = s + \frac{s^2}{2} + \frac{s^3}{3} + \cdots \qquad (|s| < 1)$$

の右辺は，一般項 s^n $(n = 0, 1, 2, 3, \ldots)$ の係数が $\dfrac{1}{n}$ と，非常に規則的できれいな形をしている．その恩恵により，全体として $-\log(1-s)$ という簡明な別表示をもつと考えられる．

一般のランダムな係数に対して，いつでも級数の和が簡明な形に計算されるわけではない（ダメ上司が単にダメな人間だったということも，実際には多々あるように）．無限大とは別の「本来の値」をもつことは，その関数が特殊な美しさをもっていることを反映しているのだ．値そのものより，値をもつという事実が，まずは重要だということである．

ただ，解析接続可能な場合であっても，定義域は無制限に広がるわけではない．上の無限等比級数の例で $s = -1$ は $g(s)$ の極であり，そこでは正則でない．f は g 以外の正則関数では解析接続できないのだから，どうあがいても $s = -1$ には定義域を広げることができず，$s = -1$ は極，すなわち，本質的な意味で値が無限大となる．

解析接続を用いた解釈としては，オイラーによる

すべての自然数の和は $-\frac{1}{12}$ である

が有名である．オイラーの生きた 18 世紀は，複素関数論が発見されるより 100 年も早かったが，オイラーは以下のような計算によりこの真実に到達した．

$$X = 1 + 2 + 3 + 4 + \cdots$$

とおくと，

$$\begin{aligned} X - 4X &= (1 + 2 + 3 + 4 + \cdots) - 4(1 + 2 + 3 + 4 + \cdots) \\ &= (1 + 2 + 3 + 4 + \cdots) - 2(2 + 4 + 6 + 8 + \cdots) \\ &= 1 - 2 + 3 - 4 + \cdots \\ &\underset{(*)}{=} \frac{1}{4}. \end{aligned}$$

よって

$$-3X = \frac{1}{4}.$$

したがって，

$$X = -\frac{1}{12}.$$

ここで，（＊）の等号は，無限等比級数の和の公式

$$1 - s + s^2 - s^3 + \cdots = \frac{1}{1 + s}$$

の両辺を微分して (−1) 倍した式

$$1 - 2s + 3s^2 - 4s^3 + \cdots = \frac{1}{(1 + s)^2}$$

に $s = 1$ を代入して得る．

常識からすれば，無限等比級数の和の公式は $s = 1$ では無効だから，当然，それを微分した式に $s = 1$ を代入しても意味をもたないはずである．だが，オイラーの死後に複素関数論が発見され，解析接続を用いることでオイラーの値は理論的な裏付けを得た（その計算は次節で行う）．今では「すべての自然数の和が $-\frac{1}{12}$

であること」は，ゼータ関数論で常識になっている．それは，リーマン・ゼータ関数

$$\zeta(s) = \frac{1}{1^s} + \frac{1}{2^s} + \frac{1}{3^s} + \frac{1}{4^s} + \ldots$$

を用いて

$$\zeta(-1) = -\frac{1}{12}$$

と表現される．上の $\zeta(s)$ の定義式に形式的に $s = -1$ を代入すると，$\zeta(-1)$ はすべての自然数の和を表す．$\zeta(s)$ の解析接続に $s = -1$ を代入した値が，オイラーの結果に一致するのである．

オイラーが複素関数論を経ずして正しい値を得ていたことは，注目すべきである．解析接続された値は，複素関数論という理屈があって初めて存在するものではないことが，この事実からわかる．オイラーは超人的な洞察により，数学的風景の中にその真実の値を見出した．それを，一般の人間が理解できるように翻訳したものが，解析接続であるといえよう．

世の中に数限りない雑多な集合がある中で「すべての自然数の集合」は整数論的にきわめて価値の高いものであろう．無数にいる自然数のメンバーが全員出現し，その他の余計な者は一切現れていない，いわば奇跡に近いほどの絶妙なバランスをもった無限集合であるといえる．こういう，きわめて稀にしか起き得ない整数論的な美しさが「解析接続可能」という結果になって，ゼータの性質に反映するのである．

その意味では，$-\frac{1}{12}$ という数値は必ずしも重要ではない．それよりも，普通の風景では無限大であるはずの「すべての自然数の和」が，何がしかの有限の値として数学的風景の中に存在するという事実が重要である．

このニュアンスを説明するには，逆に解析接続が不可能であるような，いわばあまり良くない集合の例を挙げ，比較してみるのがよいかもしれない．身近な集合を例にとった方がよいと思うので，ここでは「すべての素数の和」を考えてみる．

結論を先に言うと，この和はどう転んでも無限大であり，数学的風景の中にも決して存在しないのだ．先ほどと同じ手順を実行してみよう．にせゼータ関数を，

$$\zeta_{\text{にせ}}(s) = \frac{1}{2^s} + \frac{1}{3^s} + \frac{1}{5^s} + \frac{1}{7^s} + \frac{1}{11^s} + \cdots$$

と定義し，右辺の級数の分母は素数の s 乗に渡るものとする．この $\zeta_{\text{にせ}}$ が収束する領域は ζ と同じで

$$D = \{s \in \mathbb{C} \mid \mathrm{Re}(s) > 1\}$$

である．仮に $\zeta_{\text{にせ}}(s)$ が $s = -1$ まで解析接続されれば，形式的な「すべての素数の和」

$$\zeta_{\text{にせ}}(-1) = 2 + 3 + 5 + 7 + 11 + \cdots$$

が求められることになる．そこで，$\zeta_{\text{にせ}}(s)$ を解析接続してみると，

$$E = \{s \in \mathbb{C} \mid \mathrm{Re}(s) > 0\}$$

まで解析接続可能であることが証明できる．これは右半平面であり，y 軸が境界線である．ところが，この境界線の上に稠密な極の列が存在する．稠密（ちゅうみつ）は数学用語で，どの 2 つの元の間にもまた別の元が存在するという意味である．たとえば，実数の全体は稠密な集合であり，有理数の全体はその稠密な部分集合である．稠密な極の列とは，いわば隙間なく敷き詰められている無数の極のことである．

したがって，s を y 軸に近付けると，どんな近付け方をしようが，$\zeta_{\text{にせ}}(s)$ の値は必ず ∞ になってしまう．したがって，y 軸上には絶対に解析接続できず，領域 E を少しでも広げることは不可能であることがわかる．「すべての素数の和」は $\zeta_{\text{にせ}}(-1)$ と定義したいが，$s = -1$ には解析接続されないのだから，この値はどう考えても無限大である．すなわち「すべての素数の和」は，たとえオイラー以上の超人的な洞察力をもつ者がいたとしても，数学的風景の中に決して見えてこない．この事実は，掛け算における生成元である素数を，足し算で扱うことの難しさを表しているともいえ，ここにも第 1 章で触れた「足し算と掛け算の独立性」が顔を出している．

上の例では和が渡る範囲の集合を問題にしたが，これは，ゼータ関数を一般化した L 関数

$$L(s, \chi) = \sum_{n=1}^{\infty} \frac{\chi(n)}{n^s}$$

の分子の数列 $\chi(n)$ の性質で言い換えることもできる．任意の n に対して $\chi(n) = 1$

のとき $L(s,\chi)=\zeta(s)$ となる．また，数列 $\chi(n)$ を

$$\chi(n)=\begin{cases}1 & (n\text{ が素数のとき}) \\ 0 & (\text{それ以外のとき})\end{cases}$$

と定義すれば，

$$L(s,\chi)=\zeta_{\text{にせ}}(s)$$

となる．$\zeta_{\text{にせ}}(s)$ が $s=-1$ に解析接続できないという事実が，素数の集合が「すべての要素の和を取る」対象として不適切であることを意味するのだとすれば，それはまた，上で定義した数列 $\chi(n)$ が L 関数の分子として不適切であることをも意味している．

逆に，解析接続可能な L 関数の例として，現代の整数論で盛んに研究されている多くのゼータ関数，たとえば，ディリクレの L 関数やラマヌジャンの L 関数，マース波動形式の L 関数などがある．そういう L 関数を構成する数列 $\chi(n)$ は周期的であったり，乗法的であったり，保型形式という強力な対称性をもつ関数のフーリエ係数列だったりといった，稀な美しさを備えた数列である．その美しさが，解析接続という現象として L 関数の性質に現れるのである．でたらめな数列から作った L 関数が解析接続される可能性はほとんど0であるといってよい．

念のため注意しておくと，$\zeta_{\text{にせ}}(s)$ の例からわかることは，解析接続は通常の解析学の収束・発散の概念を越えた深さを内包している．通常ならば，部分和を取ったらその分だけ項が少なくなり，和の値が小さくなって有限に近くなるはずだが，今の例では，自然数の全体では存在した「和」の値が，素数の全体だと無限大になる．すなわち，数値で表される大小が問題なのではなく，その集合がどの程度数学的に意味があるか，集合としての元のバランスがどうであるか，ということが，和の値の有限性（もしくは解析接続の可能性）に反映されるのである．

そしてそうした値は，かつてオイラーが求めたように，解析接続という理屈とは独立に，人の心の中にある数学的風景に存在すべきものだ．複素関数論が構築され，数学的風景は現実の世界に記述されるようになった．それは素晴らしい発展であったが，同時にそうした便利なものに頼りすぎて，人は数学的風景を見抜こうとする努力を怠りがちになってしまっているのかもしれない．

ではここでいよいよ，$\zeta(s)$ の解析接続について述べる．$\zeta(s)$ の場合，前に見たように，定義式の級数表示は

$$D = \{s \in \mathbb{C} \mid \mathrm{Re}(s) > 1\}$$

でのみ収束する．これが，より広い領域

$$E = \{s \in \mathbb{C} \mid s \neq 1\}$$

に解析接続できる．これは，リーマンが 1859 年に証明した事実であり，先ほど，広い範囲での値を定義する関数として挙げた $g(s) = \dfrac{1}{1+s}$ にあたる関数は，$\zeta(s)$ の場合は図 **2.7** のようになる．これらのリーマンが与えた $g(s)$ は，収束する定積分の形をしている．このような表示を総称して「積分表示」と呼ぶ．積分表示は，ゼータ関数の解析接続の主要な方法の一つとなっている．

第一積分表示

$$\zeta(s) = \frac{1}{\Gamma(s)} \int_1^{\infty} f_1(x)(\log z)^{s-1} \frac{dx}{x} \quad \left(f_1(x) = \frac{1}{x-1}\right).$$

第二積分表示

$$\zeta(s) = \frac{1}{\pi^{-\frac{2}{s}} \Gamma\left(\frac{s}{2}\right)} \int_0^{\infty} \frac{f_2(x) - f_2(\infty)}{2} x^{\frac{s}{2}} \frac{dx}{X}$$

$$\left(f_2(x) = \sum_{m=-\infty}^{\infty} e^{-\pi m^2 x}\right).$$

図 2.7　ゼータ関数の積分表示

積分表示はゼータ研究における基本的な道具の一つとなっているものの，やや難解な複素積分を経なければならず，必ずしも初心者向けとはいえない．$g(s)$ にあたる関数を，このような定積分を用いずに高校数学の範囲で初等的に得ることもできる．以下に，そのような証明の一つを紹介する．これは，黒川信重・小山信也『絶対数学』（日本評論社，2009 年）の序章でも紹介した方法だが，高校数学

（および付録Bで証明する二項展開）の範囲で述べることができ，本書の目的に沿っているため，再録する．また，この証明は初等的であるにもかかわらず，その結論を用いると，解析接続のみならず，極や留数，負の整数点における特殊値（自明零点を含む）が容易に求められるというメリットもある．

はじめに，証明のアイディアを伝えるため，形式的な計算を行う．ゼータ関数の定義式の第1項 $n = 1$ のみを取り分け，第2項から先の $n \geq 2$ にわたる無限和と分け，

$$\zeta(s) = 1 + \sum_{n=1}^{\infty} (n+1)^{-s}$$

と書く．この括弧内を $n + 1 = n(1 + \frac{1}{n})$ の形に変形すると

$$\zeta(s) = 1 + \sum_{n=1}^{\infty} n^{-s} \left(1 + \frac{1}{n}\right)^{-s}$$

となる．ここで，付録Bで証明する二項展開

$$\left(1 + \frac{1}{n}\right)^{-s} = \sum_{k=0}^{\infty} \binom{-s}{k} n^{-k}$$

を用いる．$\binom{-s}{k}$ は二項係数

$$\binom{-s}{k} = \frac{-s(-s-1)(-s-2)\cdots(-s-k+1)}{k!}$$

である．すると

$$\zeta(s) = 1 + \sum_{n=1}^{\infty} n^{-s} \sum_{k=0}^{\infty} \binom{-s}{k} n^{-k}$$

となる．ここで，n にわたる和がリーマン・ゼータ関数で書けることに注意する．すなわち，

$$\begin{aligned}\zeta(s) &= 1 + \sum_{k=0}^{\infty} \binom{-s}{k} \sum_{n=1}^{\infty} n^{-s-k} \\ &= 1 + \sum_{k=0}^{\infty} \binom{-s}{k} \zeta(s+k)\end{aligned}$$

となる．こうして得た k に渡る無限和のうち，$k = 0, 1$ だけを取り出して書くと

$$\zeta(s) = 1 + \zeta(s) - s\zeta(s+1) + \sum_{k=2}^{\infty} \binom{-s}{k} \zeta(s+k)$$

となる．両辺から $\zeta(s)$ を引き，$\zeta(s+1)$ に関して解くと

$$\begin{aligned}\zeta(s+1) &= \frac{1}{s} + \frac{1}{s}\sum_{k=2}^{\infty}\binom{-s}{k}\zeta(s+k) \\ &= \frac{1}{s} + \frac{s+1}{2}\zeta(s+2) - \frac{(s+1)(s+2)}{6}\zeta(s+3) + \cdots .\end{aligned}$$

s を $s-1$ に置き換えて次式を得る．

$$\begin{aligned}\zeta(s) &= \frac{1}{s-1} + \frac{1}{s-1}\sum_{k=2}^{\infty}\binom{-(s-1)}{k}\zeta(s-1+k) \\ &= \frac{1}{s-1} + \frac{s}{2}\zeta(s+1) - \frac{s(s+1)}{6}\zeta(s+2) + \cdots .\end{aligned}$$

最後に得た式は，$\zeta(s)$ を $\zeta(s+k)$ $(k \geq 1)$ で表しているが，$\zeta(s)$ は $\mathrm{Re}(s) > 1$ で定義されているのに対し，$\zeta(s+k)$ が定義されている範囲は $\mathrm{Re}(s+k) > 1$，すなわち，$\mathrm{Re}(s) > 1-k$ である．よって，$k \geq 1$ の項はすべて，$\mathrm{Re}(s) > 0$ で定義されている．したがって，この結論により，$\zeta(s)$ が $\mathrm{Re}(s) > 0$ に解析接続できた．

以上が，この方法の基本的なアイディアであるが，実は，この証明では，途中式の k にわたる和

$$\sum_{k=2}^{\infty}\binom{-s}{k}\zeta(s+k)$$

の収束性に問題がある．というのは，隣り合う 2 項の比をとってみると，二項係数の部分は

$$\left|\frac{\binom{-s}{k+1}}{\binom{-s}{k}}\right| = \left|\frac{s+k}{k+1}\right| \to 1 \quad (k \to \infty)$$

であり，ゼータ関数の部分は

$$\left|\frac{\zeta(s+k+1)}{\zeta(s+k)}\right| = \left|\frac{1 + \frac{1}{2^{s+k+1}} + \frac{1}{3^{s+k+1}} + \cdots}{1 + \frac{1}{2^{s+k}} + \frac{1}{3^{s+k}} + \cdots}\right| \to 1 \quad (k \to \infty)$$

であるから，合わせて

$$\left|\frac{\binom{-s}{k+1}\zeta(s+k+1)}{\binom{-s}{k}\zeta(s+k)}\right| \to 1 \quad (k \to \infty)$$

となる．隣り合う 2 項の比が 1 に収束するということは，数列がほぼ一定値に近くなることであるから，収束を示すのは難しい．

この問題を回避するためには,

$$\zeta(s) = 1 + 2^{-s} + \sum_{n=2}^{\infty}(n+1)^{-s}$$

から出発して，先ほどと同様に計算を進めればよい．次のようになる．

$$\begin{aligned}
\zeta(s) &= 1 + 2^{-s} + \sum_{n=2}^{\infty} n^{-s}\left(1 + \frac{1}{n}\right)^{-s} \\
&= 1 + 2^{-s} + \sum_{n=2}^{\infty} n^{-s} \sum_{k=0}^{\infty}\binom{-s}{k} n^{-k} \\
&= 1 + 2^{-s} + \sum_{k=0}^{\infty}\binom{-s}{k}\sum_{n=2}^{\infty} n^{-s-k} \\
&= 1 + 2^{-s} + \sum_{k=0}^{\infty}\binom{-s}{k}(\zeta(s+k) - 1).
\end{aligned}$$

こうすると，今度は隣り合う 2 項について，ゼータの部分の比が

$$\begin{aligned}
\left|\frac{\zeta(s+k+1)-1}{\zeta(s+k)-1}\right| &= \left|\frac{\frac{1}{2^{s+k+1}} + \frac{1}{3^{s+k+1}} + \cdots}{\frac{1}{2^{s+k}} + \frac{1}{3^{s+k}} + \cdots}\right| \\
&= \left|\frac{\frac{1}{2} + \frac{2^k}{3^{k+1}} + \cdots}{1 + \frac{2^k}{3^k} + \cdots}\right| \\
&\to \frac{1}{2} < 1 \quad (k \to \infty)
\end{aligned}$$

となるため，k が大きければ絶対値が公比 $\frac{1}{2}$ の等比数列と同程度の増大度となり，絶対収束することがわかる．

あとは，先ほどのアイディア通りに計算を進めればよい．$k = 0, 1$ を取り出して書くと

$$\zeta(s) = 1 + 2^{-s} + (\zeta(s) - 1) - s(\zeta(s+1) - 1) + \sum_{k=2}^{\infty}\binom{-s}{k}(\zeta(s+k) - 1)$$

となる．両辺から $\zeta(s)$ を引き，$\zeta(s+1)$ に関して解くと

$$\zeta(s+1) = 1 + \frac{2^{-s}}{s} + \frac{1}{s}\sum_{k=2}^{\infty}\binom{-s}{k}(\zeta(s+k) - 1)$$

$$
\begin{aligned}
&= 1 + \frac{2^{-s}}{s} + \frac{s+1}{2}(\zeta(s+2)-1) \\
&\quad - \frac{(s+1)(s+2)}{6}(\zeta(s+3)-1) + \cdots .
\end{aligned}
$$

s を $s-1$ に置き換えて

$$
\begin{aligned}
\zeta(s) &= 1 + \frac{2^{1-s}}{s-1} + \frac{1}{s-1}\sum_{k=2}^{\infty}\binom{-(s-1)}{k}(\zeta(s-1+k)-1) \\
&= 1 + \frac{2^{1-s}}{s-1} + \frac{s}{2}(\zeta(s+1)-1) - \frac{s(s+1)}{6}(\zeta(s+2)-1) + \cdots
\end{aligned}
$$

となる.

先ほどと同様にして，この式の右辺が $\mathrm{Re}(s) > 0$ で定義されているので，$\zeta(s)$ の解析接続が $\mathrm{Re}(s) > 0$ まで得られた.

すると，$\zeta(s)$ は $\mathrm{Re}(s) > 0$ で定義されるので，この式の右辺は $\mathrm{Re}(s) > -1$ で定義され，これによって $\zeta(s)$ の解析接続が $\mathrm{Re}(s) > -1$ まで得られる．この操作を繰り返すと，$\zeta(s)$ は極を除く全複素平面上に解析接続される．以上が，$\zeta(s)$ の解析接続の初等的証明である.

2.7 関数等式

素数の謎を解明するためには，ゼータがわかればよい．そのためには，$\zeta(s) = 0$ の解をすべて求めたい．その目標のために，前節で $\zeta(s)$ を複素数 s に対して定義する解析接続を学んだ.

では，それによって $\zeta(s) = 0$ の解，すなわち零点はどれくらいわかるのだろうか．これまでのところ，図 **2.5** で見たように，右半平面

$$
\mathrm{Re}(s) > 1
$$

において零点が存在しないことがわかっていた.

ここで，ゼータの関数等式を紹介する．これもオイラーによって発見された事実である.

関数等式は，$\zeta(s)$ と $\zeta(1-s)$ の間の関係式である．オイラーは，以下の数式を発見した．

関数等式（非対称型）

$$\zeta(1-s) = \frac{2\Gamma(s)\cos\frac{\pi s}{2}}{(2\pi)^s}\zeta(s).$$

ただし，$\Gamma(s)$ は**ガンマ関数**であり，これもオイラーが発見した「階乗関数の一般化」である．正の整数 $n+1$ $(n = 0, 1, 2, \cdots)$ に対し，

$$\Gamma(n+1) = n! \qquad (n = 0, 1, 2, \cdots)$$

が成り立つ．この関数等式で $s = 2$ とおくと，$\Gamma(2) = 1! = 1$ であるから，先ほどの「すべての自然数の和」を次のように確認できる．

$$\begin{aligned}\zeta(-1) &= \frac{2\cos\pi}{(2\pi)^2}\zeta(2)\\ &= \frac{-2}{4\pi^2}\frac{\pi^2}{6}\\ &= -\frac{1}{12}.\end{aligned}$$

関数等式の因子

$$\frac{2\Gamma(s)\cos\frac{\pi s}{2}}{(2\pi)^s}$$

には，どんな意味があるのだろう？ この謎は，百年後にリーマンによって解明された．リーマンは，この因子を，s と $1-s$ について対称な 2 つの部分に分け，関数等式をより美しい形に変形することに成功したのである．

関数等式（対称型）

$$\widehat{\zeta}(s) = \pi^{-\frac{s}{2}}\Gamma\left(\frac{s}{2}\right)\zeta(s)$$

とおくと，関数等式

$$\widehat{\zeta}(s) = \widehat{\zeta}(1-s)$$

が成り立つ．

この対称型の関数等式で，ゼータ関数に掛かっている因子

$$\pi^{-s/2}\Gamma\left(\frac{s}{2}\right)$$

を，リーマン・ゼータ関数の**ガンマ因子**と呼ぶ．

オイラー積表示から $\zeta(s)$ は「素数全体にわたる積」であった．各素数 p に対応する因子 $(1-p^{-s})^{-1}$ を**オイラー因子**と呼ぶが，今，ここにもう一つ，ガンマ因子を掛けることによって，完全に対称な関数等式をもつ完備なゼータ関数 $\widehat{\zeta}(s)$ が得られたわけである．この美しい対称性から，ガンマ因子の形には意味があることが推察できる．

実は，その意味は以下のように解明されている．それを理解するには，素数の概念を「素点」に広げて考える必要がある．**素点**とは，代数体を距離空間とみなして完備化するその仕方のことである．リーマン・ゼータ関数では，代数体として通常の有理数体 $\mathbb{Q}$ を選ぶ．$\mathbb{Q}$ を完備化するには，通常の絶対値で定義される距離で完備化して実数体 $\mathbb{R}$ を作る方法の他，各素数 p に対して p 進付値から距離を定義して p 進体 $\mathbb{Q}_p$ を構成する方法がある．後者は素数 p の分だけあり，これらを**有限素点（非アルキメデス素点）**と呼ぶ．そして，前者によって与えられた完備化がもう一つの素点であり，これを**無限素点（アルキメデス素点）**と呼ぶ．有限素点は素数の分だけ（したがってこの場合は無限個）あるが，無限素点は1個（一般の代数体では有限個）しかない．

以上を踏まえれば，これまで素数にわたる積と思ってきたオイラー積は，より正しくは「素点にわたる積」であり，最後の1個の無限素点のオイラー因子が，今得たガンマ因子であったということになる．実際，全素点に対する（ガンマ因子も含めた）オイラー因子の統一的な定義も可能である．

これらは，20世紀後半に解明されたことであり，オイラーはもちろん，対称型関数等式を発見したリーマンでさえ，その意義を認識していなかった．後世の発展をリーマンの時代にタイムスリップしてリーマンに説明するという架空の対話形式による初心者向け解説が，小山信也『リーマン教授にインタビューする』（青土社，2018年）の第2章にあるので参照されたい．

以上の背景を踏まえると，今，興味の対象であるゼータの零点を考える際，ゼータ関数 $\zeta(s)$ の零点よりも，完備ゼータ関数 $\widehat{\zeta}(s)$ の零点の方がより本質的に重要

であると考えられる．実際，すでに零点がないことがわかっている図 2.5 の領域

$$\mathrm{Re}(s) > 1$$

においては，$\zeta(s) \neq 0$ だけでなく，$\widehat{\zeta}(s) \neq 0$ も成り立つ．

それ以外の領域について，関数等式から何がわかるだろうか．関数等式は，2点 s と $1-s$ において完備ゼータの値が完全に等しいことを表している．この2点は平均が $\frac{1}{2}$ であるから，点 $s = \frac{1}{2}$ を中心とした点対称の位置にある．したがって，関数等式を用いると，図 2.5 で判明していた領域が，左半平面

$$\mathrm{Re}(s) < 0$$

に移る．その領域で $\widehat{\zeta}(s) \neq 0$ であることがわかる．

重要度が落ちるため本書ではあまり扱わないが，完備ゼータの零点が存在しなくても，元のゼータ $\zeta(s)$ の零点は存在している．それは，負の偶数におけるガンマ因子の極である．ガンマ因子と $\zeta(s)$ が無限大と0の組合せで，完備ゼータの非零な値を構成している．

興味のある読者は，ガンマ関数の性質を学べばよい．小山信也『素数とゼータ関数』（共立出版，2015年）の第2章を参照されたい．

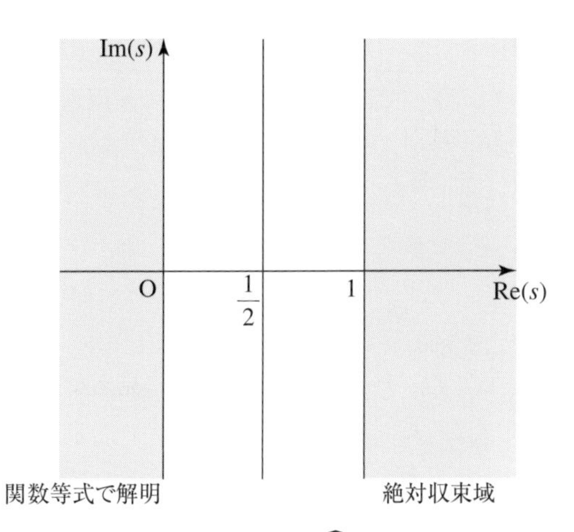

図 2.8 関数等式でわかる $\widehat{\zeta}(s)$ の非零領域

以上の考察により，ゼータの零点を求める問題は，図 2.8 の白い領域

$$0 \leq \mathrm{Re}(s) \leq 1$$

に絞られた．この領域を**臨界領域**と呼ぶ．臨界領域内の零点の様子が，現代数学で最大の謎であり，未解明である．

リーマンは，臨界領域内でいくつかの零点を手計算で求め，それらが一直線上に並んでいることを観察した（図 2.9）．その事実から，本書の主題である**リーマン予想**を提起した．

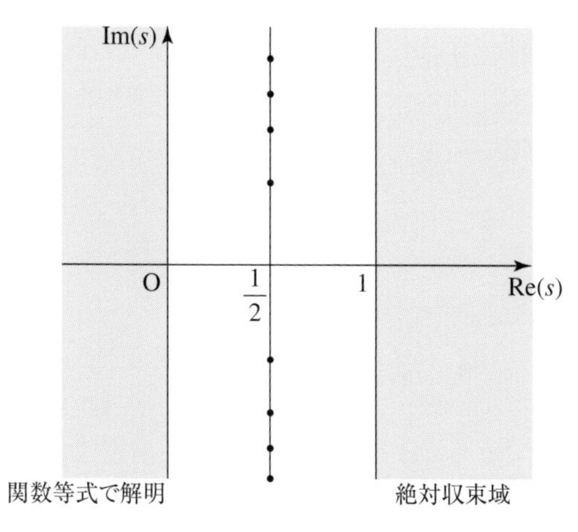

図 2.9 リーマン予想が主張する零点

リーマン予想 臨界領域内の $\zeta(s)$ の零点は，すべて

$$\mathrm{Re}(s) = \frac{1}{2}$$

を満たす．

リーマン予想は，外見上，それほど重要な予想に見えないかもしれない．実際にこの予想が素数の謎にどれほど深くかかわっているのか，一見しただけではよくわからないだろう．それを説明するには，複素積分を使って素数定理を解説する必要がある．

2.8 複素積分

解析接続の説明に用いた実例

$$f(s) = 1 - s + s^2 - s^3 + \cdots = \frac{1}{1+s} = g(s)$$

は，$f(s)$ の側から見て解析接続が $g(s)$ によってなされるということだったが，逆に $g(s)$ の側から見れば，$f(s)$ によって原点のまわりでテイラー展開がなされている．以下，しばらく原点のまわりに限定して考える．テイラー展開ができるためには微分可能な関数，すなわち**正則関数**であることが必要である．ここで正則関数の概念を少し広げ，正則でなくても適当なべき乗を掛ければ正則になるような関数を，**有理型関数**と呼ぶ．たとえば

$$\varphi(s) = \frac{f(s)}{s^2} = \frac{1}{s^2(1+s)}$$

は，$s = 0$ で2位の極をもち，そこでは正則でないが，s^2 を掛けると

$$s^2\varphi(s) = f(s) = \frac{1}{1+s}$$

は $s = 0$ で正則になるから，$\varphi(s)$ は $s = 0$ において有理型である．

有理型関数は，正則関数を適当なべき乗で割ったものであるから，テイラー展開の次数を一斉に下げた負べきを含んだ式に展開できる．これを**ローラン展開**という．$\varphi(s)$ の $s = 0$ におけるローラン展開は

$$\begin{aligned}\varphi(s) &= \frac{1}{s^2(1+s)} \\ &= \frac{1}{s^2}\left(1 - s + s^2 - s^3 + \cdots\right) \\ &= \frac{1}{s^2} - \frac{1}{s} + 1 - s + s^2 - s^3 + \cdots\end{aligned}$$

となる．

複素関数を積分するには，ローラン展開の各項を積分すればよい．原点を中心とする半径 $R > 0$ の円周

$$C_R = \{Re^{i\theta} \mid 0 \le \theta < 2\pi\}$$

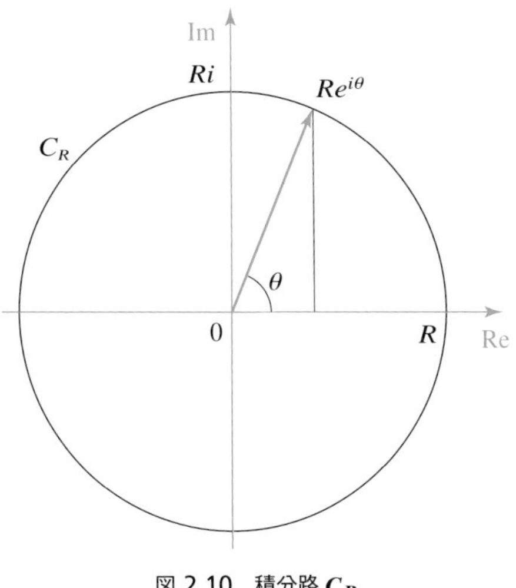

図 2.10　積分路 C_R

上でローラン展開の一般項 s^n $(n \in \mathbb{Z})$ の積分を計算してみる（図 2.10）.

$$s = Re^{i\theta} \qquad (0 \leq \theta < 2\pi)$$

とおき，閉曲線上の積分の向きを反時計回りにとるものとすると，

$$ds = iRe^{i\theta} d\theta$$

より，

$$\begin{aligned}
\int_{C_R} s^n ds &= \int_0^{2\pi} R^n e^{in\theta} (iRe^{i\theta}) d\theta \\
&= iR^{n+1} \int_0^{2\pi} e^{i(n+1)\theta} d\theta \\
&= iR^{n+1} \times \begin{cases} \left[\frac{1}{i(n+1)} e^{i(n+1)\theta} \right]_0^{2\pi} & (n \neq -1) \\ 2\pi & (n = -1) \end{cases} \\
&= \begin{cases} 0 & (n \neq -1) \\ 2\pi i & (n = -1). \end{cases}
\end{aligned}$$

よって，ローラン展開のうち -1 乗の項だけが積分に寄与し，積分の値は R によ

らない．

したがって，一般に $s=0$ でのみ極をもつ有理型関数 $\varphi(s)$ のローラン展開の -1 乗の項が

$$\frac{A}{s}$$

ならば，ローラン展開の他の項が何であろうと，積分は

$$\int_{C_R} \varphi(s) = 2\pi i A$$

となる．A を原点における**留数**と呼ぶ．

このように，有理型関数を複素平面内の閉路上で積分するときは，閉路内の極に対する留数を求め，それらの和を $2\pi i$ 倍すればよい．これを，**留数定理**という．特に，極がない場合，閉路上の積分値は 0 になる．これを，**コーシーの積分定理**という．

留数定理やコーシーの積分定理は，円周に限らず，どんな形の閉路に対しても成り立つのだが，ここまでの解説で閉路として選んできた円周は，いわば綺麗な形をした特殊な積分路であったから，上の説明だけでは説得力に欠けるかもしれない．そこで念のため，一般の長方形

$$a \leq \mathrm{Re}(s) \leq b \qquad (a<0<b)$$

$$c \leq \mathrm{Im}(s) \leq d \qquad (c<0<d)$$

の周 $L=L_{a,b,c,d}$ を反時計回りに一周する閉路（図 2.11）上の積分

$$\int_L z^n dz$$

も計算し，やはり $n=1$ のみが値 $2\pi i$ をもつことを確かめておこう．

長方形の各辺上では，実部または虚部の一方だけが変化するので，辺上の積分は，実数の積分で表せる．したがって，高校で習う方法で計算ができる．$n \neq -1$ のとき，

$$\int_L z^n dz$$
$$= \int_a^b (x+ci)^n dx + \int_c^d (b+yi)^n i dy + \int_b^a (x+di)^n dx + \int_d^c (a+yi)^n i dy$$

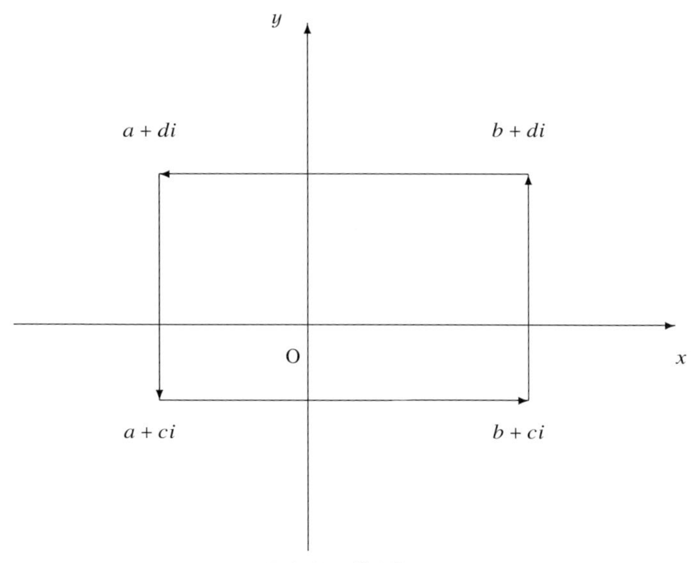

図 2.11　積分路 L

$$
\begin{aligned}
&= \left[\frac{(x+ci)^{n+1}}{n+1}\right]_a^b + \left[\frac{(b+yi)^{n+1}}{n+1}\right]_c^d + \left[\frac{(x+di)^{n+1}}{n+1}\right]_b^a + \left[\frac{(a+yi)^{n+1}}{n+1}\right]_d^c \\
&= \left(\frac{(b+ci)^{n+1}}{n+1} - \frac{(a+ci)^{n+1}}{n+1}\right) + \left(\frac{(b+di)^{n+1}}{n+1} - \frac{(b+ci)^{n+1}}{n+1}\right) \\
&\quad + \left(\frac{(a+di)^{n+1}}{n+1} - \frac{(b+di)^{n+1}}{n+1}\right) + \left(\frac{(a+ci)^{n+1}}{n+1} - \frac{(a+di)^{n+1}}{n+1}\right) \\
&= 0.
\end{aligned}
$$

次に，$n = -1$ のとき，

$$
\begin{aligned}
&\int_L z^{-1} dz \\
&= \int_a^b (x+ci)^{-1} dx + \int_c^d (b+yi)^{-1} i dy + \int_b^a (x+di)^{-1} dx + \int_d^c (a+yi)^{-1} i dy \\
&= \Big[\log(x+ci)\Big]_a^b + \Big[\log(b+yi)\Big]_c^d + \Big[\log(x+di)\Big]_b^a + \Big[\log(a+yi)\Big]_d^c.
\end{aligned}
$$

ここで，一般に 2 つの複素数

$$
w = re^{i\theta}, \qquad w' = r'e^{i\theta'}
$$

に対し,

$$\Big[\log z\Big]_{w'}^{w} = \log w - \log w'$$
$$= \log(re^{i\theta}) - \log(r'e^{i\theta'})$$
$$= \log r - \log r' - i(\theta - \theta')$$
$$= \log|w| - \log|w'| - i(\arg(w) - \arg(w'))$$

が成り立つ．長方形 L 上の複素積分は，w, w' として長方形の各辺の端点をとった積分を 4 辺に対して足し合わせたものである．このとき，積分値の実部は，$\log|w|$ どうしの差であり，一周すると 4 点の寄与が正負で 1 回ずつ足されて合計が 0 になる．一方，積分値の虚部は，偏角 $\arg(w)$ どうしの差であり，反時計回りに一周すると偏角が 2π 増えるため，合計が 2π になる．複素関数としての対数関数は多価関数であるため，積分路の始点と終点が同じ点であっても，一周することによって偏角が増えるため，対数関数の値は $2\pi i$ 増えるということである．したがって，

$$\int_L z^{-1}dz = 2\pi i.$$

これより，先ほどの円周上の積分と同じ結果

$$\int_L s^n ds = iR^{n+1} \times \begin{cases} \left[\frac{1}{i(n+1)}e^{i(n+1)\theta}\right]_0^{2\pi} & (n \neq -1) \\ 2\pi & (n = -1) \end{cases}$$
$$= \begin{cases} 0 & (n \neq -1) \\ 2\pi i & (n = -1). \end{cases}$$

を得る．

この積分路 L は，円周 C_R と異なり，原点が中心でなくてもよいし，a, b, c, d は符号さえ守れば任意に選べるので，選択の幅がかなり広い．任意の L に対していつでも等しい積分値が得られることが示せたので，コーシーの積分定理や留数定理が成り立つ実感がもてると思う．

さて，これまで，原点における様子に限定して考えてきたが，一般の点についても同様である．原点の代わりに一般の複素数 $a \in \mathbb{C}$ に平行移動して同様に考え

ると，$s=a$ でのみ極をもつ有理型関数 $\varphi(s)$ が $s=a$ において留数 A をもつとき，すなわちローラン展開が

$$\frac{A}{s-a}$$

なる項をもつとき，

$$\int_{a+C_R}\varphi(s)ds=2\pi iA$$

および，

$$\int_{a+L}\varphi(s)ds=2\pi iA$$

となる．

一般に，閉曲線 C 上の積分を求めるには，C 内で被積分関数 $\varphi(s)$ の極をすべて挙げ，ローラン展開の -1 乗の係数 A の和に $2\pi i$ を掛ければよい．これが**留数定理**の一般形であり，A をその極における**留数**と呼ぶ．極 a における留数を，$\mathrm{Res}_{s=a}\varphi(s)$ と書く．

先に挙げた例

$$\varphi(s)=\frac{1}{s^2(1+s)}$$

の場合，$\varphi(s)$ は $s=0$ と $s=-1$ に極をもち，$s=0$ での留数は上の展開式から -1 であり，$s=-1$ での留数は

$$\lim_{s\to-1}(1+s)\varphi(s)=1$$

であるから，原点と -1 の 2 点を囲む閉曲線 C に対し，

$$\begin{aligned}\int_C\varphi(s)ds&=\int_C\frac{1}{s^2(1+s)}ds\\&=2\pi i(-1+1)\\&=0\end{aligned}$$

である．

2.9 素数定理

素数定理とは，正の実数 x に対して定義される値

$$\pi(x) = (x \text{ 以下の素数の個数})$$

を大まかに求めた数式である．仮に，すべての $x > 0$ に対して $\pi(x)$ の値がわかれば，どの数が素数であるかすべてわかるから，素数に関する謎はすべて解ける．したがって，$\pi(x)$ は自然な研究対象であり，これを求めることが現代の整数論の大きな目標の一つとなっている．

任意の x に対して $\pi(x)$ を求められるような万能な公式の発見には，まだ誰も成功していない．しかし，リーマンによって発見された一つの目覚ましい事実がある．それは「明示公式」と呼ばれ，

$$\pi(x) = \sum_{\rho} \widetilde{c_x}(x^{\rho})$$

という形に，$\pi(x)$ が誤差項のない完全な等式として表される．ここで ρ はリーマン・ゼータ関数の極や零点を表す記号であり，右辺の和はそのような ρ の全体にわたる．また関数 $\widetilde{c_x}$ は，粗く言えば，「区間 $[1, x]$ の特性関数 c_x のフーリエ変換」である．これらについては後ほど詳しく扱う．

この明示公式によって，リーマン・ゼータ関数の零点を用いれば $\pi(x)$ を誤差項なしでぴったりと記述することが可能となる．問題は，それら零点が未解明であることだ．そのため，ゼータ関数の零点は今日の整数論で主たる研究対象となっている．

ゼータ関数の零点に関しては，多くの謎が残っており，今日知られている事実は部分的な結果にすぎない．それを明示公式に適用して得られた，いわば中間的な成果が，素数定理である．その簡単な形は，次式で表される．

素数定理（粗い形）

$$\pi(x) \sim \frac{x}{\log x} \qquad (x \to \infty).$$

x 以下には，ほぼ x 個の自然数があるので，素数定理の意味を直感的な言葉で表現すれば，次のようになる．

ある自然数が x 以下であるとするとき，それが素数である「確率」は，ほぼ $\dfrac{1}{\log x}$ である．

実は，素数定理にはより精密な表示

素数定理（精密な形）

$$\pi(x) \sim \int_2^x \frac{1}{\log t} dt \qquad (x \to \infty)$$

があり，これを見るとその「確率」が「x 以下の自然数」でなく「ちょうど x くらいの自然数」に対するものであることがわかる．

それでは，素数定理を生み出す強力なツールである明示公式を解説する．明示公式が出てくる仕組みを，図 2.12 に示した．ゼータ関数の対数微分

$\zeta(s)$ の零点を $a, b, c, \ldots$ とすると，$\zeta(s) = (s-z)(s-b)(s-c)\ldots.$

対数微分

$$\Longrightarrow \qquad \frac{\zeta'(s)}{\zeta(s)} = \frac{1}{s-a} + \frac{1}{s-b} + \frac{1}{s-c} + \cdots$$

f を掛けて積分

$$\Longrightarrow \qquad \frac{1}{2\pi i}\int_C \frac{\zeta'(s)}{\zeta(s)} f(s)ds = f(a) + f(b) + f(c) + \cdots.$$

右辺は「$\zeta(s)$ の零点 ρ にわたる和」であり，左辺は，オイラー積より「素数 p にわたる和」である．こうして次の形の明示公式を得る．

$$\sum_{p:\text{素数}} \widehat{f}(p) = \sum_{p:\text{零点}} f(\rho)$$

図 2.12　明示公式を得る仕組み

$$(\log\zeta(s))' = \frac{\zeta'(s)}{\zeta(s)}$$

を考えると，ゼータ関数が零点 $s=a$ をもつとき，対数微分は部分分数 $\dfrac{1}{s-a}$ をもつため，ゼータの零点は対数微分の極になっていることがわかる．なお，図 **2.12** では，零点の重複度が高い場合は，同じ零点を並べている．たとえば，$s=a$ が 2 位の零点（$\zeta(s)=0$ の 2 重解）である場合は，図で $a=b$ である．そうすると，

$$\zeta(s) = (s-a)^2 \times \cdots$$

の形であり，対数微分は

$$\frac{\zeta'(s)}{\zeta(s)} = \frac{2}{s-a} + \cdots$$

となる．このことからわかるように，ゼータの零点は重複度がいくつだろうと，対数微分の 1 位の極になり，重複度は $\dfrac{1}{s-a}$ の係数，すなわち留数となる．

また，ゼータの極 $s=1$ は，上記の重複度 2 が -1 に変わっただけであるから，同様にして，対数微分の 1 位の極になり，留数が -1 となる．この意味で極を「位数（重複度）が負の零点」とみなし，広い意味で零点の一種として扱うことにする．

次に，対数微分に任意の関数 $f(s)$ を掛けて，次のような経路 $C=C(T)$ 上で積分する．C は臨界領域のうち，実軸から距離 T 以下の部分をすっぽり含むような経路であるが，のちに $T\to\infty$ とすることで，臨界領域をすべて含むようになる．

正確には，積分路 $C=C(T)$ は，$c>1$ として

$$C(T) = C_1 \cup C_2 \cup C_3 \cup C_4,$$

$$C_1 = \{s \in \mathbb{C} \mid \mathrm{Re}(s) = c,\ |\mathrm{Im}(s)| \le T\},$$

$$C_2 = \{s \in \mathbb{C} \mid 1-c \le \mathrm{Re}(s) \le c,\ \mathrm{Im}(s) = T\},$$

$$C_3 = \{s \in \mathbb{C} \mid \mathrm{Re}(s) = 1-c,\ |\mathrm{Im}(s)| \le T\},$$

$$C_4 = \{s \in \mathbb{C} \mid 1-c \le \mathrm{Re}(s) \le c,\ \mathrm{Im}(s) = -T\}$$

と定義する（図 **2.13**）．

C 上の積分を留数定理（コーシーの積分定理）を用いて計算する．習慣に従い，

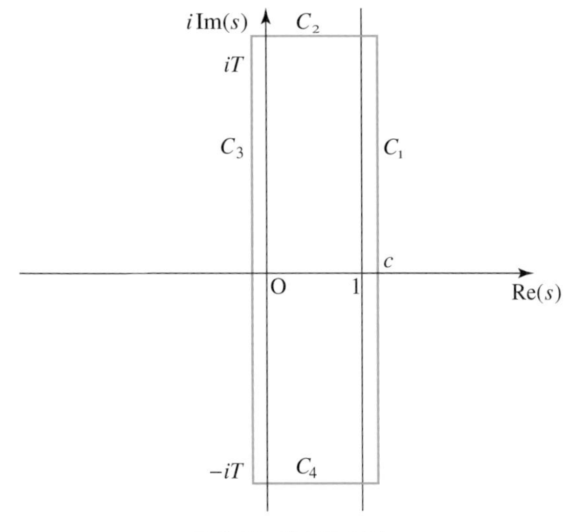

図 2.13　積分路 $C(T)$

ゼータの零点のうち，C で囲まれた領域内のものを，以後，記号 ρ で表す．関数 $f(s)$ が，C の内部で零点も極ももたなければ，先ほど見たように，ゼータの零点 $s=\rho$ は，関数

$$\frac{\zeta'(s)}{\zeta(s)}f(s)$$

の 1 位の極になり，留数は重複度で与えられる．よって，重複度を $m(\rho)$ とおけば，留数定理により，

$$\int_C \frac{\zeta'(s)}{\zeta(s)}f(s)ds = \sum_{\rho:\,|\mathrm{Im}(\rho)|<T} m(\rho)f(\rho)$$

となる．ここで，ρ は $\zeta(s)$ の零点のうち，経路 C の内部にあるもので，$T\to\infty$ とすれば，「臨界領域内のすべての零点」をわたる．それは，「完備ゼータ $\widehat{\zeta}(s)$ のすべての零点」と同じである．

極 $s=1$ においては，$m(1)=-1$ である．上式の ρ にわたる和を，零点の重複度が 2 以上の場合は同じ項を重複度分だけ並べる書き方にすれば，各項の係数は 1 となり，

$$\int_C \frac{\zeta'(s)}{\zeta(s)}f(s)ds = -f(1) + \sum_{\rho:\,,|\mathrm{Im}(\rho)|<T} f(\rho)$$

となる．

一方，長方形の右側の辺 C_1 上においては，対数微分はオイラー積から直接計算できる．まず，

オイラー積 = 素数にわたる積

↓対数

素数にわたる和

↓微分

素数にわたる和

であり，結果は素数にわたる和となる．実際に計算してみると，ゼータの対数は

$$\log \zeta(s) = \sum_{p:\,\text{素数}} \log(1 - p^{-s})^{-1} = \sum_{p:\,\text{素数}} \sum_{m=1}^{\infty} \frac{1}{p^{ms} m}$$

であるから，微分して

$$\frac{\zeta'(s)}{\zeta(s)} = -\sum_{p:\,\text{素数}} \sum_{m=1}^{\infty} \frac{\log p}{p^{ms}} = -\sum_{p:\,\text{素数}} \left(\frac{\log p}{p^s} + O\left(\frac{\log p}{p^{2c}}\right)\right).$$

よって，主要項の積分は，

$$-\int_{C_1} \frac{\log p}{p^s} f(s)ds = -\frac{i \log p}{p^c} \int_{-T}^{T} f(c+it)p^{-it}dt$$

となる．

この定積分で $T \to \infty$ としたものは，積分変換の一種でフーリエ変換と呼ばれるものである．一般に，関数 $F(t)$ に2変数関数 $\varphi(t,p)$ を掛け，t に関して決められた区間で定積分した結果を p の関数とみて $G(p)$ とおくとき，$G(p)$ を $F(t)$ の積分変換という．$G(p)$ は $F(t)$ から所定の手続きで得られる関数であるから，F と G は一組で意味をもち，電気工学[4]など，さまざまな分野に応用されている．このうち，$F(t)$ に掛ける関数を $\varphi(t,p) = e^{-itp}$ とし，積分区間をすべての実数としたとき，$G(p)$ を F の**フーリエ変換**という．すなわち，F のフーリエ変換を $\widehat{F}$

4 フーリエ変換をラジオの原理に応用する仕組みを解説した文献として，次の訳書がある．
　P. ナーイン 著，小山信也 訳『オイラー博士の素敵な数式』（日本評論社，2008年）
オイラーの公式が工学的にいかに応用されているか，数学と工学の奥深い接点が数々のエピソードを交えながら紹介されている．興味のある読者は参照されたい．

と書くと,

$$\widehat{F}(p) = \int_{-\infty}^{\infty} F(t)e^{-ipt}\,dt$$

である.

フーリエ変換の定義を $F(t) = f(c + it)$ として当てはめれば，先ほどの定積分で $T \to \infty$ としたものは,

$$\int_{-\infty}^{\infty} f(c + it)p^{-it}\,dt = \int_{-\infty}^{\infty} F(t)e^{-it\log p}\,dt = \widehat{F}(\log p)$$

と表される．式を簡単にするため,

$$\widehat{F_1}(p) = \widehat{F}(\log p)$$

とおけば，C_1 上の積分の主要項は

$$-\sum_{p:\,素数} \frac{i\log p}{p^c}\widehat{F_1}(p)$$

の形になる.

次に，長方形の左側の辺 C_3 上の積分を考える．これは,

$$s \longmapsto 1 - s$$

の変数変換を行うと，関数等式により，（ガンマ因子の寄与を除き）C_1 上の積分に等しくなる．したがって，C_1 のときと同様に，主要項を

$$-\sum_{p:\,素数} \frac{i\log p}{p^c}\widehat{F_1}(p) + (\text{ガンマ因子の寄与})$$

と表せる.

以上，C_1 と C_3 上の積分は，新たな記号 $\widetilde{f}$ を,

$$\widetilde{f}(p) = -\frac{2i\log p}{p^c}\widehat{F_1}(p)$$

とおけば，まとめられて

$$\sum_{p:\,素数} \widetilde{f}(p) + (\text{ガンマ因子の寄与})$$

と書ける．関数 $\widetilde{f}$ は関数 f から決まる関数を意味し，本質的にはフーリエ変換 $\widehat{f}$ に近い関数であるが，形が簡単になるように多少の修正を行ったものである．

残る C_2, C_4 の上の積分は，$T \to \infty$ としたとき，小さくなる．この計算には，ゼータの定義式は発散するため使えない．解析接続した値を扱うので，本書の範囲を超える．これについては詳細を省略する．興味のある読者は，拙著『素数とゼータ関数』（共立出版）の第4章を参照されたい．

以上で長方形 C 上の積分の計算を，2通りの方法で完了した．2つの結果を合わせて等号でつなげば，

$$\sum_{p:\,\text{素数}} \widetilde{f}(p) = -f(1) + \sum_{\rho:\,\zeta(\rho)=0} f(\rho) + (\text{誤差項})$$

となる．これを**明示公式**という．途中で $T \to \infty$ としているので，右辺の零点 ρ は，臨界領域内のすべての零点をわたる．なお，C_1 の計算で登場した主要項以外の項は，$T \to \infty$ としたときに小さくなるため，誤差項に入っている．誤差項にはこの他，ガンマ因子の寄与と，C_2, C_4 の上の積分の寄与が入っている．

この明示公式は，不特定の関数 f を含む一般的な公式であり，関数 f（あるいはその変換 $\widetilde{f}$）を1つ与えるごとに1つの恒等式を得る．それは，

素数に渡る和が，ゼータの零点に渡る和に等しい

という形の結果である．関数 f, $\widetilde{f}$ を，**テスト関数**という．

素数定理は，明示公式から得られる一連の結果の一つとしてとらえられる．それは，集合の特性関数を用いるとわかりやすい．一般に，集合 A に対し，関数

$$c_A(a) = \begin{cases} 1 & (a \in A\text{ のとき}) \\ 0 & (a \notin A\text{ のとき}) \end{cases}$$

を A の**特性関数**と呼ぶ（図 2.14）．

x 以下の素数の個数 $\pi(x)$ は，1以上 x 以下の整数からなる区間 $A = [1, x]$ の特性関数 c_A の素数 p における値

$$c_A(p) = \begin{cases} 1 & (p \leq x\text{ のとき}) \\ 0 & (p > x\text{ のとき}) \end{cases}$$

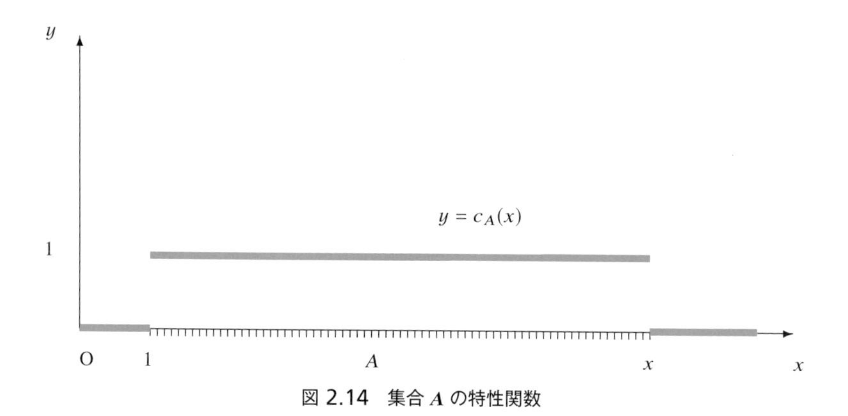

図 2.14 集合 **A** の特性関数

を，すべての素数 p に関して加えた和である．すなわち，

$$\pi(x) = (x \text{ 以下の素数の個数})$$
$$= \sum_{p:\text{ 素数}} c_A(p) \qquad (A = [1, x] \subset \mathbb{R})$$

が成り立つ．このようにして，「素数の個数」という概念は「素数に渡る和」の一種となる．

そうすると，テスト関数

$$\widetilde{f}(p) = c_A(p) \qquad (A = [1, x] \subset \mathbb{R})$$

を選べば，

$$\pi(x) = \sum_{p:\text{ 素数}} c_A(p)$$

となり，明示公式を用いて $\pi(x)$ をゼータの零点に渡る和で表せることになる．

それには，この $\widetilde{f}(p)$ に対応する $f(\rho)$ を求める必要がある．関数 $\widetilde{f}$ は本質的に f の逆フーリエ変換であり，フーリエ変換の対については，いろいろな研究[5]がある．特性関数の逆フーリエ変換は，対数積分関数

$$\mathrm{Li}(x) = \int_2^x \frac{dt}{\log t}$$

5 脚注 4 で紹介した訳書（P. ナーイン著，小山信也訳『オイラー博士の素敵な数式』）の「訳者による付録」にフーリエ変換対をまとめて掲載したので，参照されたい．

を用いて

$$f(\rho) = \mathrm{Li}(x^{\rho})$$

となるので，このテスト関数に対する明示公式として，

$$\pi(x) = \mathrm{Li}(x) - \sum_{\rho} \mathrm{Li}(x^{\rho}) + (\text{誤差項})$$

を得る．

対数積分は，部分積分により

$$\begin{aligned}\mathrm{Li}(x) &= \int_2^x \frac{dt}{\log t} \\ &= \frac{x}{\log x} + \frac{1!x}{(\log x)^2} + \frac{2!x}{(\log x)^3} + \cdots + \frac{(m-1)!x}{(\log x)^m} + \cdots\end{aligned}$$

となることから，

$$\mathrm{Li}(x) \sim \frac{x}{\log x} \qquad (x \to \infty)$$

が成立する．また，

$$|\mathrm{Li}(x^{\rho})| \sim \frac{x^{\mathrm{Re}(\rho)}}{|\rho| \log x} \qquad (x \to \infty)$$

となる．$\mathrm{Re}(\rho) < 1$ であることを用いると，$|\mathrm{Im}(\rho)| > 1$ なるすべての零点 ρ に対して

$$\mathrm{Li}(x) > |\mathrm{Li}(x^{\rho})|$$

が成り立ち，明示公式の右辺の中で，$\mathrm{Li}(x)$ が主要項となる．ただし，厳密な証明には，個々の ρ に関する項が小さいだけでなく，無限個の ρ に関する項の和をとっても $\mathrm{Li}(x)$ より小さいことを示す必要がある．その詳細はここでは省略するので，興味のある読者は，前述の拙著『素数とゼータ関数』第4章を参照されたい．

以上により，次の素数定理が得られた．

素数定理（精密な形）

$$\pi(x) \sim \mathrm{Li}(x) \quad (x \to \infty)$$

ここで記号 “~” の定義をもう一度振り返っておくと，

$$f(x) \sim g(x) \quad \Longleftrightarrow \quad \lim_{x\to\infty} \frac{f(x)}{g(x)} = 1$$

で定義されるのであった．これは言ってみれば，

無限大での振舞いがほぼ等しい

という意味である．この程度の粗さを許して，素数定理を，高校数学で出てくる範囲の関数だけを用いて書くと，先ほどの部分積分の式から，次の事実を得る．

素数定理（粗い形）

$$\pi(x) \sim \frac{x}{\log x} \qquad (x \to \infty)$$

これで，本節の目的である素数定理の解説は終わった．ここで一つ，重要なことを付け加えておく．それは，第1章で登場したチェビシェフの関数

$$\psi(x) = \sum_{\substack{p,n \\ p^n \le x}} \log p$$

の挙動も，素数定理からわかるということである．これは，素数 p と自然数 n の2重和であるが，そのうち $n \ge 2$ の項は $p^2 \le x$ より，たかだか $p \le \sqrt{x}$ なる素数しか算入されておらず，$n = 1$ の項に比べると格段に少ないので無視でき，$\psi(x)$ の挙動は $n = 1$ の項だけで表せるから，

$$\psi(x) \sim \sum_{p \le x} \log p \qquad (x \to \infty)$$

が成り立つ．素数定理で求めた $\pi(x)$ は，x 以下の各素数に対して「1」を算入した式として

$$\pi(x) = \sum_{p \le x} 1$$

と表せるが，この「1」を $\log p$ に変えたのが，$\psi(x)$ である．

一般に，和と積分は似ている．積分の場合，ある関数の積分がわかれば，それに $\log x$ を掛けた関数の積分も，部分積分で計算できることが多い．実は，和に対しても同様であり，部分積分に相当する「部分和の公式」がある．これは高校

では習わないので，付録C（⇒260ページ）で解説した．これを用いると，

$$\pi(x) = \sum_{p \le x} 1$$

に関する素数定理から，

$$\psi(x) \sim \sum_{p \le x} \log p \qquad (x \to \infty)$$

の挙動は求められるし，逆もまた可能である．

そして，幸運なことに，$\psi(x)$ に関する結果は，$\pi(x)$ よりもきれいな形をしている．明示公式は

$$\psi(x) = x - \sum_{\rho} x^{\rho} + (\text{誤差項})$$

となり，素数定理は

$$\psi(x) \sim x \qquad (x \to \infty)$$

となる．すなわち，対数積分関数 $\mathrm{Li}(x)$ という面倒くさいものが一切不要であり，そのうえ，素数定理の「粗い形」と「精密な形」は同じになり，区別する必要がなくなる．

このようにきれいな結果が得られるのには理由がある．そもそもゼータの対数微分が

$$\frac{\zeta'(s)}{\zeta(s)} = -\sum_{p:\,\text{素数}} \sum_{m=1}^{\infty} \frac{\log p}{p^{ms}}$$

と，分子に $\log p$ をもっているからである．これをそのまま計算に利用すると，明示公式や素数定理を $\psi(x)$ に関して直接証明できる．

部分和の公式を使えば，$\pi(x)$ と $\psi(x)$ は双方向に変換が可能であり，どちらも同じ価値をもつから，素数定理の研究に際し，$\pi(x)$ よりも $\psi(x)$ を研究対象とする方が明快で本質的であると考えられる．

そこで，以後，本書では，素数定理を考える際に，主として $\psi(x)$ を扱う．

2.10　リーマン予想と素数

前節に引き続き，記号 ρ でゼータ関数の臨界領域内の零点を表す．リーマン予想とは，2.7 節で見たように，

任意の ρ に対し，$\mathrm{Re}(\rho) = \dfrac{1}{2}$ が成り立つ

という命題である．本節では，リーマン予想が素数のどのような性質に関係しているのかを考察する．

x 以下の素数の個数 $\pi(x)$ は，前節で示した明示公式により，

$$\pi(x) = \mathrm{Li}(x) - \sum_{\rho} \mathrm{Li}(x^{\rho}) + (\text{誤差項})$$

と表された．零点 ρ の項の大きさは，

$$|\mathrm{Li}(x^{\rho})| \sim \frac{x^{\mathrm{Re}(\rho)}}{|\rho| \log x} \qquad (x \to \infty)$$

と評価されるので，$\mathrm{Re}(\rho)$ が大きいほど大きい．実際，$\mathrm{Re}(s)$ の上限[6]を

$$\Theta := \sup_{\rho} \mathrm{Re}(\rho)$$

とおくとき，次の定理が成り立つ．前節の末尾で重要性を指摘した $\psi(x)$ に関する結果を併記する．

誤差項付き素数定理

$$\pi(x) = \mathrm{Li}(x) + O\left(x^{\Theta} \log x\right) \qquad (x \to \infty),$$
$$\psi(x) = x + O\left(x^{\Theta} (\log x)^2\right) \qquad (x \to \infty).$$

---

6 上限とは，$\mathrm{Re}(\rho)$ に最大値が存在する場合は最大値のことであり，最大値が存在しない場合も含めた一般的な定義は，

「すべての $\mathrm{Re}(\rho)$ の値以上である数」のうちの最小値

である．たとえば，$\mathrm{Re}(\rho)$ が 1 に収束するような零点の列 ρ に対し，$\mathrm{Re}(\rho)$ の上限は 1 である．上限を記号 $\sup_{\rho} \mathrm{Re}(\rho)$ で表す．

この定理の証明は省略する．興味のある読者は，小山信也『素数とゼータ関数』（共立出版，2015年）の定理4.10を参照されたい．

オイラー積の絶対収束域から得た自明な非零領域

$$\mathrm{Re}(s) > 1$$

を考慮すると，Θの値が，

$$\Theta \leq 1$$

を満たすことは明らかである．この不等式を改善し，たとえば，$\Theta \leq 0.9$のような精密化を得ることは，リーマン（1859年）以来の大問題であるが，過去160年以上にわたって全く進展はなく，今でも$\Theta \leq 1$という事実しか証明されていない．

そうすると，現状では，上の誤差項は最悪の場合$\Theta = 1$となり，

$$x \log x \quad \left(\psi(x) \text{ に対しては } x(\log x)^2\right)$$

のオーダーをもつので，第1項の

$$\mathrm{Li}(x) \sim \frac{x}{\log x} \quad \left(\psi(x) \text{ に対しては } x\right)$$

よりもむしろ大きくなってしまう．したがって，今のところ，上の「誤差項付き素数定理」は意味をもたない[7]．

しかし，仮に将来，何らかの改善ができ，$\Theta < 1$が示された暁には，素数定理の誤差項が

$$O\left(x^{\Theta} \log x\right) \quad \left(\psi(x) \text{ に対しては } O\left(x^{\Theta}(\log x)^2\right)\right)$$

に改良できることを，上の定理は示している．リーマン予想は$\Theta = \dfrac{1}{2}$という主張であるから，次の定理が成り立つ．

7 $\Theta = 1$の場合，この定理は空虚になるものの，前述の「素数定理」は証明されている．その証明には，臨界領域の境界$\mathrm{Re}(s) = 1$上で$\zeta(s) \neq 0$という事実を用いる．いわば，ゼータの非零領域を実部だけで縦割りに論ずるのではなく，虚部の変化も考慮しより精巧に求めることで証明がなされる．詳細は，拙著『素数とゼータ関数』の第4章にある．

リーマン予想下での素数定理　リーマン予想が正しければ，次式が成り立つ．

$$\pi(x) = \mathrm{Li}(x) + O\left(x^{\frac{1}{2}} \log x\right) \qquad (x \to \infty),$$

$$\psi(x) = x + O\left(x^{\frac{1}{2}} (\log x)^2\right) \qquad (x \to \infty).$$

以上が，古代からある謎「素数はどれだけたくさんあるか」に対する，現時点でベストな答えである．すなわち，素数の個数の無限大は，$\pi(x)$ の増大度のことであり，それは，$\mathrm{Li}(x)$ を主要項として表され，第 2 項以降はゼータの零点 ρ によって表される．その大きさは，$\mathrm{Re}(\rho)$ をどこまで小さくできるかにかかっており，その上限 Θ は $\frac{1}{2}$ と 1 の間にあるのである．

リーマン予想は，これが最小になっていることを主張しており，素数の個数の無限大が，考えられる中で最も小さいことを表す予想である．

第3章
深リーマン予想

3.1　平方数の和となる素数（再考）

1.8 節で，「平方数の和となる素数の正体」を突き止めた．複素数に拡張した整数（$x+iy$ で x, y が通常の整数であるもの）を「ガウス整数」と呼ぶと，それは，ガウス整数において，もはや素数でなく，2 つの素数の積に分解される合成数のことだった．

素数を知り尽くしているゼータ関数からは，この現象がどのように見えるのだろうか．ゼータ関数は素数全体にわたる積，または正の整数全体にわたる和により

$$\zeta(s) = \prod_{p:\text{素数}} (1-p^{-s})^{-1} = \sum_{n=1}^{\infty} \frac{1}{n^s}$$

と定義される．先の証明中で整数を複素数に拡張したので，この拡張した整数に対してもやはりゼータ関数を定義したい．ガウス整数の全体の集合を $\mathbb{Z}[i]$ と書き，これから定義するゼータにこの記号を付けて表すことにする．すなわち，ガウス整数のゼータ関数 $\zeta_{\mathbb{Z}[i]}(s)$ を定義することを，当面の目標とする．

その際，最初に問題となるのがゼータ関数の級数表示で n がわたる「正の整数」という概念である．複素数にはもともと正負がない．どのようなガウス整数を取り出せばよいのだろうか．そこで，元のゼータ関数で，整数全体から正の整数を取り出してきたからくりを見てみると，これは整数全体の中で絶対値 1 の整数（すなわち ± 1）を掛けたものどうし（たとえば 3 と -3）を一組とみなし，各組から代表として正のもの（すなわち 3）をとったものと思える．

そこでガウス整数に対しても，絶対値 1 のガウス整数 $\pm 1, \pm i$ を掛けたものどうし（たとえば $\pm(1+2i)$ と $\pm(-2+i)$ の 4 元）を一組とみなし，各組から 1 つずつ代表が出せるような集合を求めればよい．これは，複素平面上で 90 度回転したものを同一視していることになるので，実軸の正の部分を 90 度回転したときに通る領域，すなわち

$$n+mi \qquad (n=1,\ 2,\ 3,\ \ldots,\quad m=0,\ 1,\ 2,\ \ldots)$$

からなる集合が「正の整数」に相当すると考えればよいことがわかる．

次に，ゼータの拡張に必要な「ノルム」について説明する．前段落で見たように，正の整数とはあくまでも組の代表としての仮の姿であり，たとえば -3 という整数は無視されているわけではなく 3 に代表されているとみなされる．こうした事情を考慮すると，ゼータ関数の級数表示で整数 n が複素数 $n+mi$ になった場合，そのまま複素数を用いてゼータを定義するのではなく，$n+mi$ の代表する 4 元からなる組の性質を反映した数 $N(n+mi)$（ノルムと呼ぶ）を定義して用いるべきであることがわかる．ゼータの定義式の級数では，3 と -3 の組に対して正の数 3 をノルムとして採用していたことになる．これは，3 で割った余りのとり得る場合の数（-3 で割った余りでも同じ）である．すなわち，数直線上で 3 の倍数のすべてに印を付けたとき，隣り合う印を結んだ線分の内部および片端に存在する整数の個数であり，それは線分の長さに他ならない（図 **3.1**）．

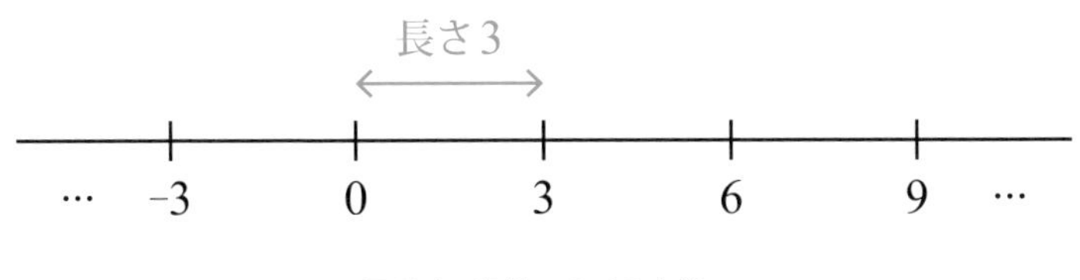

図 **3.1**　整数 3 のノルムは 3

そこで，$n+mi$ に対しても，ガウス整数を $n+mi$ で割った余りがとり得る場合の数を $N(n+mi)$ と定義する．この値を求めるには，数直線の場合にならって複素平面上で $n+mi$ の倍数に印を付けてみればよい．隣接する印のなす正方形，たとえば 4 元

$$0, \qquad n+mi, \qquad i(n+mi), \qquad (1+i)(n+mi)$$

を頂点とする正方形の内部およびいずれか一辺（端点は片側を含む）の上にあるガウス整数の個数がノルムであり，それはこの正方形の面積に他ならない（図 **3.2**）．よって

$$N(n+mi) = \left(\sqrt{n^2+m^2}\right)^2 = n^2+m^2$$

であることがわかる．

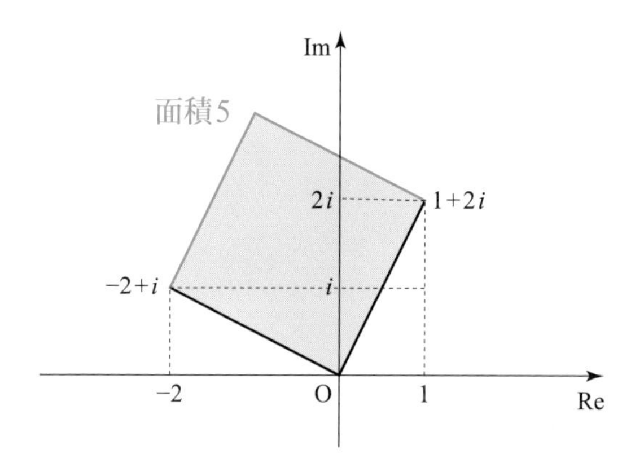

図 3.2 ガウス整数 $1+2i$ のノルムは 5

これを用いて，ゼータ関数のガウス整数への拡張を

$$\zeta_{\mathbb{Z}[i]}(s) = \prod_{P:\mathbb{Z}[i]\text{ の素数}} (1 - N(P)^{-s})^{-1}$$
$$= \sum_{n=1}^{\infty}\sum_{m=0}^{\infty} \frac{1}{N(n+mi)^s}$$

と得る．

2 つのゼータ $\zeta(s)$ と $\zeta_{\mathbb{Z}[i]}(s)$ を見比べて，その関係を求めてみよう．まず素数 p が 4 で割って 1 余る数である場合，1.8 節で見たように p はガウス整数としては素数ではなく，2 つのガウス整数の素数の積に

$$p = (x+iy)(x-iy)$$

と分解される．この場合，$\zeta(s)$ の p の因子に対応して $\zeta_{\mathbb{Z}[i]}(s)$ に 2 つの因子 $P = x+iy$ と $\bar{P} = x-iy$ があることになる．

$$N(P) = N(\bar{P}) = x^2 + y^2 = p$$

であるから，$P, \bar{P}$ の因子はともに

$$(1 - N(P)^{-s})^{-1} = (1 - N(\bar{P})^{-s})^{-1} = (1 - p^{-s})^{-1}$$

と同じになり，その積は平方

$$(1-N(P)^{-s})^{-1}(1-N(\bar{P})^{-s})^{-1}=(1-p^{-s})^{-2}$$

により表される．すなわち $\zeta(s)$ の p 因子に対応する部分として，$\zeta_{\mathbb{Z}[i]}(s)$ では同じ因子が 2 つあることになる．

次に素数 p が 4 で割って 3 余る数である場合，1.8 節で見たように p はガウス整数としても素数である．よって，$\zeta(s)$ の p 因子に対応して $\zeta_{\mathbb{Z}[i]}(s)$ にも $P=p$ の因子がある．$N(p)=p^2$ であるから，(2) の P 因子は

$$(1-N(P)^{-s})^{-1}=(1-p^{-2s})^{-1}=(1-p^{-s})^{-1}(1+p^{-s})^{-1}$$

と因数分解され，これは (1) の p 因子に符号を 1 カ所変えた新しい因子 $(1+p^{-s})^{-1}$ を掛けたものになっている．

残る $p=2$ の場合は例外的であり，これだけ別に計算する．ガウス整数としての素因数分解は $2=-i(1+i)^2$ となることが知られている．$p=2$ に対応する因子は $P=1+i$ となり，$N(1+i)=2$ となるから $\zeta(s)$ と $\zeta_{\mathbb{Z}[i]}(s)$ の因子は同一で，ともに

$$(1-2^{-s})^{-1}$$

であることがわかる．

ガウス整数のゼータ $\zeta_{\mathbb{Z}[i]}(s)$ は，以上の各因子の積であるから，

$$\zeta_{\mathbb{Z}[i]}(s)=\zeta(s)L(s,\chi)$$

のように分解されることがわかる．ここで

$$L(s,\chi)=\prod_{p:\text{素数}}\left(1-\frac{\chi(p)}{p^s}\right)^{-1}$$

であり，これはゼータの各 p 因子の式中の符号を

$$\chi(p)=\begin{cases}1 & (4\text{ で割って }1\text{ 余る }p\text{ のとき})\\ -1 & (4\text{ で割って }3\text{ 余る }p\text{ のとき})\\ 0 & (p=2\text{ のとき})\end{cases}$$

を用いて修正したものである．χ はクロネッカー記号，ルジャンドル記号などと

呼ばれるものであり，3.5 節で導入するディリクレ指標[1]の一例である．$L(s,\chi)$ は指標 χ に関するディリクレ L 関数と呼ばれ，ゼータの一種である．

$\chi(p)$ は，$p \geq 3$ に対して

$$\chi(p) = (-1)^{\frac{p-1}{2}}$$

と，直接 p を用いて式で書けるので，このときの $L(s,\chi)$ を，記号 χ を使わずに表し，

$$L(s) = \prod_{p:\text{ 奇素数}} \left(1 - \frac{(-1)^{\frac{p-1}{2}}}{p^s}\right)^{-1}$$

と書く．$L(s)$ はオイラーがいち早く注目して目覚ましい研究成果を上げた．$L(s)$ を**オイラーの L 関数**と呼ぶ．

1.8 節で「平方数の和となる素数の正体」が解明されたが，それは，ゼータ関数の分解

$$\zeta_{\mathbb{Z}[i]}(s) = \zeta(s)L(s)$$

が解明されたことに他ならない．この式は，各ゼータのオイラー積どうしの対応によって，素数たちが整数環の拡大に伴ってどのように分解されるかを，すべての素数について 1 つ 1 つ表しているからである．

素数に関する不思議な現象が，こんなふうにゼータ関数を使って 1 本の数式として表現されてしまう．これもまた不思議なことである．

3.2 深リーマン予想とは

前章では，リーマン予想が素数の謎に深く関わっていることを概観した．そのために複素関数論など多少高度な数学が必要であった．本章で扱う「深リーマン予想」とは，リーマン予想を深めた（強めた）命題である．

リーマン予想は，まず領域 $\frac{1}{2} \leq \mathrm{Re}(s) \leq 1$ にゼータ関数を解析接続したうえで，その領域の内部で $\zeta(s) \neq 0$ が成り立つことを主張していた．これに対し，深

[1] 第 3 章 3.5 節の記号では χ_4 である．

リーマン予想は，領域 $\frac{1}{2} \leq \mathrm{Re}(s) \leq 1$ においてもオイラー積をそのまま考える．

こうしたアイディアは，1950 年代に書かれたティッチマーシュの有名な教科書「The theory of the Riemann zeta function」の第 3 章の序文ですでに触れられていたが，論文として指摘したのは 1980 年代のゴールドフェルドが最初であった．そして，明確な予想の形で定式化されたのは 2011 年以降であり，黒川信重による和書『リーマン予想の探求』（技術評論社，2012 年）が初出である．

深リーマン予想に関する研究報告は，いくつかの論文や講演で断片的になされているが，それらの概念が世界的に十分普及しているとはいえず，研究も日本を中心に行われている．日本人としては，数学の最先端を日本語で学べる願ってもない機会であるので，大いに活用したいところである．

深リーマン予想は，単にリーマン予想を強めた命題であるだけでなく，以下に挙げるさまざまなメリットをもつ．

- **高校数学の範囲で理解が可能であること**
  深リーマン予想は，リーマン予想を述べるために必要な複素関数論の解析接続は用いず，無限級数の収束といった高校数学の範囲内での記述が可能である．このことは，本書の副題「高校数学で読み解くリーマン予想」につながる．
- **リーマン予想が成り立つ理由を説明できること**
  従来のリーマン予想は，「成り立つ理由」が全くわからなかったが，深リーマン予想では，ゼータ関数（L 関数）が $\frac{1}{2} < \mathrm{Re}(s) < 1$ で非零である理由を，その範囲におけるオイラー積の振舞いを用いて説明できる．
- **素数の性質との直接的な関係がわかること**
  従来のリーマン予想は，素数の性質との直接的な関係を説明するために明示公式を経る必要があり，素数との関係がある意味で間接的であったといえる．しかし，深リーマン予想は，素数の分布により直接的に関連している．

以上のことから，深リーマン予想は，リーマン予想を深めて本質に到達した予想であると考えられる．リーマン予想がかくも長きにわたって未解決である理由は，予想の命題が最終的な真実を言い当てていない，いわば中途半端な形であっためであり，深リーマン予想によって初めて適切な表現が得られたという見方もある．

本節の冒頭で，深リーマン予想とは，

オイラー積を $\frac{1}{2} \leq \mathrm{Re}(s) \leq 1$ でそのまま考える

ものであると述べたが，具体的な予想の形は，ゼータ関数の種類によって異なる．深リーマン予想は，リーマン・ゼータ関数 $\zeta(s)$ を単独で扱うよりも，L 関数と呼ばれる形に一般化しておく方が考えやすい．L 関数とは，リーマン・ゼータ関数

$$\zeta(s) = \sum_{n=1}^{\infty} \frac{1}{n^s} \qquad (\mathrm{Re}(s) > 1)$$

の分子の 1 を，より一般の数列 $\chi(n)$ にした

$$L(s,\chi) = \sum_{n=1}^{\infty} \frac{\chi(n)}{n^s} \qquad (\mathrm{Re}(s) > 1)$$

という形の関数の総称である．数列 $\chi(n)$ としては，いろいろなものが考えられる．

本章では，前節でガウス整数環のゼータの分解で登場した**オイラーの L 関数**

$$L(s) = \frac{1}{1^s} - \frac{1}{3^s} + \frac{1}{5^s} - \frac{1}{7^s} + \cdots \qquad (\mathrm{Re}(s) > 1)$$

を用いて，深リーマン予想を説明する．この場合の数列 $\chi(n)$ は，3.5 節で定義する記号を用いると

$$\chi_4(n) = \begin{cases} 0 & (n \equiv 0 \pmod 2) \\ 1 & (n \equiv 1 \pmod 4) \\ -1 & (n \equiv 3 \pmod 4) \end{cases}$$

であり[2]，これは言い換えると

$$\chi_4(n) = \begin{cases} 0 & (n \equiv 0 \pmod 2) \\ (-1)^{\frac{n-1}{2}} & (n \equiv 1 \pmod 2). \end{cases}$$

2 添え字の 4 は，4 で割った余りで分けていることを表す．

とも表せる．これを用いて

$$L(s) = \sum_{n=1}^{\infty} \frac{\chi_4(n)}{n^s} \qquad (\mathrm{Re}(s) > 1)$$

となる．$\chi_4(n)$ は，乗法を保つ性質（$\chi_4(mn) = \chi_4(m)\chi_4(n)$）をもつので，$\zeta(s)$ のときと同様，オイラー積による表示をもつ．ただし，登場する自然数 n は奇数のみであるから，素因数分解には素数 2 が現れない．よって，オイラー積は奇素数の全体にわたり，その形は

$$L(s) = \prod_{p:\ 奇素数} \left(1 - \frac{(-1)^{\frac{p-1}{2}}}{p^s}\right)^{-1} \qquad (\mathrm{Re}(s) > 1)$$

となる．

オイラーの L 関数 $L(s)$ に関する深リーマン予想は，以下の命題となる．

深リーマン予想　$L(s)$ **のオイラー積は，**$s = \frac{1}{2}$ **で収束し，その値は** $\sqrt{2}L\left(\frac{1}{2}\right)$ **に等しい．すなわち，次式が成り立つ．**

$$\lim_{x\to\infty} \prod_{3\le p<x} \left(1 - \frac{(-1)^{\frac{p-1}{2}}}{p^{\frac{1}{2}}}\right)^{-1} = \sqrt{2}L\left(\frac{1}{2}\right).$$

仮に，深リーマン予想が正しければ，$L(s)$ に対してリーマン予想が成り立つことが証明されている．実際，$s = \frac{1}{2}$ は，オイラー積の収束範囲を従来の $\mathrm{Re}(s) > 1$ から左に拡張した領域にあるが，深リーマン予想が正しければその途中段階である $\mathrm{Re}(s) = \alpha$ ($\frac{1}{2} < \alpha < 1$) での収束が示せるので，そこからリーマン予想が得られる．すなわち，深リーマン予想の立場から見ると，リーマン予想とは途中段階にある以下の命題に相当する．

リーマン予想の言い換え　**任意の** $\alpha > \frac{1}{2}$ **に対し，**$L(s)$ **のオイラー積は，**$\mathrm{Re}(s) = \alpha$ **で収束し，その値は** $L(s)$ **に等しい．すなわち，次式が成り立つ．**

$$\lim_{x\to\infty} \prod_{3\le p<x} \left(1 - \frac{(-1)^{\frac{p-1}{2}}}{p^s}\right)^{-1} = L(s).$$

通常，数学では，「無限積の収束」は，その対数である「無限和の収束」によって定義される．この定義によれば，無限積の値が0に近づくとき，その対数は $-\infty$ に発散するため，「無限積は発散」とみなされる．無限積を構成する因子の中に1つでも0があれば積は0になってしまうから，無限積の値として0を認めてしまうと数列全体の振舞いを無視してしまうことになる．その意味で，0を認めないのは自然である．すると，上記の「リーマン予想の言い換え」は，左辺の無限積が収束すること，すなわち非零であることを含むことになる．したがって，この言い換えた命題から

$$L(s) \neq 0 \qquad \left(\mathrm{Re}(s) > \frac{1}{2}\right)$$

すなわちリーマン予想が得られることがわかる．

上の「リーマン予想の言い換え」を深リーマン予想と比較すると，右辺の $\sqrt{2}$ がなくなっている．$\sqrt{2}$ は，$s = \frac{1}{2}$ のときだけ発生する因子である．実際，深リーマン予想から，$\mathrm{Re}(s) = \frac{1}{2}$ 上でもオイラー積の収束が得られるが，$s \neq \frac{1}{2}$ では $\sqrt{2}$ は登場せず，以下の命題が成り立つ．

深リーマン予想が成り立てば，$\mathrm{Re}(s) = \frac{1}{2}$ かつ $s \neq \frac{1}{2}$ なる任意の s に対し，次式が成り立つ．

$$\lim_{x\to\infty} \prod_{3\le p<x} \left(1 - \frac{(-1)^{\frac{p-1}{2}}}{p^s}\right)^{-1} = L(s).$$

ただし，左辺の極限が0に収束する場合も，無限積は収束するとみなし，そのとき $L(s) = 0$ が成り立つ．

$\mathrm{Re}(s) = \frac{1}{2}$ の線上には非自明零点があるが，そこではオイラー積が0に収束するという意味で，やはり，オイラー積表示が有効になっている．これが深リーマン予想の主張である．

数学的な命題として，第1章で述べた数学研究の手法に照らし合わせれば，深リーマン予想は，リーマン予想の

- 精密化

- 一般化

の2つの側面をもつ．以下，このことを説明する．

まず，精密化としての側面は，深リーマン予想が，リーマン予想の主張する

$\mathrm{Re}(s) > \frac{1}{2}$ で非零

における「非零」を，「オイラー積が収束するような非零」と精密に特定しているということである．たとえオイラー積が発散したとしても，解析接続された値が $L(s) \neq 0$ を満たしている可能性もある．しかし，深リーマン予想はその可能性を排除し，非零の中でも「オイラー積が収束するような非零」に特定している．

次に，一般化としての側面は，リーマン予想が非零と主張する範囲 $\mathrm{Re}(s) > \frac{1}{2}$ を境界まで広げて $\mathrm{Re}(s) \geq \frac{1}{2}$ とし，非自明零点においてもしかるべき解釈を行ったものが深リーマン予想であることである．その意味では，リーマン予想は深リーマン予想の一部分であり，深リーマン予想がリーマン予想の一般化となっている．

深リーマン予想という考え方が定着してきたのは2010年代以降である．それまで，ほとんどの数学研究において，オイラー積は絶対収束域 $\mathrm{Re}(s) > 1$ でのみ考えられてきた．1960年代という早い時期になされた例外が，バーチとスィンナートン・ダイヤーによる研究であった．彼らは，楕円曲線の L 関数に対し，ミレニアム問題として有名な「バーチ & スィンナートン・ダイヤー予想」を提起したことで知られているが，同じ論文の中でもう1つの予想を提起していた．それは，

楕円曲線の L 関数のオイラー積は，$s = 1$ で（零点をもたないときには）収束する．

という内容であった．楕円曲線の L 関数は，絶対収束域が $\mathrm{Re}(s) > 2$ であり，関数等式を s と $2 - s$ でもち，リーマン予想で問題となる臨界線は $\mathrm{Re}(s) = 1$ である．よって，この予想でいっている $s = 1$ とは，オイラーの L 関数の $s = \frac{1}{2}$ に相当し，この予想は，今で言う深リーマン予想に一致していることがわかる．本節の冒頭で触れたゴールドフェルドの研究は，この予想から楕円曲線の L 関数のリーマン予想が得られることを示したものであった．

この研究からもわかるように，臨界領域内におけるオイラー積は，収束すること自体がリーマン予想をも含む強い命題となる．

3.3 オイラー積の収束とは

本節では，オイラーの L 関数

$$L(s) = \frac{1}{1^s} - \frac{1}{3^s} + \frac{1}{5^s} - \frac{1}{7^s} + \cdots \qquad (\mathrm{Re}(s) > 1)$$

のオイラー積

$$L(s) = \prod_{p:\ \text{奇素数}} \left(1 - \frac{(-1)^{\frac{p-1}{2}}}{p^s}\right)^{-1} \qquad (\mathrm{Re}(s) > 1)$$

が $\mathrm{Re}(s) \geq \frac{1}{2}$ において収束するとはどういうことか，その意義を探っていく．

その前に，そもそも級数表示の方はどうか，考えてみよう．実は，$L(s)$ の級数表示は，$\mathrm{Re}(s) > 0$ で収束することが知られている．つまり，最初に与えた定義は，定義域を広げて

$$L(s) = \frac{1}{1^s} - \frac{1}{3^s} + \frac{1}{5^s} - \frac{1}{7^s} + \cdots \qquad (\mathrm{Re}(s) > 0)$$

と書いても正しいのである．以下，s が実数の場合に，$s > 0$ における収束の理由を考えてみたい．

s が実数の場合，収束の理由は，一言で言うと「項の打ち消しあい」である．級数の各項を構成する

$$\frac{1}{1^s}, \quad \frac{1}{3^s}, \quad \frac{1}{5^s}, \quad \frac{1}{7^s}, \cdots$$

という数列を a_n とおくと，$s > 0$ ならば a_n は単調減少であり，

$$\lim_{n \to \infty} a_n = 0$$

が成り立つ．$L(s)$ の級数の第1項

$$S_1 = \frac{1}{1^s}$$

と，第 1 項から第 3 項までの和

$$S_3 = \frac{1}{1^s} - \frac{1}{3^s} + \frac{1}{5^s}$$

を比べると，第 2 項 $\frac{1}{3^s}$ を引いてから第 3 項 $\frac{1}{5^s}$ を加えているが，a_n が単調減少であることから，第 2 項で引いた分を第 3 項で完全に埋め合わせることはできないため，

$$S_1 > S_3$$

となっている．ただし，

$$S_n = \sum_{k=1}^{n} (-1)^{k+1} a_k$$

とおいたので，

$$\lim_{n \to \infty} S_n = L(s)$$

である．すると同様にして，第 1 項から第 5 項までの和 S_5 は S_3 よりさらに小さくなり，これを繰り返して

$$S_1 > S_3 > S_5 > \cdots > S_{2n-1} \cdots$$

となっている．一方，偶数項までの和 S_{2n} を考えると，今度は，n が 1 つ増えるごとに「足してから引く」ことになるが，a_n が単調減少であることから，足した分のすべてを引き去ることはできず，多少残ってしまうため，先ほどの奇数のときと逆向きの不等式

$$\cdots > S_{2n} > \cdots > S_4 > S_2$$

が成り立つ．奇数のときの不等式と合わせると，

$$S_1 > S_3 > S_5 > \cdots > S_{2n-1} \cdots > S_{2n} > \cdots > S_4 > S_2$$

となっている．ここで，S_{2n-1} と S_{2n} の差は

$$a_{2n} = S_{2n-1} - S_{2n}$$

であり，$n \to \infty$ においてこれが 0 に収束することから，S_{2n-1} と S_{2n} は同じ値に

収束することがわかる．

以上が，$L(s)$ の級数表示が $s > 0$ で収束することの証明である．収束したのは「項の打ち消しあい」のおかげである．

次に，s が虚数の場合，$s = \frac{1}{2} + i$ を例にとって考えてみる．このとき，級数の各項は虚数になるので，打ち消しあいは全方向に発生する．実数のときは正負の2方向で打ち消しあっていたものが，原点からすべての方向に放射状に散らばる点列による打ち消しあいになるのである．実際，

$$\frac{1}{n^{\frac{1}{2}+i}} = \frac{1}{n^{\frac{1}{2}}} e^{-i \log n}$$

であるから，これは絶対値が $n^{-\frac{1}{2}}$，偏角が $-\log n$ の複素数である．n の増大に伴い，偏角が負で増大していくので，原点のまわりを時計回りに回転する点列となる．級数の各項は，これに $\chi_4(n) = \pm 1$ を掛けた値であるから，n を4で割った余りに応じて偏角が0または π ずれる．図 **3.3** は，複素数

$$\frac{\chi_4(n)}{n^{\frac{1}{2}+i}}$$

を，$1 \leq n \leq 60000$ に対して計算機でプロットしたものである．原点に向けて巻き込んでいる2本のらせんは，それぞれ，n を4で割った余りが1と3の場合からなる．この図を見ると，全体としてバランスが良く，全方向に均等に分布していて，全体としてちょうど打ち消しあっている様子がわかるだろう．原点を始点とし，各点を終点とするベクトルたちをすべて加えると，打ち消しあって0ベクトルの付近に収束しそうであるということである．

ここでは，$s = \frac{1}{2} + i$ に対して $L(s)$ の級数表示が収束することを，図のイメージから理解した．実際には，$\mathrm{Re}(s) > 0$ なる任意の複素数 s に対して，$L(s)$ の級数表示は収束する．この事実は，次節で証明する．

さて，いよいよ深リーマン予想で扱うオイラー積の収束について考える．上で見たように，級数表示は $s > 0$ で収束するのだから，同様のことがオイラー積にも起きていれば，深リーマン予想は解けるわけだが，そのあたりの事情はどうなっているのだろう．

はじめに，オイラー積の収束を，その対数である無限和の収束に帰着させる手続きを学ぶ．高校の数学Ⅲで学ぶ等比級数の和の公式

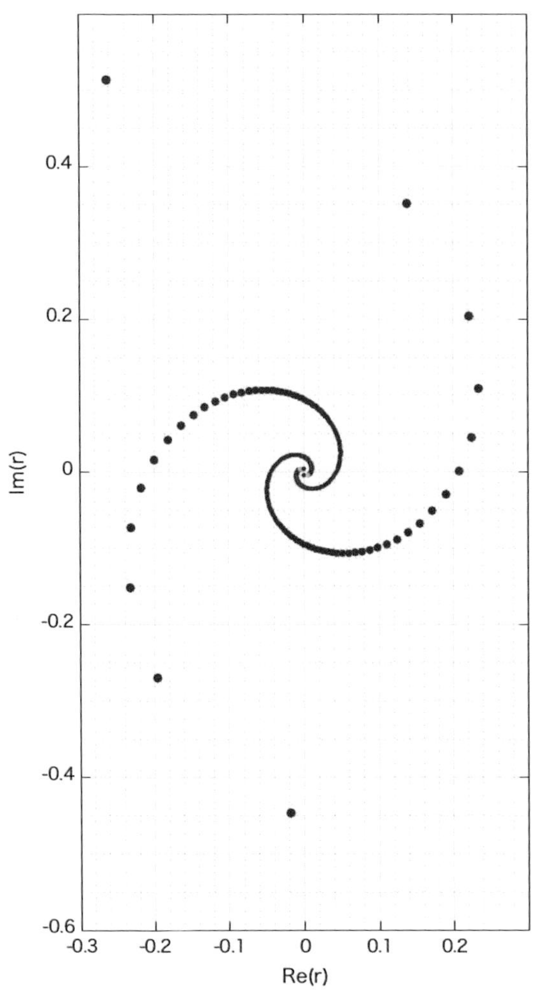

図 3.3　$L(s)$ の $s = \frac{1}{2} + i$ における級数表示の各項の振舞い

$$\begin{aligned}\frac{1}{1-x} &= 1 + x + x^2 + x^3 + \cdots \\ &= \sum_{n=1}^{\infty} x^n \qquad (|x| < 1)\end{aligned}$$

の両辺を不定積分して，

$$
\begin{aligned}
-\log(1-x) &= C + x + \frac{x^2}{2} + \frac{x^3}{3!} + \cdots \\
&= C + \sum_{n=1}^{\infty} \frac{x^n}{n}.
\end{aligned}
$$

$x=0$ のとき，左辺は 0 となるので，$C=0$. よって，

$$
-\log(1-x) = \sum_{n=1}^{\infty} \frac{x^n}{n}.
$$

これは，対数関数 $-\log(1-x)$ のマクローリン展開である．上で用いた無限等比級数の和の公式は $|x|<1$ を仮定していたが，実際には，マクローリン展開の公式は $-1 \le x < 1$ で成り立つ．これについては，付録 B（⇒ 231 ページ）で証明する．

オイラー積

$$
L(s) = \prod_{p:\,\text{奇素数}} \left(1 - \frac{(-1)^{\frac{p-1}{2}}}{p^s}\right)^{-1}
$$

の対数をとり，上のマクローリン展開式を $x = \dfrac{(-1)^{\frac{p-1}{2}}}{p^s}$ として適用すると，

$$
\begin{aligned}
L(s) &= \sum_{p:\,\text{奇素数}} \log\left(1 - \frac{(-1)^{\frac{p-1}{2}}}{p^s}\right)^{-1} \\
&= \sum_{p:\,\text{奇素数}} \sum_{n=1}^{\infty} \frac{(-1)^{\frac{p-1}{2}n}}{p^{ns} n}.
\end{aligned}
$$

これは，素数 p と自然数 n にわたる和であるが，これを，

$$
n=1, \qquad n=2, \qquad n \ge 3
$$

の 3 つの部分に分けて扱う．すなわち，これから，次の枠内の式の各項を計算していく．

$$
\sum_{p:\,\text{奇素数}} \frac{(-1)^{\frac{p-1}{2}}}{p^s} + \frac{1}{2} \sum_{p:\,\text{奇素数}} \frac{1}{p^{2s}} + \sum_{p:\,\text{奇素数}} \sum_{n=3}^{\infty} \frac{(-1)^{\frac{p-1}{2}n}}{p^{ns} n}.
$$

まず，$n \geq 3$ の部分は，$\mathrm{Re}(s) > \dfrac{1}{3}$ で絶対収束することが，次の計算によってわかる．

$$
\begin{aligned}
\sum_{p:\,\text{奇素数}} \sum_{n=3}^{\infty} \left| \frac{(-1)^{\frac{p-1}{2}n}}{p^{ns} n} \right| &\leq \sum_{p:\,\text{奇素数}} \sum_{n=3}^{\infty} \left| \frac{1}{p^{ns}} \right| \\
&\leq \sum_{p:\,\text{奇素数}} \frac{\left| \frac{1}{p^{3s}} \right|}{1 - \left| \frac{1}{p^{s}} \right|} \\
&\leq \sum_{p:\,\text{奇素数}} \frac{1}{|p^{3s}| - |p^{2s}|} \\
&\leq 6 \sum_{p:\,\text{奇素数}} \left| \frac{1}{p^{3s}} \right| \\
&\leq 6 \sum_{n=1}^{\infty} \left| \frac{1}{n^{3s}} \right| \\
&= 6\,\zeta(3\,\mathrm{Re}(s)).
\end{aligned}
$$

途中の変形で，$X = p^s$ とおき，以下の不等式の同値変形を用いた．

$$
\begin{aligned}
\frac{1}{|X^3| - |X^2|} \leq \left| \frac{6}{X^3} \right| &\iff \frac{|X^3|}{|X^3| - |X^2|} \leq 6 \\
&\iff |X^3| \leq 6(|X^3| - |X^2|) \\
&\iff 6|X^2| \leq 5|X^3| \\
&\iff \frac{6}{5} \leq |X|.
\end{aligned}
$$

これは，$|X| = |p^s| \geq 3^{\frac{1}{3}} = \sqrt[3]{3} = 1.442\cdots > \dfrac{6}{5}$ だから成り立つ．最後に得た級数は，素数 p を自然数 n 全体にわたらせた級数で上から押さえられるので，以下のように収束が示せる．

$$
\sum_{p:\,\text{奇素数}} \left| \frac{1}{p^{3s}} \right| \leq \sum_{n=1}^{\infty} \left| \frac{1}{n^{3s}} \right| = \sum_{n=1} \frac{1}{n^{3\,\mathrm{Re}(s)}}.
$$

$\mathrm{Re}(s) > \dfrac{1}{3}$ より $3\,\mathrm{Re}(s) > 1$ であり，これは収束し，$\zeta(3\,\mathrm{Re}(s))$ に等しい．

次に，枠内の式の $n = 2$ の部分を見る．まず，$\mathrm{Re}(s) > \dfrac{1}{2}$ のとき，再び，素数

p を自然数 n 全体にわたらせた級数で上から押さえられるので，以下のように収束が示せる．

$$\sum_{p:\,奇素数} \left|\frac{1}{p^{2s}}\right| \leq \sum_{n=1} \left|\frac{1}{n^{2s}}\right| \leq \sum_{n=1} \frac{1}{n^{2\,\mathrm{Re}(s)}} = \zeta(2\,\mathrm{Re}(s)).$$

次に，$\mathrm{Re}(s) = \frac{1}{2}$ のとき，$s \neq \frac{1}{2}$ ならば，複素級数

$$\sum_{p:\,奇素数} \frac{1}{p^{2s}}$$

は収束することが知られている．これは，$s = \frac{1}{2} + it\ (t \neq 0)$ とおくとき，

$$\sum_{p:\,奇素数} \frac{1}{p^{2s}} = \sum_{p:\,奇素数} \frac{1}{p^{1+2it}} = \sum_{p:\,奇素数} \frac{e^{-2it \log p}}{p}$$

において，偏角 $-2t \log p$ が，p の増大に伴って適度にばらつくため，複素平面内で打ち消しあいが発生することによる．

一方，$s = \frac{1}{2}$ のときは，オイラーの定理（第2章2.3節定理1）により

$$\sum_{p<x} \frac{1}{p} \sim \log\log x \qquad (x \to \infty)$$

と発散することが知られているので，$n = 2$ の項は発散する．

以上より，$\mathrm{Re}(s) > \frac{1}{3}$ におけるオイラー積の収束は，以下の級数の収束に帰着されることがわかる．

$$s \neq \frac{1}{2} のとき \qquad \sum_{p:\,奇素数} \frac{(-1)^{\frac{p-1}{2}}}{p^s}.$$

$$s = \frac{1}{2} のとき \qquad \sum_{p:\,奇素数} \left(\frac{(-1)^{\frac{p-1}{2}}}{\sqrt{p}} + \frac{1}{2p} \right).$$

では，実際にコンピュータを使い，上の級数の収束発散を調べることにより，深リーマン予想がどれくらい確からしいか，検討してみよう．

以後，本節および，3.7節において，MATLABを用いた数値計算の結果を紹介する．x の値は最大1000億（$= 10^{11}$）とした．描画に際してハードウェアの負

荷を軽減するため，以下の工夫を行った．

- $x \leq 1000$ ではそのままプロットした．
- $1000 < x \leq 10^{10}$ では間引いて 10 個おきにプロットした．
- $10^{10} < x \leq 10^{11}$ では間引いて 100 個おきにプロットした．

ただし，間引いた部分においては点が十分密に分布しており，間引いたことによる変化は，肉眼では認識されなかった．また，点線の描画においては，見やすくするための工夫として，ドットの直径を p が小さいところでは 2 倍にし，$p < 10000$ の範囲で，2 倍から徐々に 1 倍になるように変化をつけた．

まず，$\mathrm{Re}(s) > \dfrac{1}{2}$ の場合を考える．深リーマン予想によればオイラー積は収束するから，級数

$$\sum_{2<p<x} \frac{(-1)^{\frac{p-1}{2}}}{p^s}$$

が $x \to \infty$ のときに収束するはずである．**図 3.4** は，$s = \dfrac{3}{4}$ のときに，横軸を x にとり，この級数の値を 100 億以下の x について計算した結果である．グラフはほぼ横ばいで値は安定しており，収束する様子がみてとれる．

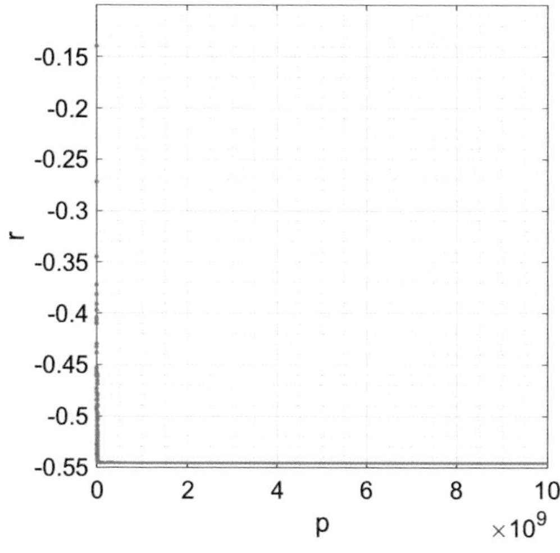

図 3.4　$L(s)$ の $s = \dfrac{3}{4}$ におけるオイラー積の振舞い

実部を変えずに虚部を付けた $s = \dfrac{3}{4} + i$ の場合に同様の値を求めたものが**図 3.5**

である．オイラー積の値が複素数になるので，2つの図を使って実部と虚部を表した．左図は実部，右図は虚部を表している．両者とも，グラフはほぼ平坦であり，値が収束する様子がみてとれる．

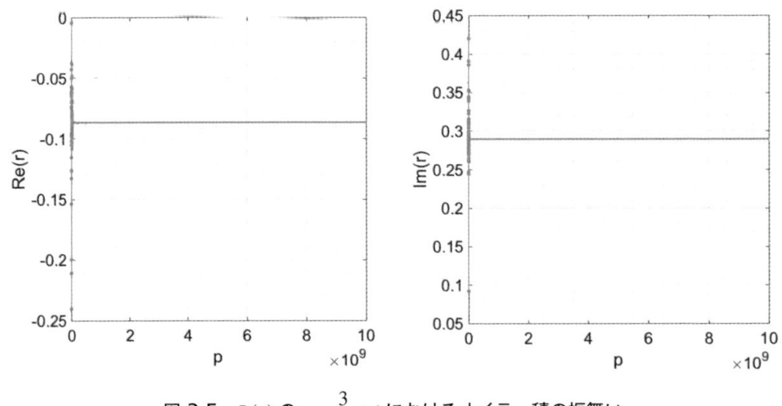

図 3.5 $L(s)$ の $s = \frac{3}{4} + i$ におけるオイラー積の振舞い

次に，深リーマン予想の最重要部分である $\mathrm{Re}(s) = \frac{1}{2}$ 上でみてみよう．まず，虚数 $s = \frac{1}{2} + i$ の場合，結果は図 3.6 のようになる．実部，虚部ともに，図の右端（x が 100 億付近）でグラフの変動が小さくなっている．$\mathrm{Re}(s) = \frac{3}{4}$ の場合と比較すると多少の変動が残っているようにみえるかもしれないが，図の縦軸のス

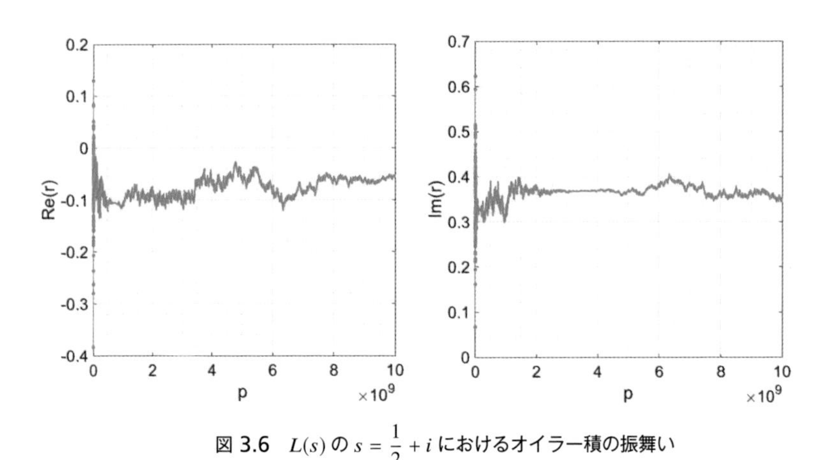

図 3.6 $L(s)$ の $s = \frac{1}{2} + i$ におけるオイラー積の振舞い

ケールは拡大してあるので，グラフの右端の部分では，級数の値は小数第 1 位は確定し，小数第 2 位もほぼ確定しつつあり，級数は収束していそうにみえる．

そして $s = \frac{1}{2}$ の場合，この場合に限り補正項が必要になり，深リーマン予想は，級数

$$\sum_{2<p<x} \left(\frac{(-1)^{\frac{p-1}{2}}}{\sqrt{p}} + \frac{1}{2p} \right)$$

の $x \to \infty$ における収束を主張する．補正項は，第 1 章で見たように，オイラーの定理により

$$\sum_{2<p<x} \frac{1}{2p} \sim \frac{1}{2} \log\log x \qquad (x \to \infty)$$

という非常に緩やかな挙動となる．そこで，この補正をした場合としなかった場合との比較を，図 3.7 に示した．茶色（上側）の曲線が補正したデータであり，青色（下側）の曲線が補正しなかったデータである．

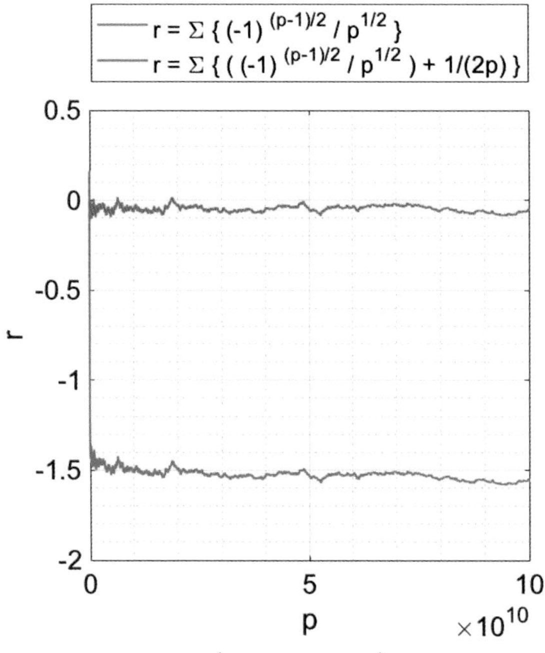

図 3.7　$L(s)$ の $s = \frac{1}{2}$ における補正項 $\frac{1}{2p}$ の有無の比較

どちらもグラフの右端（1000億付近）ではほぼ横ばいで安定している．オイラーの定理の通り，補正項の影響は緩やかであるが，補正をしなかった下側の曲線はわずかずつ減少しているのに対し，補正をした上側の曲線はより平坦に近くなっていて，収束を示唆している．

最後に，$\mathrm{Re}(s) < \frac{1}{2}$ の場合，深リーマン予想で言及していない範囲のオイラー積を調べてみよう．ここは深リーマン予想の範囲外にあるので，オイラー積は発散すると考えるのが自然だろう．しかし，発散する根拠を数値計算で見るのは難しい，値が安定しないという計算結果だけでは根拠にならないからである．もっと先まで計算すれば，安定する可能性がある．実際に，この例で100億まで計算したところ，そこそこの変動が見られたが，それほど大きな変動ではなかったので，判定はできなかった．

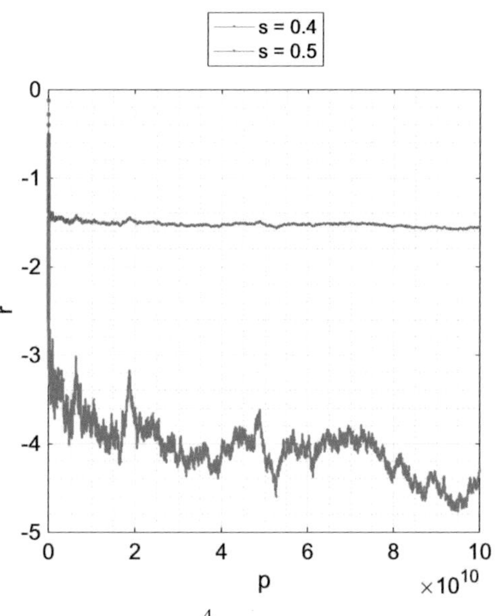

図 3.8　$L(s)$ の $s = \frac{4}{10}$ におけるオイラー積の振舞い

そこで，先ほどの $s = \frac{1}{2}$ のデータと比較する方法を採用した．ただし，100億ではその差が明確にならなかったので，この例に限り，1000億まで計算した．その結果を図 3.8 に示す．茶色（上側）の曲線が $s = \frac{1}{2}$，青色（下側）が $s = \frac{4}{10}$

のデータである．上側がほぼ平坦であるのに対し，下側は変動が激しいことがみてとれる．

特に，グラフの右端（700億〜1000億）を取り出して拡大したものが，**図 3.9** である．

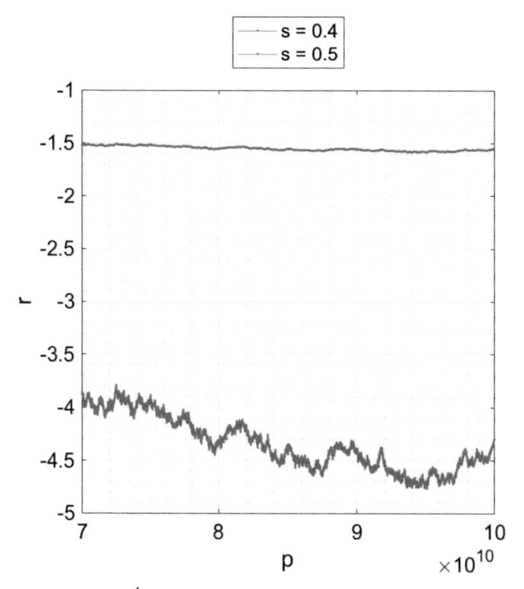

図 3.9　$L(s)$ の $s = \dfrac{4}{10}$ におけるオイラー積の振舞い（700億〜1000億）

$s = \dfrac{4}{10}$ のグラフを，$s = \dfrac{1}{2}$ のときのおとなしい挙動と比較すると違いは鮮明であり，発散していそうなニュアンスは伝わる．

この結果から，$\mathrm{Re}(s) \geq \dfrac{1}{2}$ と $\mathrm{Re}(s) < \dfrac{1}{2}$ とでは，状況が変わっていそうであることが推察される．深リーマン予想の主張する $\mathrm{Re}(s) \geq \dfrac{1}{2}$ が，ちょうどぴったり収束域になっており，その外側ではオイラー積は発散している可能性が考えられる．

さらに，虚部を付けた場合，$s = \dfrac{4}{10} + i$ のときの結果が，**図 3.10** である．再び，値が複素数になるので2つの図を用い，左図は実部，右図は虚部を表す．やはり，グラフの右端で，特に虚部の方は変動が大きくなっている．

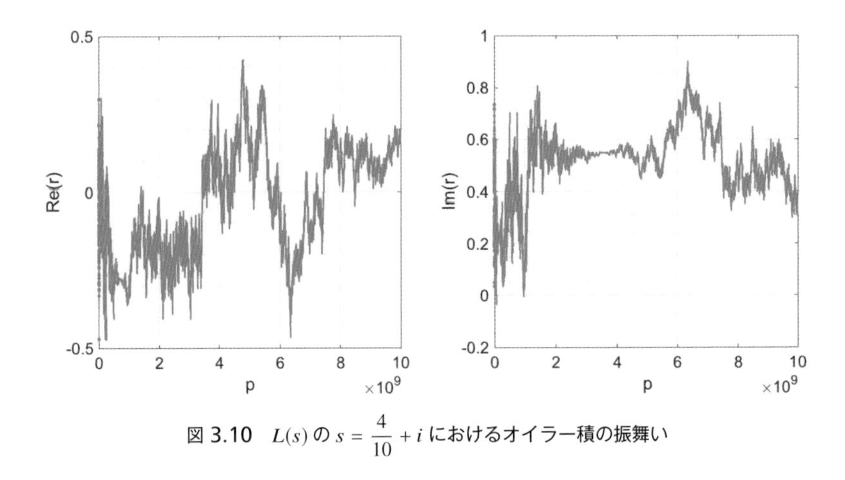

図 3.10 $L(s)$ の $s = \frac{4}{10} + i$ におけるオイラー積の振舞い

3.4 深リーマン予想と素数

深リーマン予想の 1 つの特徴は，素数の分布に直接関係していることである．たとえば，$s = \frac{1}{2} + it$ のとき，級数

$$\sum_{p:\,\text{奇素数}} \frac{(-1)^{\frac{p-1}{2}}}{p^{\frac{1}{2}+it}} = \sum_{p:\,\text{奇素数}} \frac{(-1)^{\frac{p-1}{2}}}{p^{\frac{1}{2}}} e^{-it\log p}$$

の各項の絶対値は $p^{-\frac{1}{2}}$ であり，偏角は

$$-t\log p + \begin{cases} 0 & (p \equiv 1 \pmod 4) \\ \pi & (p \equiv 3 \pmod 4) \end{cases}$$

となる．p の増大に伴って絶対値は単調減少して 0 に収束し，偏角は（十分大きな p に対しては π の影響がほぼ無視できるので）ほとんど単調増加する．つまり，p は原点を中心として反時計回りにらせんを描きながら 0 に収束する点列となる．

級数の収束は，この点列が複素平面内で各方向に絶対値の分の重みを考慮してちょうどバランスよく分布し，打ち消しあいが起こることを意味している．これは，素数の分布の仕方に直接的に関係する性質である．

図 3.11 は，$t = 1$ のときにこの点列の分布の様子を 6 万以下の p に対して描いたものである．p が小さいときに赤から始め，大きくなるにつれて紫，青，水色，緑，黄色，そして最後にオレンジ色としている．上段左側の図は上側が虚部，下側が実部の値を示し，横軸は p である．実部，虚部ともに p の増大に伴い，きれいに 0 に収束しているのは当然である．上段右側の図はそれを複素平面上に図示したものである．ここで，偏角のばらつきが重要である．各方向に均等に，らせんが美しく描けているのは，収束する様子を反映している．下段の図は，それを立体化し，奥行きを p にとったものである．

ここで「均等」の意味は，絶対値 $\dfrac{1}{\sqrt{p}}$ の重さを考慮したうえでのことである．たとえば，各点から原点にロープをかけて，各点の方向に引っ張り合う状況を想像する．引く力の大きさが，原点からの距離に比例して，遠いところほど強いと仮定するとき，ちょうどバランスよく全方向の力が釣り合うことが，オイラー積の収束のイメージである．

深リーマン予想はオイラーの L 関数にとどまらず，次節で述べるディリクレの L 関数をはじめとする一般的な数論的 L 関数に対して成り立つと考えられている．

それら L 関数のオイラー積を構成する点列は，何らかの数論的な手続きによって素数 p をパラメータとした項が定義されたものである．深リーマン予想は，それらの項の間に打ち消しあいが生じ，オイラー積の対数として得られる級数が収束することを主張している．それは，絶対値 $p^{-\frac{1}{2}}$ で，偏角

$$-t \log p + (\text{数論的に定義された量})$$

の複素数の分布に関することである．たとえば，ディリクレの L 関数

$$L(s, \chi) = \prod_{p:\,\text{素数}} \left(1 - \frac{\chi(p)}{p^s}\right)^{-1}$$

なら，この偏角は

$$-t \log p + \arg(\chi(p))$$

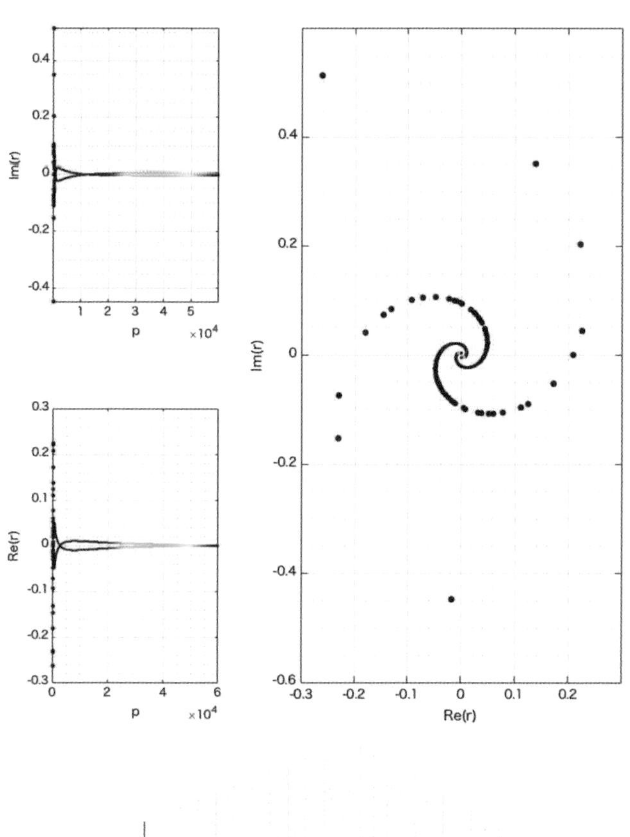

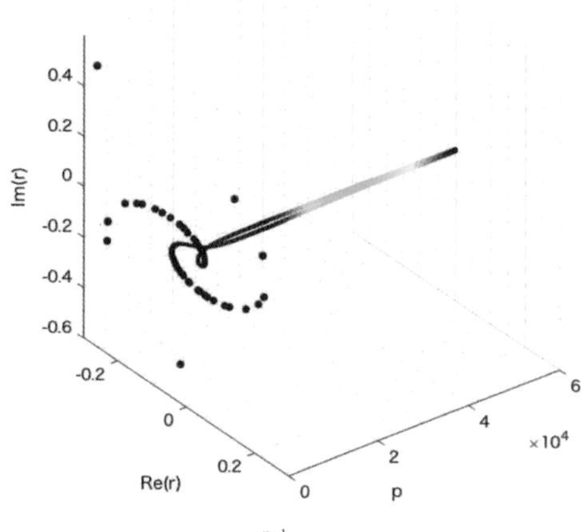

図 3.11　$\dfrac{(-1)^{\frac{p-1}{2}}}{p^{\frac{1}{2}+it}}$ の値 ($p \leq 60000$)

となる．この値が，素数 p の変化に伴って，たとえば 2π の整数倍に近い範囲に集中した場合，十分な打ち消しあいが起きなくなるため，級数は発散する．オイラー積の収束とは，素数をパラメータとし，数論的に定義されたこの点列の分布が，原点からみて各方向に（絶対値 $\frac{1}{\sqrt{p}}$ の重さを考慮したうえで）均等であることである．

元来のリーマン予想が素数分布との直接的な関係を記述することが困難であったのに比べると，深リーマン予想は，素数の分布により直接的に関係した命題であるといえる．

その「均等さ」「一様さ」とは，どれくらいのものなのか，数値で完全に表現するのは難しい．ここでは，それを多少なりとも具体的に理解するために，素数の代わりに整数にわたらせた場合と比較してみよう．

整数のときの定義を思い出してみると，

$$\chi_4(n) = \begin{cases} 0 & (n \equiv 0 \pmod 2) \\ (-1)^{\frac{n-1}{2}} & (n \equiv 1 \pmod 2). \end{cases}$$

を用いて

$$L(s) = \sum_{n=1}^{\infty} \frac{\chi_4(n)}{n^s} \qquad (\mathrm{Re}(s) > 1)$$

となっていた．これについて，以下の定理が成り立つ．

$L(s)$ の級数表示の収束域　オイラーの L 関数の級数表示

$$L(s) = \sum_{n=1}^{\infty} \frac{\chi_4(n)}{n^s}$$

は，$\mathrm{Re}(s) > 0$ で収束する．

証明

$$A(x) = \sum_{n \le x} \chi_4(n)$$

とおく．$\chi_4(n)$ は周期 4 の周期関数であり，x が 4 の倍数のとき $A(x) = 0$ となるので，任意の n に対して

$$|A(x)| \leq 1$$

が成り立つ．付録Cで示す部分和の公式2により，

$$\sum_{n=1}^{m} \frac{\chi_4(n)}{n^s} = \frac{A(m)}{m^s} + s\int_1^m A(x)x^{-s-1}dx$$

が成り立つ．右辺で $m \to \infty$ とした広義積分は，

$$\begin{aligned}
\left|\int_1^m A(x)x^{-s-1}dx\right| &\leq |A(x)| \int_1^m x^{-\mathrm{Re}(s)-1}dx \\
&\leq -\frac{1}{\mathrm{Re}(s)}\left[\frac{1}{x^{\mathrm{Re}(s)}}\right]_1^m \\
&= -\frac{1}{\mathrm{Re}(s)}\left(\frac{1}{m^{\mathrm{Re}(s)}} - 1\right)
\end{aligned}$$

と不等式で評価でき，$\mathrm{Re}(s) > 0$ ならば，$m \to \infty$ のときに右辺が $\dfrac{1}{\mathrm{Re}(s)}$ に収束するので，広義積分は $\mathrm{Re}(s) > 0$ において収束する．

よって，部分和の公式2の左辺で $m \to \infty$ とした無限和も収束するから，$L(s)$ の級数表示は $\mathrm{Re}(s) > 0$ において収束する．

一方，$\mathrm{Re}(s) \leq 0$ のときは，級数の各項が0に収束しないので，級数は発散する．

以上より，求める収束域は $\mathrm{Re}(s) > 0$ である． （証明終）

この定理からわかるように，複素数列

$$\frac{\chi_4(n)}{n^s} \qquad (n = 1, 2, 3, \ldots)$$

は，$\mathrm{Re}(s) > 0$ なる任意の複素数 s に対し，原点からみて全方向にバランスよく分布している．これは，整数列 n から決まる偏角の列が，絶対値 $\dfrac{1}{\sqrt{n}}$ の重みを加味すると，どの方向にも偏らずにランダムに分布しているということである．

深リーマン予想の主張は，素数の分布が，それに近いランダムさがあることを主張している．$\mathrm{Re}(s) > \dfrac{1}{2}$ なので，収束域は級数表示の $\mathrm{Re}(s) > 0$ よりは狭いが，少なくとも $\mathrm{Re}(s) > \dfrac{1}{2}$ においては自然数列と同じような均一性を素数分布がもっていること．これが深リーマン予想である．

3.5　ディリクレ指標

深リーマン予想は，オイラーの L 関数にとどまらず，より一般の L 関数に対して成り立つと考えられている．以下，本書では，$\chi(n)$ が**ディリクレ指標**である場合を考える．ディリクレ指標の定義は，各自然数 N ごとに与えられる．**法 N のディリクレ指標**は，以下の 3 条件を満たす数列 $\chi(n)$ として定義される．

条件 1.　$\chi(n+N) = \chi(n)$ が任意の n に対して成立する．

条件 2.　N と n が互いに素であるとき，$\chi(n) \neq 0$ であり，N と n が互いに素でないとき，$\chi(n) = 0$ である．

条件 3.　任意の n, m に対し，$\chi(mn) = \chi(m)\chi(n)$ が成り立つ．

条件 2 の「互いに素」とは「最大公約数が 1」という意味である．$n = 1$ は任意の N と互いに素であるから，条件 2 より，任意のディリクレ指標 χ に対し，$\chi(1) \neq 0$ である．すると，条件 3 は，$m = n = 1$ のとき $\chi(1) = \chi(1)^2$ となるが，$\chi(1) \neq 0$ であるから，任意のディリクレ指標に対して $\chi(1) = 1$ が成り立つことがわかる．

$\chi(n)$ がディリクレ指標であるとき，$L(s,\chi)$ を**ディリクレ L 関数**という．条件 3 より，ディリクレ L 関数は，リーマン・ゼータ関数と同じくオイラー積表示をもつ．すなわち，

$$L(s,\chi) = \prod_{p:\,\text{素数}} \left(1 - \frac{\chi(p)}{p^s}\right)^{-1} \qquad (\mathrm{Re}(s) > 1)$$

が成り立つ．

以下に，1 から 8 までの法 N に対するディリクレ指標をすべて挙げる．

法 1 のディリクレ指標は，条件 1 より，恒等的に $\chi(n) = 1$ となるものしかない．このとき，

$$L(s,\chi) = \zeta(s)$$

である．

法 2 のディリクレ指標は，条件 1 と条件 2 から，

$$\chi(n) = \begin{cases} 0 & (n\text{ が偶数}) \\ 1 & (n\text{ が奇数}) \end{cases}$$

となるものに限られる．このとき，

$$L(s,\chi) = \sum_{n:\text{ 奇数}} \frac{1}{n^s}$$

であり，和はすべての奇数 $n \geq 1$ をわたる．奇数 n の素因数分解は，一般の自然数の素因数分解に比べて素数 2 が登場しないことだけが異なるから，$L(s,\chi)$ のオイラー積は，$\zeta(s)$ のオイラー積から $p=2$ の因子を除いたものに等しい．すなわち，L 関数とリーマン・ゼータ関数の間に次のような関係式が成り立つ．

$$L(s,\chi) = \prod_{p\neq 2}\left(1-\frac{1}{p^s}\right)^{-1} = \left(1-\frac{1}{2^s}\right)\zeta(s).$$

このことからわかるように，同様にして一般に法 N のディリクレ指標 $\chi_0(n)$ を，

$$\chi_0(n) = \begin{cases} 0 & (N\text{ と }n\text{ が互いに素}) \\ 1 & (N\text{ と }n\text{ が互いに素でない}) \end{cases}$$

とおくと，L 関数は

$$L(s,\chi_0) = \zeta(s)\prod_{d\,|\,N}\left(1-\frac{1}{d^s}\right)$$

と，リーマン・ゼータ関数を用いて表される．記号 χ_0 は，法 N によって変わることに注意しよう．χ_0 は，各 N について 1 つずつある．χ_0 を，**法 N の自明な指標**と呼ぶ．

法 3 のディリクレ指標 χ は，定義より任意の 3 の倍数 n に対して $\chi(n)=0$ を満たす．さらに，$n \equiv 1 \pmod 3$ のとき $\chi(n)=\chi(1)=1$ を満たす．$n \equiv 2 \equiv -1 \pmod 3$ のときの値は，$\chi(n)^2 = \chi(-1)^2 = \chi(1) = 1$ より，$\chi(n) = \pm 1$ に限られる．よって，法 3 のディリクレ指標は

$$\chi(n) = \begin{cases} 0 & (n \equiv 0 \pmod 3) \\ 1 & (n \equiv 1 \pmod 3) \\ \pm 1 & (n \equiv 2 \pmod 3) \end{cases}$$

の 2 つある．$\chi(-1)=1$ のときは自明な指標 χ_0 となり，L 関数とリーマン・ゼータ関数の関係は，法 2 のときと同様に，次のようである．

$$L(s,\chi_0)=\prod_{p\neq 3}\left(1-\frac{1}{p^s}\right)^{-1}=\left(1-\frac{1}{3^s}\right)\zeta(s).$$

一方，$\chi(2)=-1$ なる χ のとき，$\zeta(s)$ で表せない新たなディリクレ L 関数

$$L(s,\chi)=\left(\prod_{p\equiv 1\,(\mathrm{mod}\ 3)}(1-p^{-s})^{-1}\right)\left(\prod_{p\equiv 2\,(\mathrm{mod}\ 3)}(1+p^{-s})^{-1}\right)$$

を得る．これは新しい L 関数であるから，ディリクレ指標に名前を付け，$\chi_3(n)$ とおこう．すなわち，

$$\chi_3(n)=\begin{cases}0 & (n\equiv 0 \pmod 3)\\ 1 & (n\equiv 1 \pmod 3)\\ -1 & (n\equiv 2 \pmod 3)\end{cases}$$

である．添え字の 3 は，法を表している．

法 4 のディリクレ指標 χ は，定義より任意の偶数 n に対して $\chi(n)=0$ を満たす．さらに，$n\equiv 1 \pmod 4$ のとき $\chi(n)=\chi(1)=1$ を満たす．$n\equiv 3\equiv -1 \pmod 4$ のときの値は，$\chi(n)^2=\chi(-1)^2=\chi(1)=1$ より，$\chi(n)=\pm 1$ に限られる．よって，法 4 のディリクレ指標は

$$\chi(n)=\begin{cases}0 & (n\equiv 0 \pmod 2)\\ 1 & (n\equiv 1 \pmod 4)\\ \pm 1 & (n\equiv 3 \pmod 4)\end{cases}$$

の 2 つある．そのうち $\chi(-1)=1$ なる χ は法 2 の指標 χ_0 と同一であるから，L 関数，ゼータ関数についても同じ関係式が成り立つ．

一方，$\chi(-1)=-1$ のとき，

$$L(s,\chi)=\left(\prod_{p\equiv 1\,(\mathrm{mod}\ 4)}(1-p^{-s})^{-1}\right)\left(\prod_{p\equiv 3\,(\mathrm{mod}\ 4)}(1+p^{-s})^{-1}\right)$$

となる．ここで，ディリクレ指標に名前を付け，$\chi_4(n)$ とおこう．すなわち，

$$\chi_4(n) = \begin{cases} 0 & (n \equiv 0 \pmod 2) \\ 1 & (n \equiv 1 \pmod 4) \\ -1 & (n \equiv 3 \pmod 4) \end{cases}$$

である．これは次のように記しても同じであることが，直ちにわかる．

$$\chi_4(n) = \begin{cases} 0 & (n \equiv 0 \pmod 2) \\ (-1)^{\frac{n-1}{2}} & (n \equiv 1 \pmod 2). \end{cases}$$

この表記を用いると，L 関数はより簡単に

$$L(s, \chi_4) = \prod_{p:\,\text{奇素数}} \left(1 - \frac{(-1)^{\frac{p-1}{2}}}{p^s}\right)^{-1}$$

と表せる．これは，前に定義したオイラーの L 関数 $L(s)$ に他ならない．

法 5 のディリクレ指標 χ は，定義より任意の 5 の倍数 n に対して $\chi(n) = 0$ を満たす．それ以外の n に対する $\chi(n)$ は，$\chi(2)$ のべきで表せる．なぜなら，

$$\begin{aligned} 2^1 &= 2, \\ 2^2 &= 4, \\ 2^3 &= 8 \equiv 3 \pmod 5, \\ 2^4 &= 16 \equiv 1 \pmod 5 \end{aligned}$$

であり，指数を 1, 2, 3, 4 と上げていくと，$n \equiv 2, 4, 3, 1 \pmod 5$ のすべてをカバーするからである．したがって，$\chi(2)$ を定めれば，ディリクレ指標は定まる．

$\chi(2)^4 = \chi(1) = 1$ より，$\chi(2)$ は 1 の 4 乗根であるから，$\chi(2) = \pm 1, \pm i$ に限られる．よって，5 を法とするディリクレ指標は 4 つある．

このうち $\chi(2) = 1$ なる χ は，5 の倍数以外のすべての整数 n に対し $\chi(n) = 1$ を満たす．これは法 5 の自明な指標 χ_0 であり，L 関数とゼータ関数の関係式は次のようになっている．

$$L(s, \chi_0) = \prod_{p \neq 5} \left(1 - \frac{1}{p^s}\right)^{-1} = \left(1 - \frac{1}{5^s}\right) \zeta(s).$$

それ以外の3通りの χ はすべて新しい L 関数を与えるので，それらに名前を付け，次表のように $\chi_{5a}, \chi_{5b}, \chi_{5c}$ と呼ぼう．

n	0	1	2	3	4
$\chi_{5a}(n)$	0	1	i	$-i$	-1
$\chi_{5b}(n)$	0	1	-1	-1	1
$\chi_{5c}(n)$	0	1	$-i$	i	-1

法6のディリクレ指標 χ は，$n \equiv 0, 2, 3 \pmod 6$ なる任意の n に対して $\chi(n) = 0$ を満たす．さらに，$n \equiv 1 \pmod 6$ のとき $\chi(n) = \chi(1) = 1$ を満たす．$n \equiv 5 \equiv -1 \pmod 6$ のときの値は，$\chi(n)^2 = \chi(-1)^2 = \chi(1) = 1$ より，$\chi(n) = \pm 1$ に限られる．よって，法6のディリクレ指標は

$$\chi(n) = \begin{cases} 0 & (n \equiv 0, 2, 3 \pmod 6) \\ 1 & (n \equiv 1 \pmod 6) \\ \pm 1 & (n \equiv 5 \pmod 6) \end{cases}$$

の2つある．そのうち $\chi(5) = \chi(-1) = 1$ のとき，L 関数はリーマン・ゼータ関数で表され，次の関係式が成り立つ．

$$L(s, \chi) = \prod_{p \neq 2,3} \left(1 - \frac{1}{p^s}\right)^{-1} = \left(1 - \frac{1}{2^s}\right)\left(1 - \frac{1}{3^s}\right)\zeta(s).$$

一方，$\chi(5) = \chi(-1) = -1$ のとき，

$$L(s, \chi) = \left(\prod_{p \equiv 1 \pmod 6} (1 - p^{-s})^{-1}\right)\left(\prod_{p \equiv 5 \pmod 6} (1 + p^{-s})^{-1}\right)$$

となる．これはまた新たな L 関数なので，ディリクレ指標に名前を付け，χ_6 とおこう．すなわち，

$$\chi_6(n) = \begin{cases} 1 & (n \equiv 1 \pmod 6) \\ -1 & (n \equiv 5 \pmod 6) \end{cases}$$

である．

法7のディリクレ指標 χ は，定義より任意の7の倍数 n に対して $\chi(n) = 0$

を満たす．法 5 のときと同様にして，$\chi(3)$ によって χ は決まることがわかる．$n \equiv 3 \pmod 7$ のときの値は，$\chi(n)^6 = \chi(3)^6 = \chi(1) = 1$ より，1 の 6 乗根であり，$\chi(n) = \pm 1, \pm\omega, \pm\omega^2$ の 6 通りに限られる．ただし，は 1 の 6 乗根で $\omega = \frac{1}{2} + \frac{\sqrt{3}i}{2}$ である．よって，法 7 のディリクレ指標は 6 つある．

このうち $\chi(3) = 1$ なる χ は，7 の倍数以外のすべての整数 n に対し $\chi(n) = 1$ を満たす．これは自明な指標 χ_0 であり，L 関数とリーマン・ゼータ関数の関係式は次のようになっている．

$$L(s, \chi_0) = \prod_{p \neq 7} \left(1 - \frac{1}{p^s}\right)^{-1} = \left(1 - \frac{1}{7^s}\right) \zeta(s).$$

それ以外の 5 通りの χ からは新たな L 関数が得られるので，名前を付ける．次表のように $\chi_{7a}, \chi_{7b}, \chi_{7c}, \chi_{7d}, \chi_{7e}$ と名付けよう．

n	0	1	2	3	4	5	6
$\chi_{7a}(n)$	0	1	ω^2	ω	$-\omega$	$-\omega^2$	-1
$\chi_{7b}(n)$	0	1	$-\omega$	ω^2	ω^2	$-\omega$	1
$\chi_{7c}(n)$	0	1	1	-1	1	-1	-1
$\chi_{7d}(n)$	0	1	ω^2	$-\omega$	$-\omega$	ω^2	1
$\chi_{7e}(n)$	0	1	$-\omega$	$-\omega^2$	ω^2	ω	-1

法 8 のディリクレ指標 χ は，定義より偶数 n に対して $\chi(n) = 0$ を満たす．$n \equiv 1, 3, 5, 7 \pmod 8$ の 4 元，すなわち，$n \equiv \pm 1, \pm 3, \pmod 8$ の 4 元について $\chi(n)$ を定義すればよいが，$\chi(3)$ と $\chi(-1)$ を決めれば，$\chi(-3) = \chi(3)\chi(-1)$ は自動的に決まるので，以下，$\chi(3)$ と $\chi(-1)$ の 2 元を決める．これらの 2 元は，いずれも 2 乗すると 1，すなわち，

$$3^2 \equiv 1 \pmod 8,$$
$$(-1)^2 \equiv 1 \pmod 8$$

より $\chi(3)^2 = \chi(-1)^2 = 1$ であるから，

$$\chi(3) = \pm 1,$$
$$\chi(-1) = \pm 1$$

の組合せで，χ は 4 通りに限られる．よって，8 を法とするディリクレ指標は 4 つある．

このうち $\chi(3)=\chi(-1)=1$ なる χ は，すべての奇数 n に対し $\chi(n)=1$ を満たす．これは，法 2 の自明な指標 χ_0 と同一であり，$L(s,\chi_0)$ と $\zeta(s)$ の関係式も同一である．

また，$\chi(3)=\chi(-1)=-1$ なる χ は，$\chi(-3)=\chi(3)\chi(-1)=1$ となるので，法 4 のディリクレ指標 $\chi_4(n)$ と同一である．

それ以外の 2 通りの χ は新たな L 関数を与えるので，ディリクレ指標に名前を付け，次表のように χ_{8a}, χ_{8b} とおこう．

n	0	1	2	3	4	5	6	7
$\chi_{8a}(n)$	0	1	0	1	0	−1	0	−1
$\chi_{8b}(n)$	0	1	0	−1	0	−1	0	1

3.6 算術級数定理

素数定理を語るうえで外せない，特筆すべき研究がある．それは，「算術級数定理」と呼ばれ，1837 年にディリクレによって発見された．今では「ディリクレの素数定理」と呼ばれる定理の一部となっている．

それは，歴史上初めて「特定の形をした素数がどれだけたくさんあるか」に踏み込んだ研究であり，ゼータ関数の一般化であるディリクレ L 関数を用いている．ディリクレは，オリジナリティーという意味ではユークリッドやオイラーに劣るかもしれないが，彼らの偉大な発見を一般化し，その背後に広がる景色を見出すという，数学研究のお手本ともいえる偉業を成し遂げた．私たちが目標とすべき研究姿勢であるといってよいだろう．

算術級数定理は，「1 の位が 7 である素数」（10 で割って 7 余る素数）や，「下 2 ケタが 33 である素数」（100 で割って 33 余る素数）が無限個あるといった事実を含んでいる．一般形では，

互いに素な2つの自然数 N, a に対し，一次式 $Nn+a$ の形をした素数が無数に存在する

となる．これは，

N で割って a 余るような素数が無数に存在するか

という問題への解答を与えている．ディリクレ（1837年）は，そのような素数が無数に存在することを証明し，この問題を解決した．

$$Nn + a \qquad (n = 0, 1, 2, 3, \ldots)$$

は，初項 a，公差 N の等差数列をなす．等差数列は昔の用語で（または英語の直訳で）算術級数とも呼ばれていたので，算術級数定理の名が付いた．

この定理は，ゼータ関数 $\zeta(s)$ の一般化であるディリクレの L 関数 $L(s,\chi)$ を用いて証明される．ディリクレの時代には，まだ本来の素数定理

$$\pi(x) \sim \frac{x}{\log x} \qquad (x \to \infty)$$

が証明されていなかったが，その形は予想されていた．ディリクレはこれを踏まえ，$Nn+a$ の形をした x 以下の素数の個数 $\pi(x,N,a)$ が

$$\pi(x,N,a) \sim \frac{1}{\varphi(N)}\pi(x) \sim \frac{1}{\varphi(N)}\frac{x}{\log x} \qquad (x \to \infty)$$

を満たすことを予想した．ここで，$\varphi(N)$ は**オイラーの関数**であり，

N 以下で N と互いに素であるような自然数の個数

を表す．この予想は，

N で割ったときの $\varphi(N)$ 通りの余り a に関して，素数がほぼ同数ずつ存在すること

を意味している．ディリクレは，予想のうち左側の "~" を，実質的に証明したので，その時点では，ユークリッドの「素数が無数に存在すること」に対応する結果として，

N で割って a 余るような素数が無数に存在すること

を得た．これが**算術級数定理**である．

のちに 1896 年にアダマールとド・ラ・ヴァレ・プーサンによって素数定理が証明されたとき，ディリクレの予想である右側の "∼" も自動的に証明された．これを，**ディリクレの素数定理**と呼ぶ．

2.9 節の末尾に注釈したように，素数定理は，$\pi(x)$ よりも $\psi(x)$ を用いて表現する方が本質的である．初心者には素朴な素数の個数を直接表す $\pi(x)$ の方がなじみがあるかもしれないが，研究上はそれと同等の価値をもつ $\psi(x)$ で通した方が記述のうえで便利であるだけでなく，結論も明快な形になる．そこで，本書では，以後の説明で一貫して $\psi(x)$ を用いる．

$\psi(x)$ の定義を思い出しておくと，

$$\psi(x) = \sum_{\substack{p,\,m \\ p^m \le x}} \log p$$

であった．$\pi(x)$ から $\pi(x, N, a)$ を作ったように，$\psi(x)$ から

$$\psi(x, N, a) = \sum_{\substack{p^m \le x \\ p^m \equiv a \ (\mathrm{mod}\ N)}} \log p$$

を定義する．この式から主要項である $m = 1$ を抽出し，$\log p$ を 1 に変えたものが，本来知りたい「$Nn + a$ の形で表せる x 以下の素数の個数」

$$\pi(x, N, a) = \sum_{\substack{p \le x \\ p \equiv a \ (\mathrm{mod}\ N)}} 1$$

である．

素数定理は，ゼータの対数微分

$$\frac{\zeta'(s)}{\zeta(s)} = -\sum_{p:\ 素数} \sum_{m=1}^{\infty} \frac{\log p}{p^{ms}}$$

を用いて証明した．これに対応して，ディリクレ L 関数の対数微分

$$\frac{L'(s, \chi)}{L(s, \chi)} = -\sum_{p:\ 素数} \sum_{m=1}^{\infty} \frac{\chi(p) \log p}{p^{ms}}$$

から出発すると，それに関連した新たな ψ 関数

$$\psi(x,\chi) = \sum_{\substack{p,m \\ p^m \le x}} \chi(p)^m \log p$$

に関して，明示公式や素数定理が得られる．

2.9 節で見た $\psi(x)$ の明示公式とは，

$$\psi(x) = x - \sum_{\rho} x^{\rho} + (\text{誤差項})$$

であった．ここで，ρ は臨界領域内の零点にわたっていた．もともと，明示公式の右辺はゼータの「零点と極にわたる和」であり，$s = 1$ における極を「位数が (-1) の零点」とみなして算入していた．

$\zeta(s)$ の代わりに $L(s,\chi)$ を用いた場合，全く同じ証明ができるが，1 つだけ大きな違いがある．それは，$L(s,\chi)$ は（自明な指標 $\chi = \chi_0$ の場合を除き）$s = 1$ で正則であり，極をもたないということである．

極がなくなるという事実は，3.4 節で示した「$L(s)$ の級数表示は，$\mathrm{Re}(s) > 0$ で収束する」という定理からもわかる．これが，$L(s)$ に限らず，一般のディリクレ L 関数 $L(s,\chi)$ でも成り立つのである．

したがって，自明な指標の場合を除き，明示公式から右辺の初項の x が消える．それ以外の解析的性質（絶対収束域，解析接続，関数等式，ガンマ因子の存在，臨界領域の位置）は，$\zeta(s)$ と $L(s,\chi)$ は同じである．したがって，$\psi(x,\chi)$ に関する明示公式

$$\psi(x,\chi) = \begin{cases} x - \sum_{\rho} x^{\rho} + (\text{誤差項}) & (\chi = \chi_0) \\ -\sum_{\rho} x^{\rho} + (\text{誤差項}) & (\chi \neq \chi_0) \end{cases}$$

が成り立つ．ここで，ρ は臨界領域 $0 \le \mathrm{Re}(s) \le 1$ における $L(s,\chi)$ の零点にわたる．

それでは，この明示公式を使って，「算術級数定理」および「ディリクレの素数定理」の証明の概略を述べる．問題は，知りたい目標である $\psi(x,N,a)$ と，L 関数から出てきた $\psi(x,\chi)$ の関係である．これについて，以下の事実が成り立つ．

$\psi(x,N,a)$ は，$\psi(x,\chi)$ たちの一次結合で表示できる．ただし，χ は，N を法とするディリクレ指標にわたる．

一次結合とは,「定数倍の和」のことであり，負の定数倍も含むので「差」にもなり得る．要するに,「$\psi(x,\chi)$ がわかれば，それらを足したり引いたりして $\psi(x,N,a)$ を表せる」ということである．

一例として,「4 で割って 1 余る素数」と「4 で割って 3 余る素数」が無数に存在することを示してみよう．上の記号で $\psi(x,4,1)$ と $\psi(x,4,3)$ が，問題となる．$N=4$ を法とするディリクレ指標は，前節で求めたように，χ_0 と χ_4 の 2 つあり，それらの L 関数は,

$$
\begin{aligned}
L(s,\chi_0) &= \prod_{p:\,\text{奇素数}} \left(1-\frac{1}{p^s}\right)^{-1} \\
&= \left(1-\frac{1}{3^s}\right)^{-1}\left(1-\frac{1}{5^s}\right)^{-1}\left(1-\frac{1}{7^s}\right)^{-1}\times\cdots \\
L(s,\chi_4) &= \prod_{p:\,\text{奇素数}} \left(1-\frac{(-1)^{\frac{p-1}{2}}}{p^s}\right)^{-1} \\
&= \left(1+\frac{1}{3^s}\right)^{-1}\left(1-\frac{1}{5^s}\right)^{-1}\left(1+\frac{1}{7^s}\right)^{-1}\times\cdots
\end{aligned}
$$

で与えられた．この 2 式は，4 で割った余りが 1 の素数 p については因子が同じだが，余りが 3 の因子は異なっている．これらの対数微分をとり，わかりやすいように，主要項である $m=1$ のところを書き下してみると,

$$
\begin{aligned}
\frac{L'(s,\chi_0)}{L(s,\chi_0)} &= -\sum_{p:\,\text{奇素数}}\sum_{m=1}^{\infty}\frac{\log p}{p^{ms}} \\
&= -\frac{\log 3}{3^s}-\frac{\log 5}{5^s}-\frac{\log 7}{7^s}-\frac{\log 11}{11^s}-\cdots, \\
\frac{L'(s,\chi_4)}{L(s,\chi_4)} &= -\sum_{p:\,\text{奇素数}}\sum_{m=1}^{\infty}\frac{(-1)^{\frac{p-1}{2}}\log p}{p^{ms}} \\
&= \frac{\log 3}{3^s}-\frac{\log 5}{5^s}+\frac{\log 7}{7^s}+\frac{\log 11}{11^s}-\cdots
\end{aligned}
$$

となるから，これらを辺々加えて 2 で割る，あるいは辺々引いて 2 で割ると,

$$\frac{1}{2}\left(\frac{L'(s,\chi_0)}{L(s,\chi_0)}+\frac{L'(s,\chi_4)}{L(s,\chi_4)}\right)=-\sum_{p\equiv 1 (\mathrm{mod}\ 4)}\sum_{m=1}^{\infty}\frac{\log p}{p^{ms}}$$
$$=-\frac{\log 5}{5^s}-\frac{\log 13}{13^s}-\frac{\log 17}{17^s}-\cdots$$

および,

$$\frac{1}{2}\left(\frac{L'(s,\chi_0)}{L(s,\chi_0)}-\frac{L'(s,\chi_4)}{L(s,\chi_4)}\right)=-\sum_{p\equiv 3 (\mathrm{mod}\ 4)}\sum_{m=1}^{\infty}\frac{\log p}{p^{ms}}$$
$$=-\frac{\log 3}{3^s}-\frac{\log 7}{7^s}-\frac{\log 11}{11^s}-\cdots$$

となる．したがって，$\psi(x,\chi)$ に関する先ほどの明示公式を用いると,

$$\psi(x,4,1)=\frac{\psi(x,\chi_0)+\psi(x,\chi_4)}{2}$$
$$=\frac{x}{2}+(\text{零点の寄与})+(\text{誤差項})$$

および,

$$\psi(x,4,3)=\frac{\psi(x,\chi_0)-\psi(x,\chi_4)}{2}$$
$$=\frac{x}{2}+(\text{零点の寄与})+(\text{誤差項})$$

を得る．ここで「零点の寄与」は，$L(s,\chi_0)$ と $L(s,\chi_4)$ の両者の零点をわたる和である．

以上が，$N=4$ のときの算術級数定理の証明の概略である．結論をまとめると次のようになる．

「4 で割って 1 余る素数」と「4 で割って 3 余る素数」は，いずれも無数に存在し，それらは，素数全体のほぼ半数ずつを占める．

以上のことから，算術級数定理が対象としている「N で割って a 余る素数」の個数 $\pi(x,N,a)$ を求める問題は，N を法とするディリクレ指標 χ に対して $\psi(x,\chi)$ を求める問題に帰着される．$\psi(x,\chi)$ の方が本質的であり，ゼータ関数や L 関数の性質との関連もわかりやすいので，以後，$\psi(x,\chi)$ を対象として述べる．

$\chi=\chi_0$ の場合は，有限個の因子を除いて $L(s,\chi)$ は $\zeta(s)$ と等しいので，本質的

に検討済みである．以下，$\chi \neq \chi_0$ とする．

2.10 節で示した素数定理の精密化と $L(s,\chi)$ の零点との関係について，$\zeta(s)$ の場合と同様の定理が成り立つ．すなわち，$L(s,\chi)$ の零点の実部の上限を $\Theta = \Theta_\chi$ $(\frac{1}{2} \leq \Theta \leq 1)$ とおくとき，

$$\psi(x,\chi) = O\left(x^{\Theta}(\log x)^2\right) \qquad (x \to \infty)$$

である．$L(s,\chi)$ に対するリーマン予想として $\Theta = \frac{1}{2}$ が予想されているが未解決であり，これが証明されれば，

$$\psi(x,\chi) = O\left(x^{\frac{1}{2}}(\log x)^2\right) \qquad (x \to \infty)$$

が成り立つ．

さらに，本章で紹介した深リーマン予想が，素数定理のより優れた精密化を与えることも知られている．

深リーマン予想の下での素数定理の精密化　χ が自明な指標でないとき，ディリクレの L 関数 $L(s,\chi)$ が深リーマン予想を満たせば，次式が成り立つ．

$$\psi(x,\chi) = o\left(x^{\frac{1}{2}}\log x\right) \qquad (x \to \infty).$$

リーマン予想下での誤差項と比較すると，$\log x$ のべきが 2 乗から 1 乗に改善されているだけでなく，大文字の O 記号が小文字の o 記号に変わっている．小文字の o 記号は，

$$f(x) = o(g(x)) \quad (x \to \infty)$$

を，

$$\lim_{x\to\infty} \frac{f(x)}{g(x)} = 0$$

によって定義する．いわば，大文字の O 記号の定義で登場した「定数 C」が $C = 0$ を満たす場合であり，O 評価よりも o 評価の方が良い．

ここで得られた「ψ 関数に関する素数定理の誤差項」を，踏まえると，第 2 章 2.5 節（115 ページ）で紹介した表の $\psi(x,\chi)$ 版（$\chi \neq \chi_0$ の場合）を作ることが

できる．$\zeta(s)$ のときと異なり，オイラー積は $\mathrm{Re}(s) \geq \frac{1}{2}$ で条件収束する．収束域を右から左に広げていくことが，目指す解明の道筋である．表中，一番右側の枠が今回付け加えた部分であり，$\psi(x,\chi)$ の誤差項が記してある．

$\mathrm{Re}(s) > 1$	絶対収束	素数が無数に存在	$\Rightarrow$	無し
$\mathrm{Re}(s) = 1$	条件収束	素数定理	$\Rightarrow$	$o(x)$
$\frac{1}{2} < \mathrm{Re}(s) < 1$	条件収束	リーマン予想	$\Rightarrow$	$O(x^{\frac{1}{2}}(\log x)^2)$
$\mathrm{Re}(s) = \frac{1}{2}$	条件収束	深リーマン予想	$\Rightarrow$	$o(x^{\frac{1}{2}}\log x)$

3.2 節で，リーマン予想と比較した深リーマン予想のメリットを箇条書きで 3 つ挙げたが，実はそれに加えてもう 1 つのメリットがある．それは，「数値計算によって検証がしやすい」ということである．もちろん，数値計算は証明に無関係であるから，本当にメリットと呼べるかどうかは微妙である．ただ，従来，リーマン予想に関する数値計算で，「実軸から近い順に，何個の零点が臨界線上にある」という結果が公表されているが，無数にある零点のうち何個計算しようが，あまり状況は変わらないともいえる．何兆個まで計算したら予想が確からしいといえるのか，誰にもわからないからである．これに対し，深リーマン予想の数値計算は，より説得力のある検証となり得る．オイラー積の値が収束していそうであるかどうかは，実際に素数を代入して計算すれば，（少なくとも肉眼で見える範囲では）一目瞭然だからである．次節で，そのような検証結果を報告する．

3.7　数値計算による検証

本節では，深リーマン予想を数値計算によって検証する．深リーマン予想の検証は，$L(s) = L(s,\chi_4)$ に対して 3.4 節でも行ったが，ここではさらに多くの事例について検証を進め，前節で定義した各ディリクレ指標 χ について，$L(s,\chi)$ のオイラー積の臨界領域内における収束性を，順にみていく．

以下に，前節で紹介した各ディリクレ指標 χ について，$L(s,\chi)$ の，素数 p を

x 以下にわたらせた有限オイラー積の主要部を，$L_x(s,\chi)$ とおく．すなわち，

$$L_x(s,\chi)=\begin{cases}\displaystyle\sum_{p<x}\frac{\chi(p)}{p^s} & \left(s\neq\frac{1}{2}\text{のとき}\right),\\ \displaystyle\sum_{p<x}\left(\frac{\chi(p)}{\sqrt{p}}+\frac{1}{2p}\right) & \left(s=\frac{1}{2}\text{のとき}\right)\end{cases}$$

である．この値を，横軸を x としてグラフ化して紹介する．もし，x が増大するにつれ，$L_x(s,\chi)$ の値が安定して一定値に近づけば，オイラー積は収束していそうであるといえるので，深リーマン予想を支持する結果となる．

本書では，(3.3 節で行った検証も含め) x を最大 1000 億としたが，100 億以下で挙動がほぼわかる場合は，100 億までの掲載とした．結果的に，深リーマン予想で収束が予想される範囲では，100 億で十分であり，1000 億まで必要となるのは，発散が予想される $\mathrm{Re}(s)=\frac{4}{10}$ など，3.3 節で掲載した場合に限られた．

これだけ多くの素数に関して臨界領域内でオイラー積を計算した結果が公表されるのは，世界初[3]である．

前節で扱ったディリクレ指標のうち，χ_{5c}，χ_{7d}，χ_{7e} はそれぞれ，χ_{5a}，χ_{7b}，χ_{7a} の複素共役であるから，オイラー積の収束性を改めて調べる必要がないので省略した．したがって，本節では以下の 10 個を扱う．

$$\chi_3,\quad \chi_4,\quad \chi_{5a},\quad \chi_{5b},\quad \chi_6,$$
$$\chi_{7a},\quad \chi_{7b},\quad \chi_{7c},\quad \chi_{8a},\quad \chi_{8b}.$$

掲載は，ディリクレ指標ごとに行い，法 N の小さい順（すなわち，上に並べたディリクレ指標の順）とした．各ディリクレ指標において，s として，以下の各点を採用した．

- $\mathrm{Re}(s)>\frac{1}{2}$ なる点の代表として，$s=\frac{3}{4}$ および $s=\frac{3}{4}+i$.
- $\mathrm{Re}(s)=\frac{1}{2}$ なる点の代表として，$s=\frac{1}{2}$ および $s=\frac{1}{2}+i$.

---

3 著者の知る限り，臨界領域内でディリクレ L 関数のオイラー積を計算した文献は，著者らによる共著論文
T. Kimura, S. Koyama and N. Kurokawa, Euler products beyond the boundary. Letters in Math. Phys. 104 (2014) 1-19
のみである．そこでは，いくつかのディリクレ指標に対し，最大 1000 個の素数にわたるオイラー積が計算されている．

各ディリクレ指標ごとの結果は，

$$s=\frac{3}{4},\quad s=\frac{3}{4}+i,\quad s=\frac{1}{2},\quad s=\frac{1}{2}+i$$

の順で記した．

(A)　$L(s,\chi_3)$

$s=\frac{3}{4}$ のとき，x が 100 億まで，オイラー積の値は −0.29 くらいでほぼ一定の挙動となる（図 3.12）．

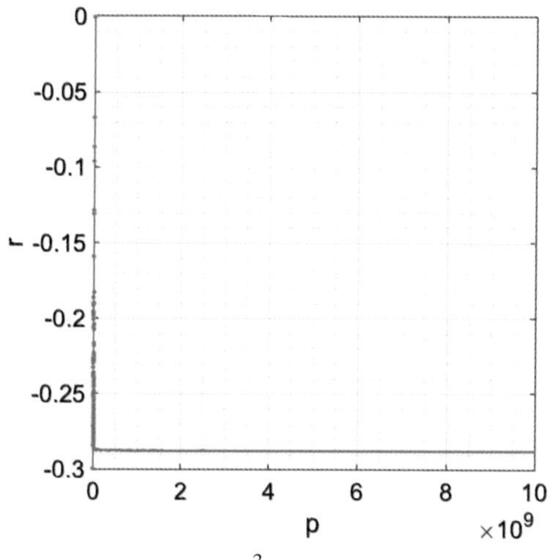

図 3.12　$L(s,\chi_3)$ の $s=\frac{3}{4}$ におけるオイラー積の振舞い

$s=\frac{3}{4}+i$ のとき，オイラー積の値は複素数となるので，複数の図を利用して表示した（図 3.13）．上段左側の図は上側が虚部，下側が実部の値を示し，横軸は x である．実部，虚部ともに x の増大に伴い，それぞれ 0.01 および 0.1 くらいの近辺でほぼ一定値になっている．上段右側の図はそれを複素平面上に図示したものを，動きがわかるように線分で結んだものである．最初の方はばらつきがあるものの，後半は $0.01+0.1i$ の近くに密集していることがみてとれる．下段の図は，それを立体化し，奥行きを x にとり，複素平面上での点の動きを 3 次元的に見たものである．ごく最初の部分以外は，ほとんど一直線であることがわかる．

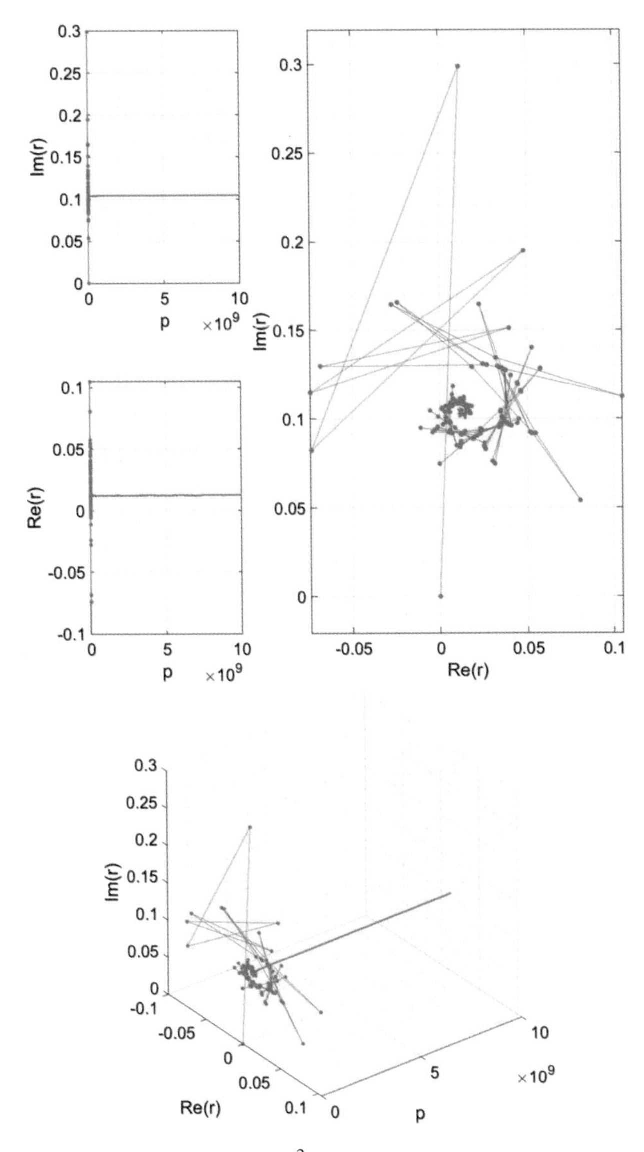

図 3.13 $L(s,\chi_3)$ の $s=\frac{3}{4}+i$ におけるオイラー積の振舞い

次に，$s=\frac{1}{2}$ での様子を示す（図 3.14）．$s=\frac{3}{4}$ に比べると小さな変動が見られるが，100 億付近では -1.15 辺りで落ち着いているようにも見える．

次に，$s=\dfrac{1}{2}+i$ での様子を示す（図 3.15）．これも，小さな変動が見られるが，ほぼ一筋の線となって収束に向かっているようにも見える．

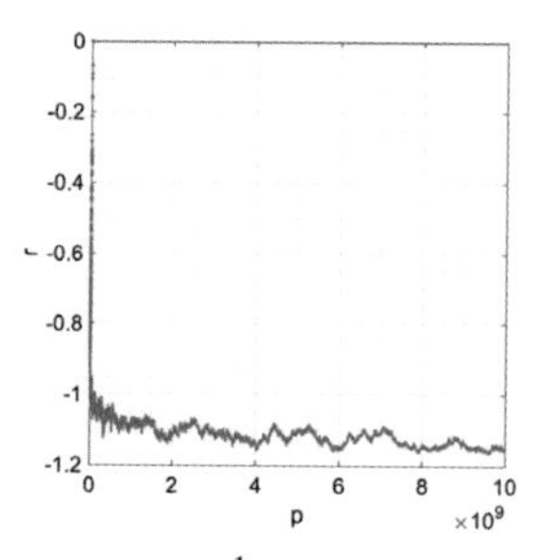

図 3.14　$L(s,\chi_3)$ の $s=\dfrac{1}{2}$ におけるオイラー積の振舞い

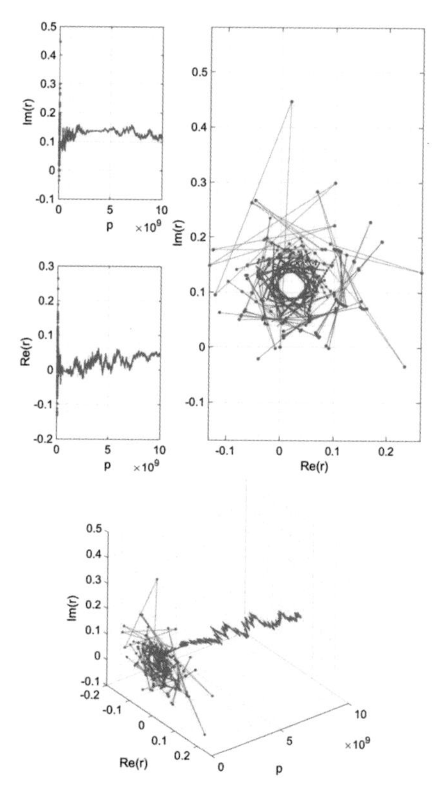

図 3.15　$L(s,\chi_3)$ の $s=\dfrac{1}{2}+i$ におけるオイラー積の振舞い

(B)　$L(s, \chi_4)$

χ_4 については，χ_3 とほぼ同様の傾向が見られた．4 点の s におけるデータを順に示す（図 3.16〜3.19）．

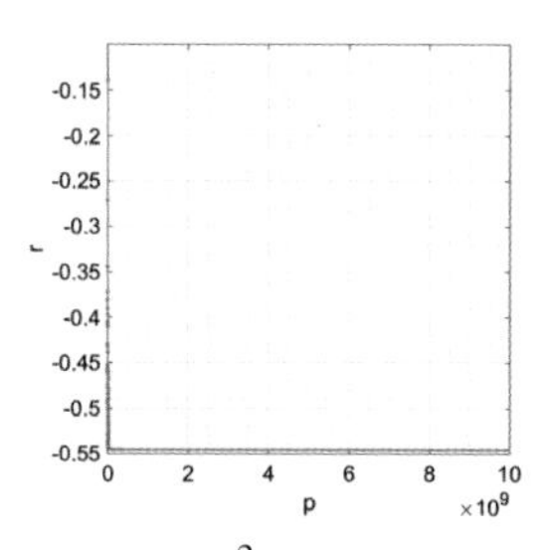

図 3.16　$L(s, \chi_4)$ の $s = \frac{3}{4}$ におけるオイラー積の振舞い

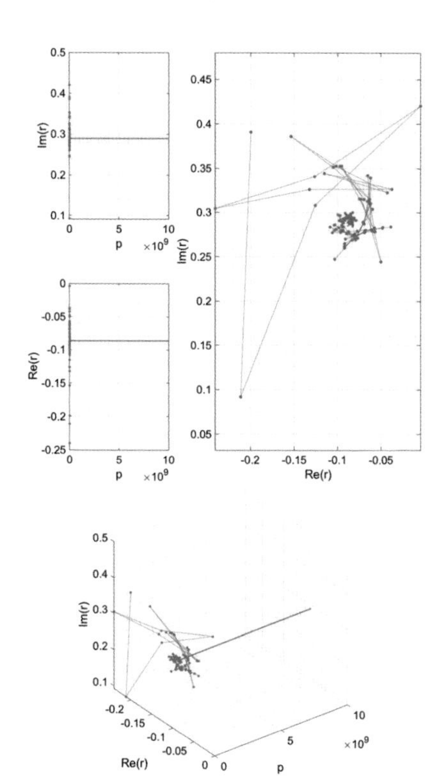

図 3.17　$L(s, \chi_4)$ の $s = \frac{3}{4} + i$ におけるオイラー積の振舞い

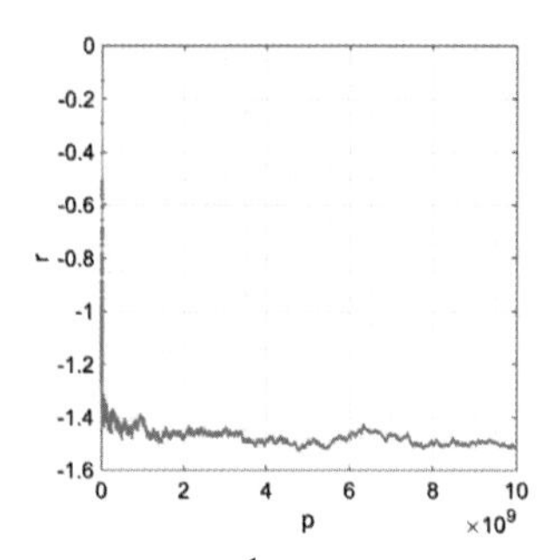

図 3.18 $L(s,\chi_4)$ の $s=\frac{1}{2}$ におけるオイラー積の振舞い

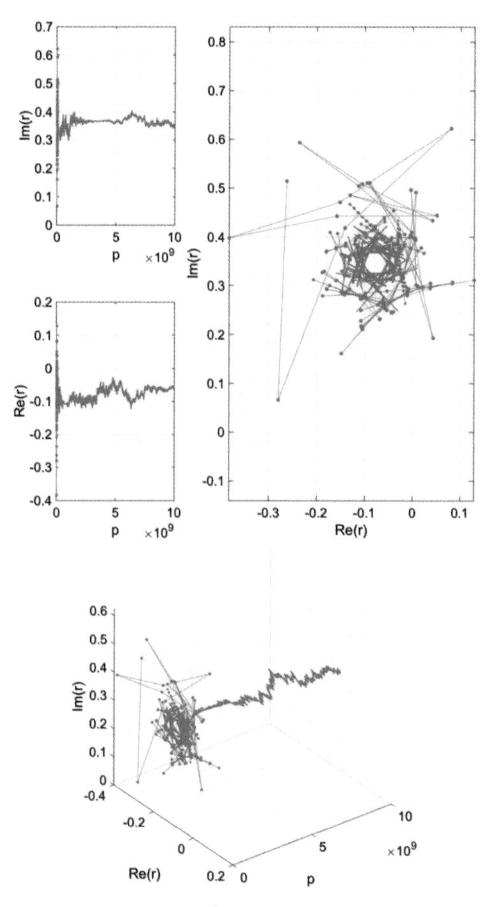

図 3.19 $L(s,\chi_4)$ の $s=\frac{1}{2}+i$ におけるオイラー積の振舞い

(C) $L(s, \chi_{5a})$

$\chi_{5a}(n)$ は複素数値であるため，

$$s = \frac{3}{4}, \quad \frac{3}{4}+i, \quad \frac{1}{2}, \quad \frac{1}{2}+i$$

のすべてにおいて，オイラー積は複素数値となる．よって，先ほど同様，複数の図を用いて表した（図 3.20〜3.23）．上段の左上図と左下図は，横軸を x にとり，縦軸をそれぞれ

$$\mathrm{Re}\,(L_x\,(s, \chi_{5a})), \qquad \mathrm{Im}\,(L_x\,(s, \chi_{5a}))$$

として，$x \leq 10^{10}$（= 100 億）までの様子を描いた．実部，虚部ともに，次第に先細りになり，収束しそうな様子がみてとれる．

上段右側の図は，複素数 $L_x\,(s, \chi_{5a})$ を複素平面にプロットし，$x \leq 10^{10}$（= 100 億）までプロットした点を動かしてみたものである．オイラー積の収束を反映してか，中央部分に軌道が密集しているようにみえる．

下段の図は，それを立体的にしたもので，奥行きを x として描いたグラフである．x が大きくなると，グラフは 1 本化され，1 点に収束しそうな様子がみてとれる．

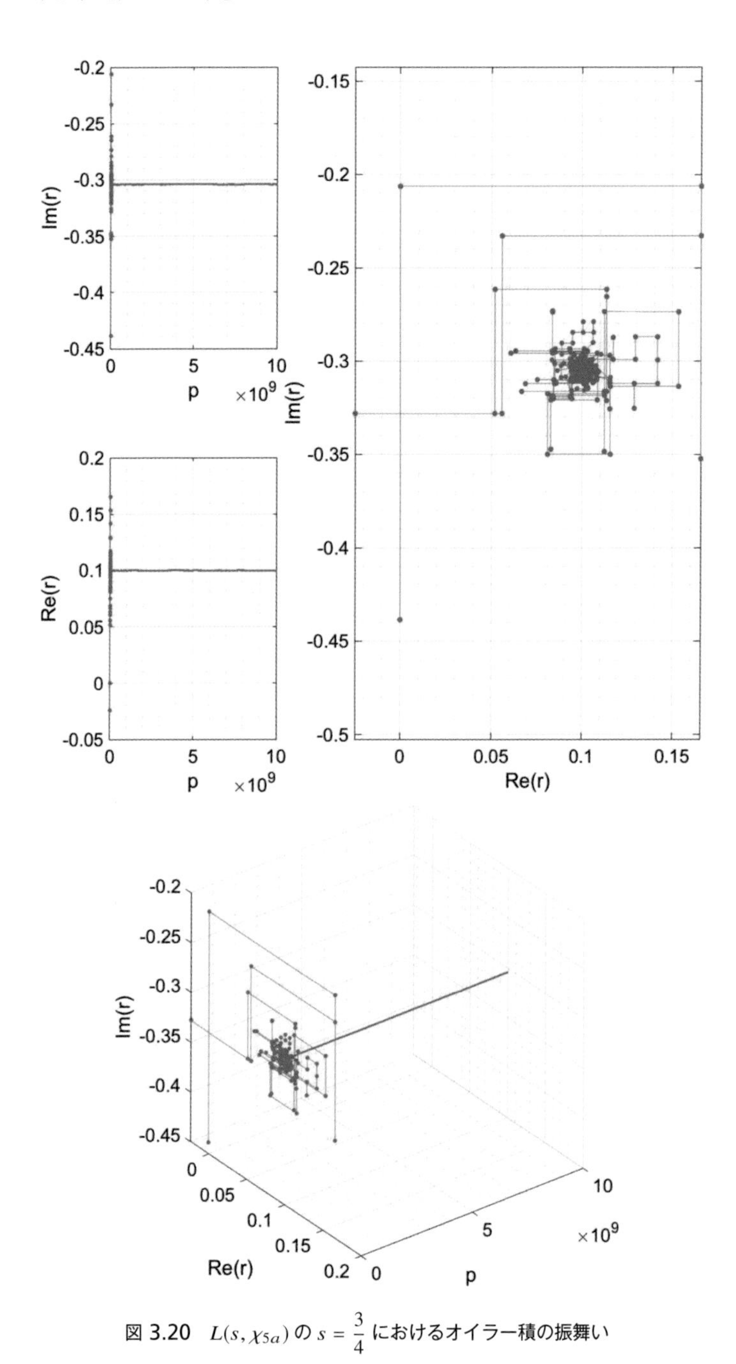

図 3.20　$L(s, \chi_{5a})$ の $s = \dfrac{3}{4}$ におけるオイラー積の振舞い

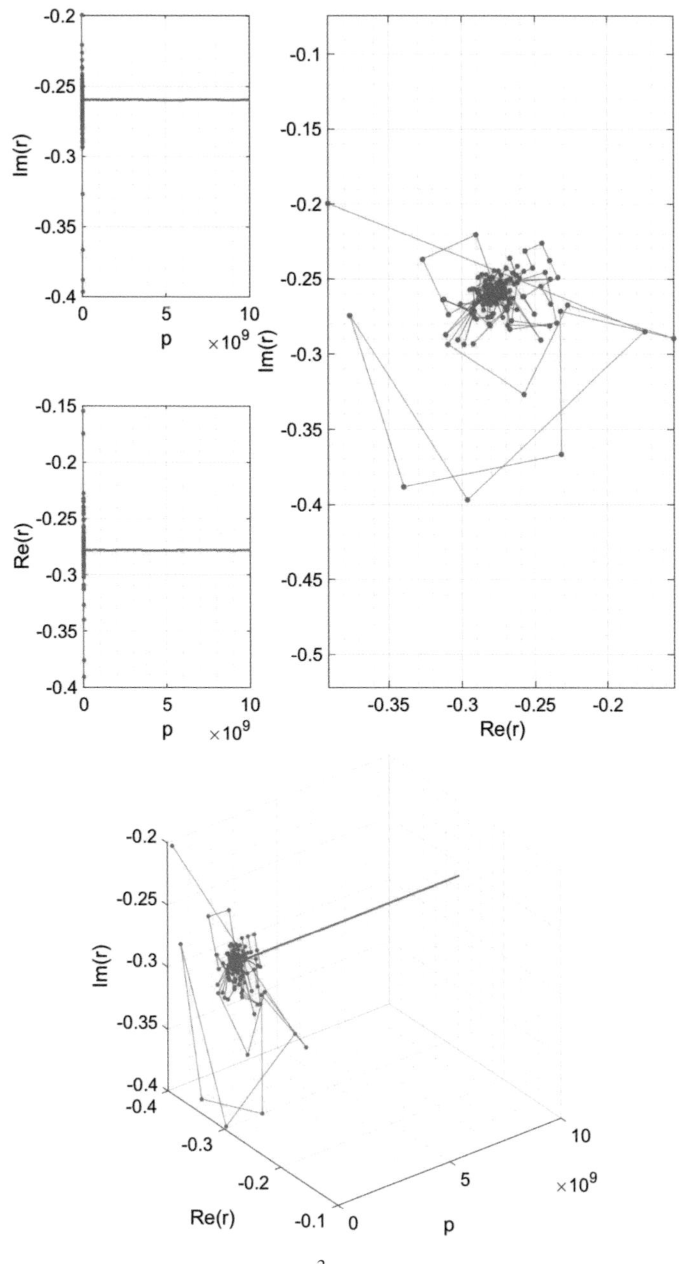

図 3.21　$L(s, \chi_{5a})$ の $s = \frac{3}{4} + i$ におけるオイラー積の振舞い

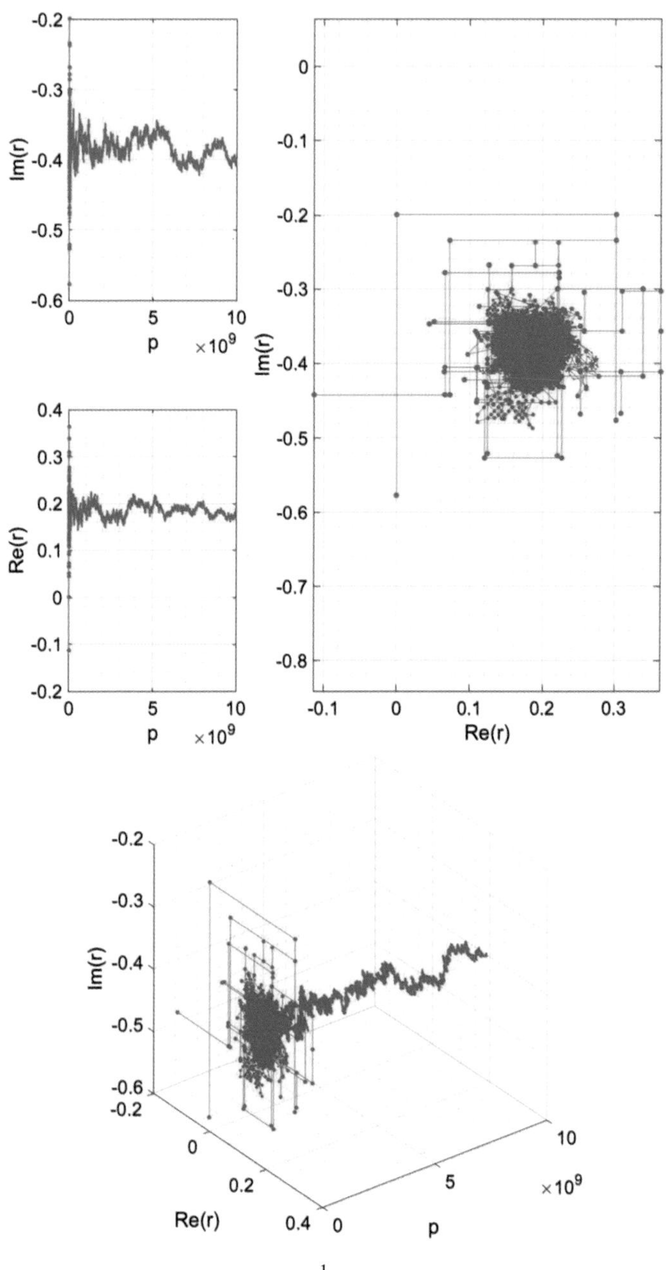

図 3.22　$L(s,\chi_{5a})$ の $s=\frac{1}{2}$ におけるオイラー積の振舞い

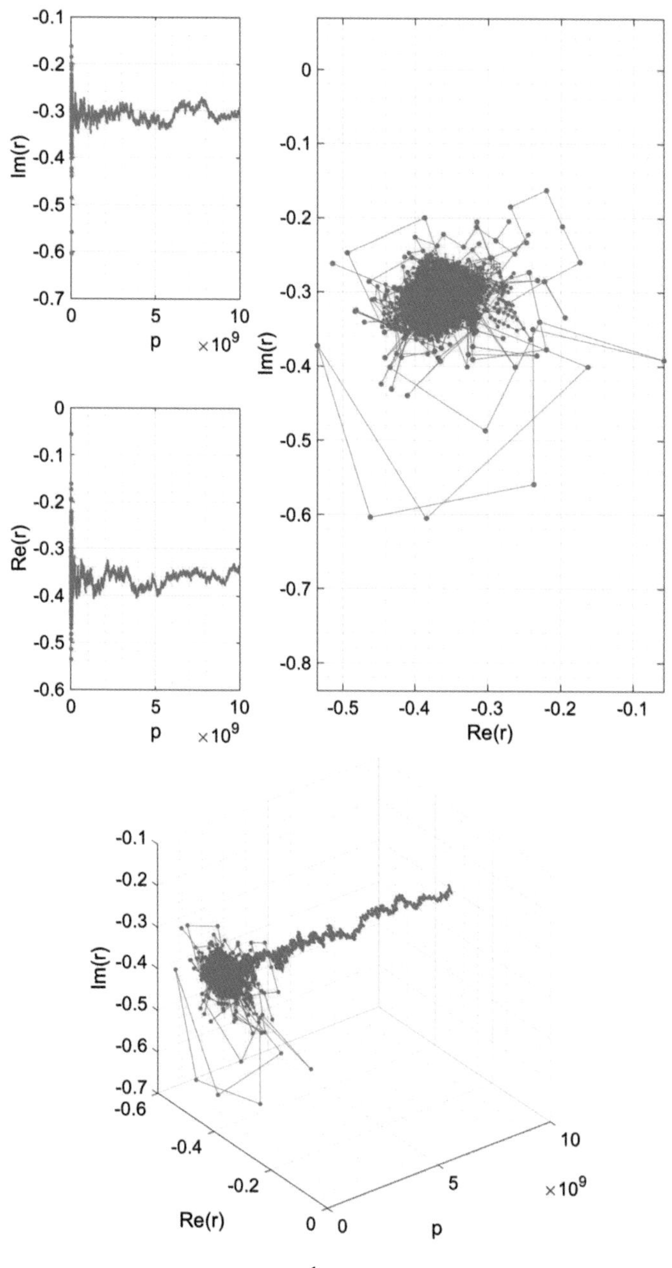

図 3.23 $L(s,\chi_{5a})$ の $s=\frac{1}{2}+i$ におけるオイラー積の振舞い

(D) $L(s, \chi_{5b})$

$\chi_{5b}(n)$ は実数値であるから，$\chi_3(n)$ と同様の記法で表示した（図 3.24〜3.27）.

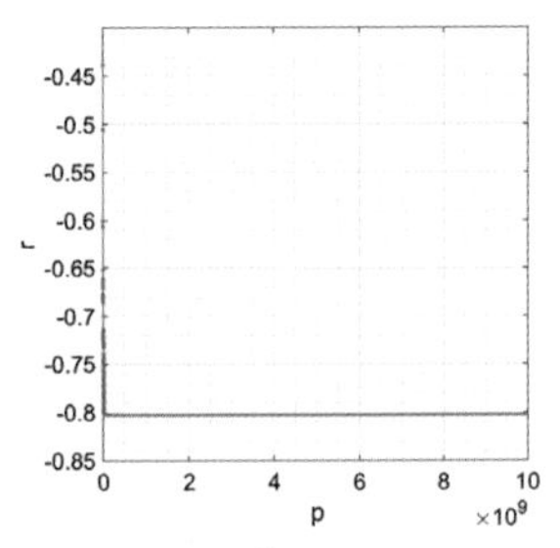

図 3.24　$L(s, \chi_{5b})$ の $s = \frac{3}{4}$ におけるオイラー積の振舞い

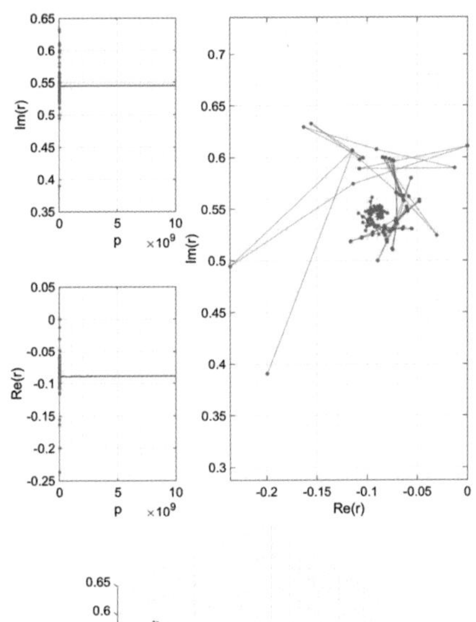

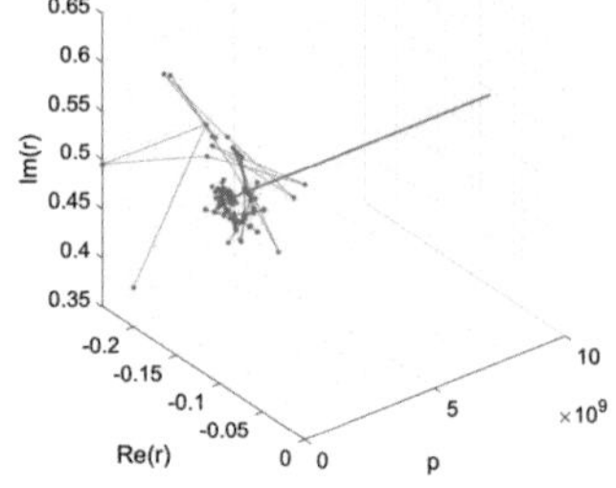

図 3.25　$L(s, \chi_{5b})$ の $s = \frac{3}{4} + i$ におけるオイラー積の振舞い

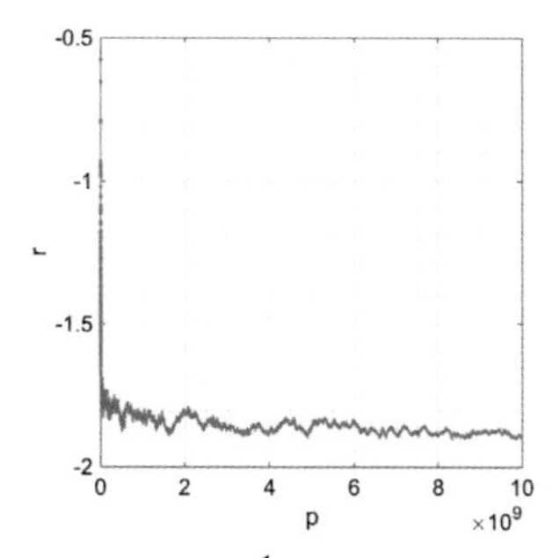

図 3.26　$L(s, \chi_{5b})$ の $s = \frac{1}{2}$ におけるオイラー積の振舞い

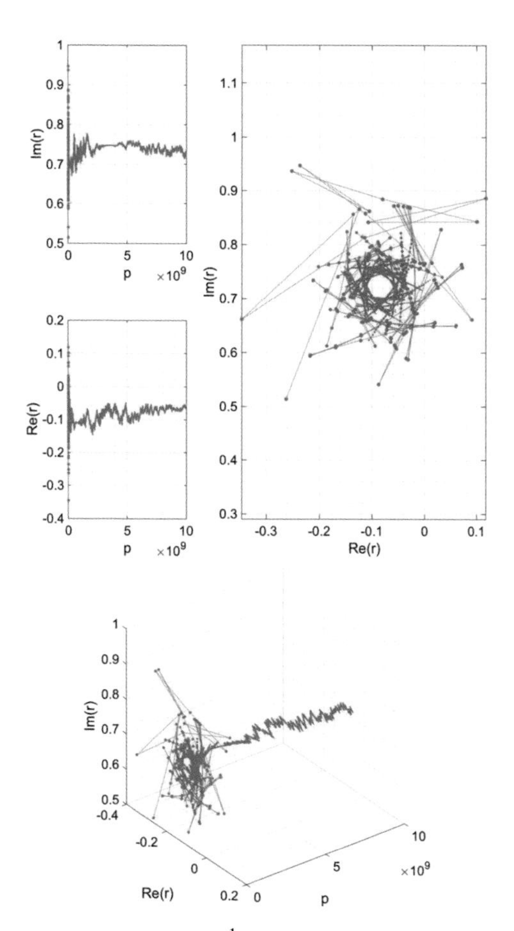

図 3.27　$L(s, \chi_{5b})$ の $s = \frac{1}{2} + i$ におけるオイラー積の振舞い

(E)　$L(s, \chi_6)$

χ_6 は実数値であるので，χ_3，χ_4 と類似の傾向が見られた（図 3.28〜3.31）.

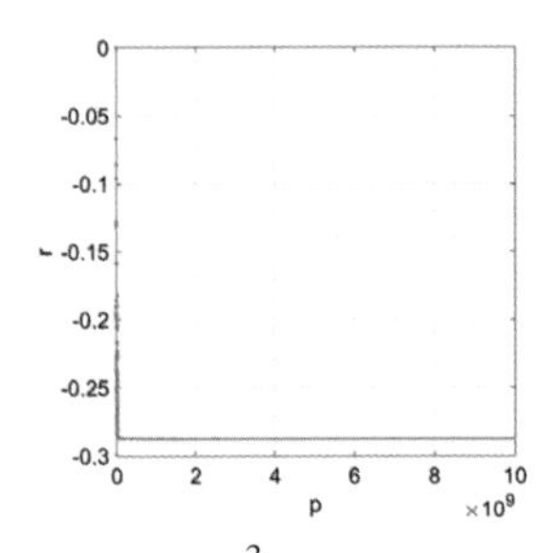

図 3.28　$L(s, \chi_6)$ の $s = \dfrac{3}{4}$ におけるオイラー積の振舞い

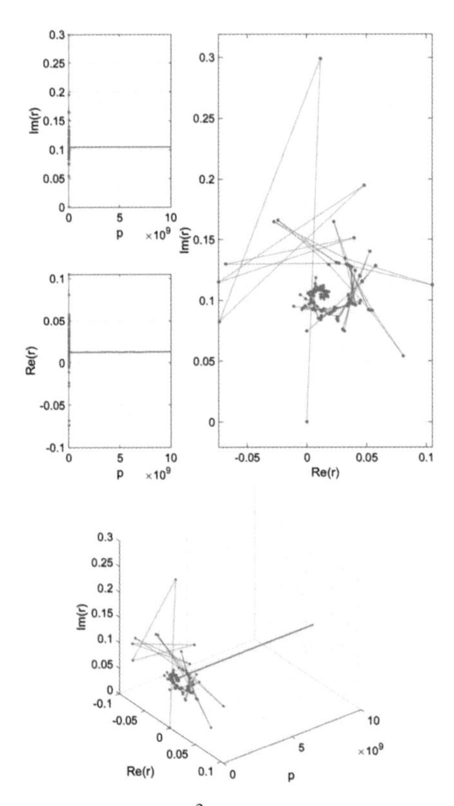

図 3.29　$L(s, \chi_6)$ の $s = \dfrac{3}{4} + i$ におけるオイラー積の振舞い

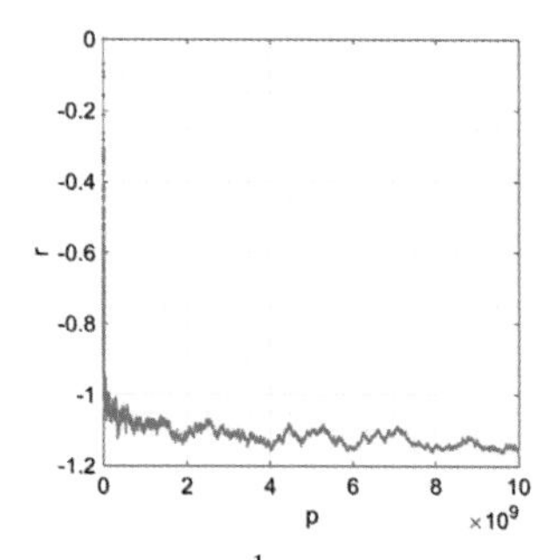

図 3.30 $L(s, \chi_6)$ の $s = \frac{1}{2}$ におけるオイラー積の振舞い

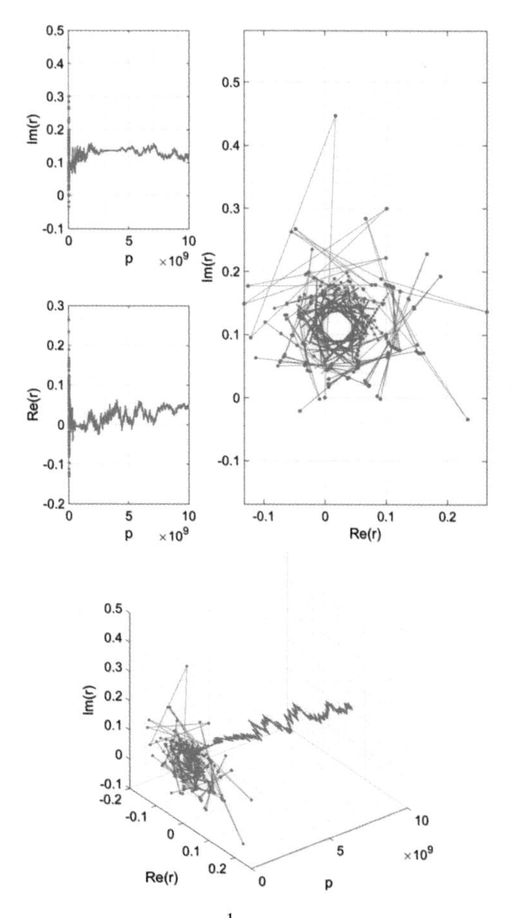

図 3.31 $L(s, \chi_6)$ の $s = \frac{1}{2} + i$ におけるオイラー積の振舞い

(F) $L(s, \chi_{7a})$

複素数値であるので，χ_{5a} と同様の方法で複数の図を用いた（図 3.32〜3.35）.

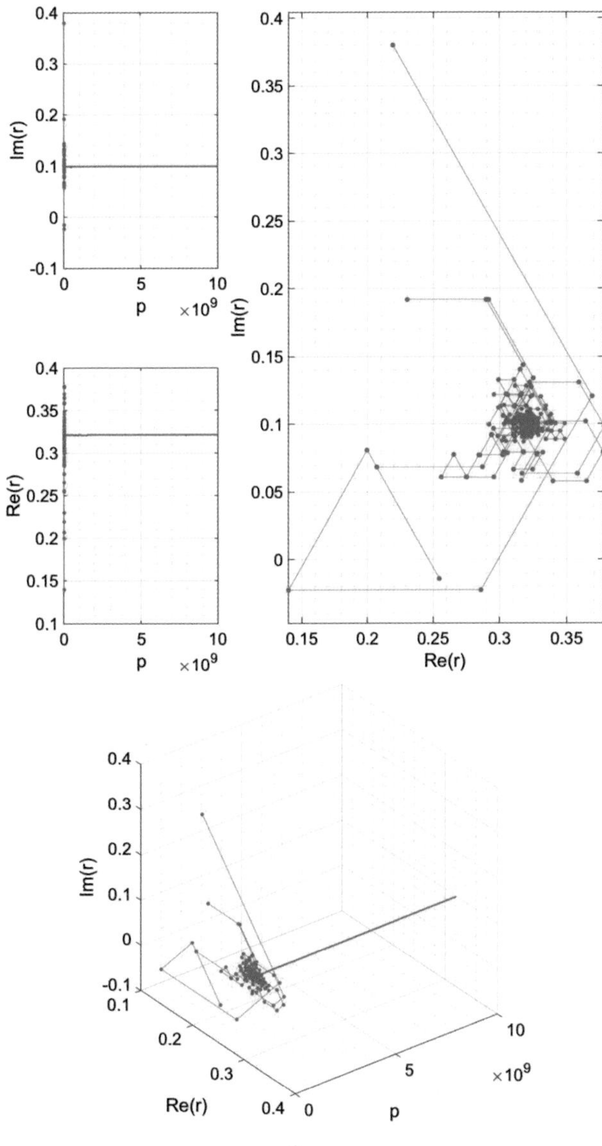

図 3.32 $L(s, \chi_{7a})$ の $s = \frac{3}{4}$ におけるオイラー積の振舞い

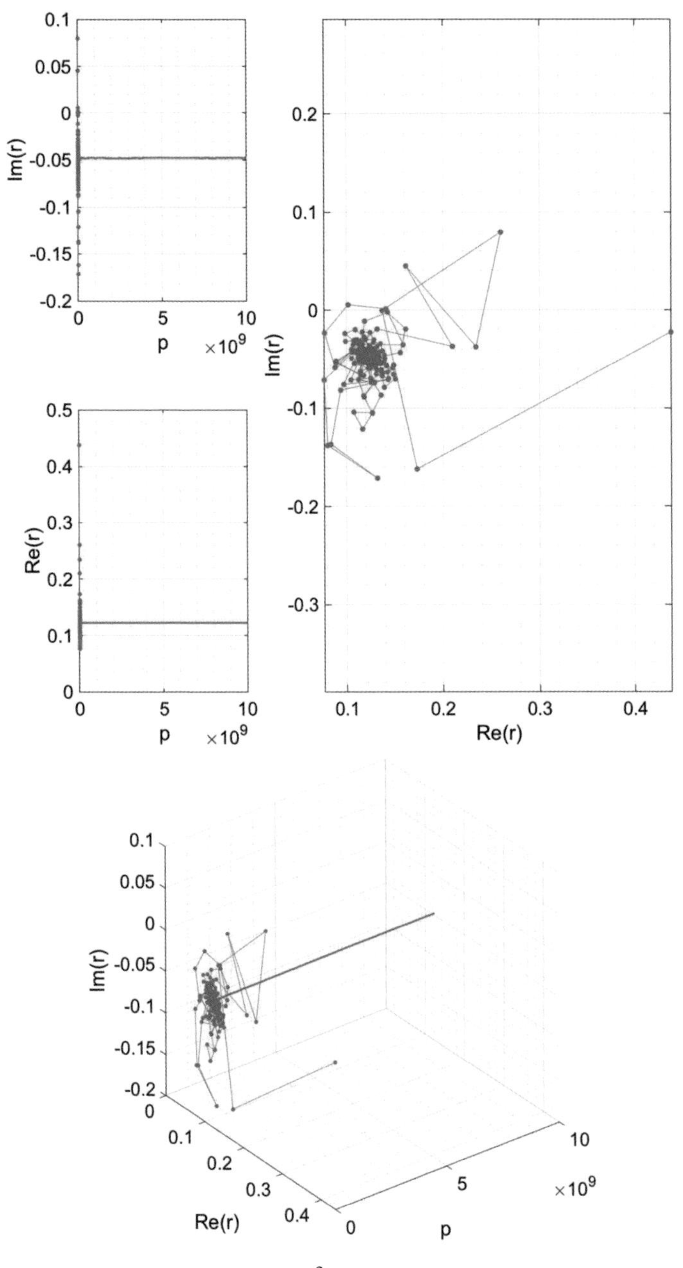

図 3.33　$L(s,\chi_{7a})$ の $s=\frac{3}{4}+i$ におけるオイラー積の振舞い

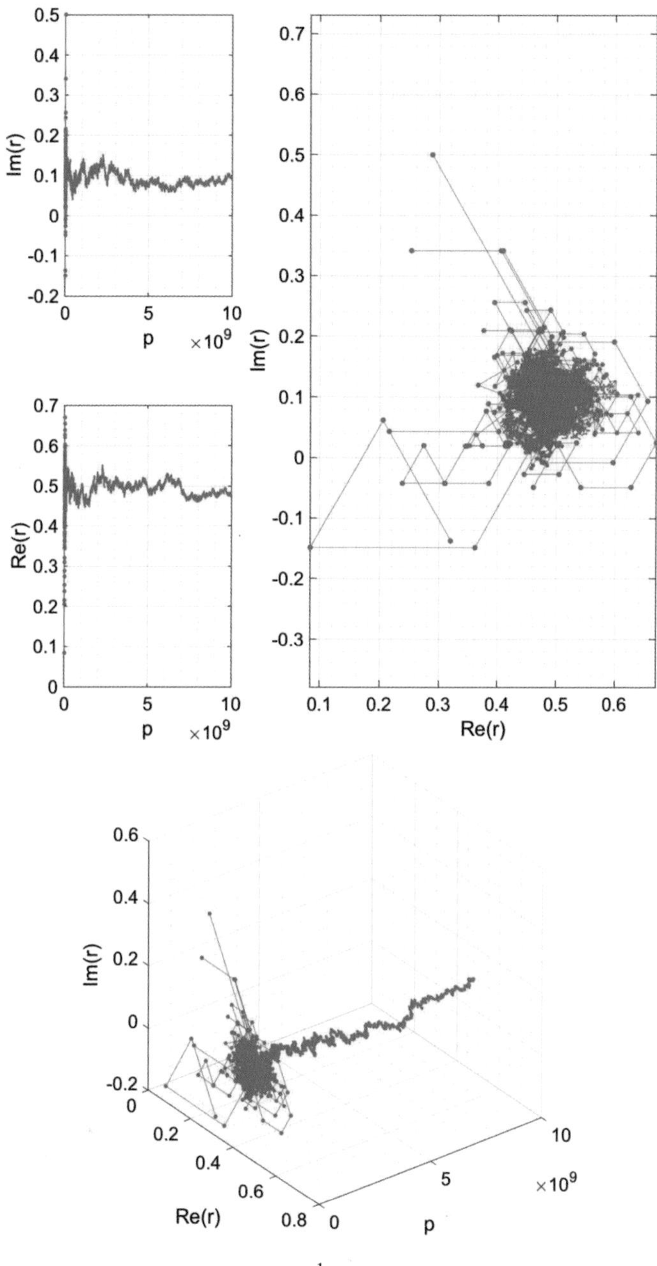

図 3.34 $L(s, \chi_{7a})$ の $s = \frac{1}{2}$ におけるオイラー積の振舞い

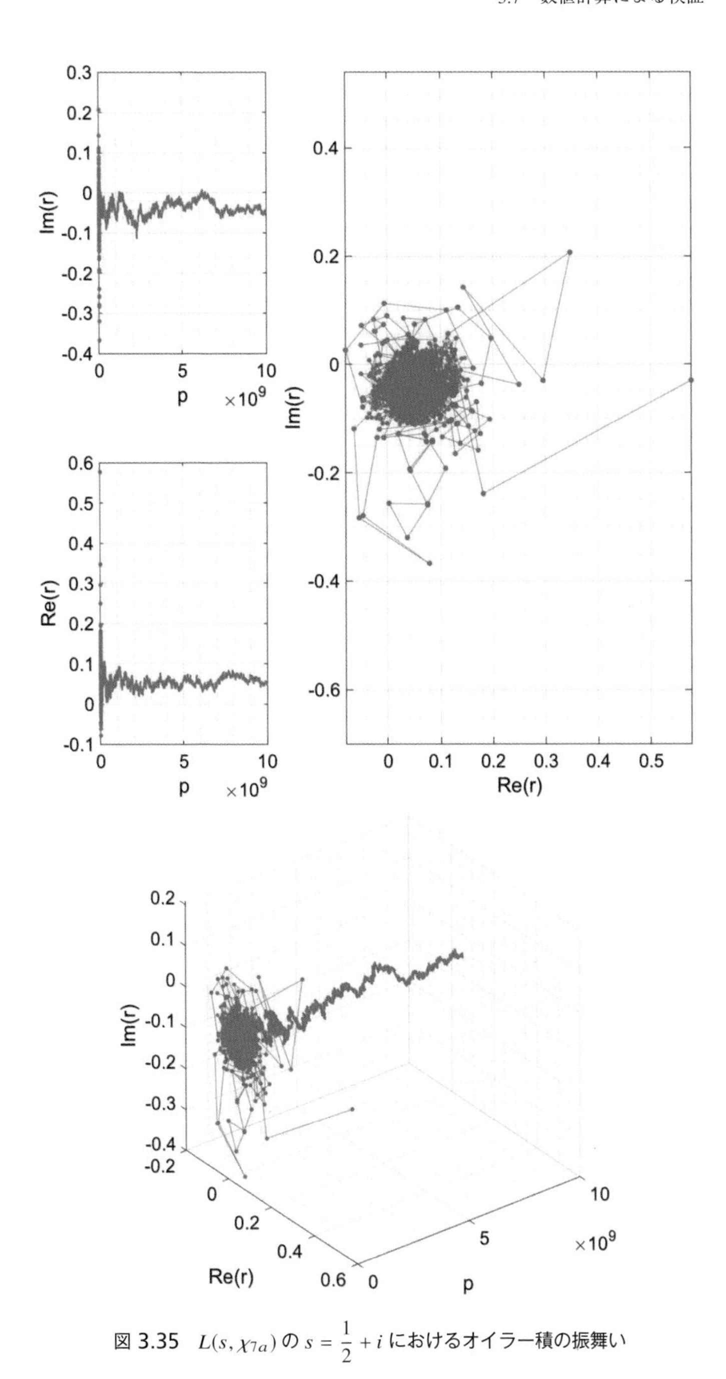

図 3.35 $L(s, \chi_{7a})$ の $s = \frac{1}{2} + i$ におけるオイラー積の振舞い

(G)　$L(s, \chi_{7b})$

複素数値であるので，χ_{5a} と同様の方法で複数の図を用いた（図 3.36～3.39）.

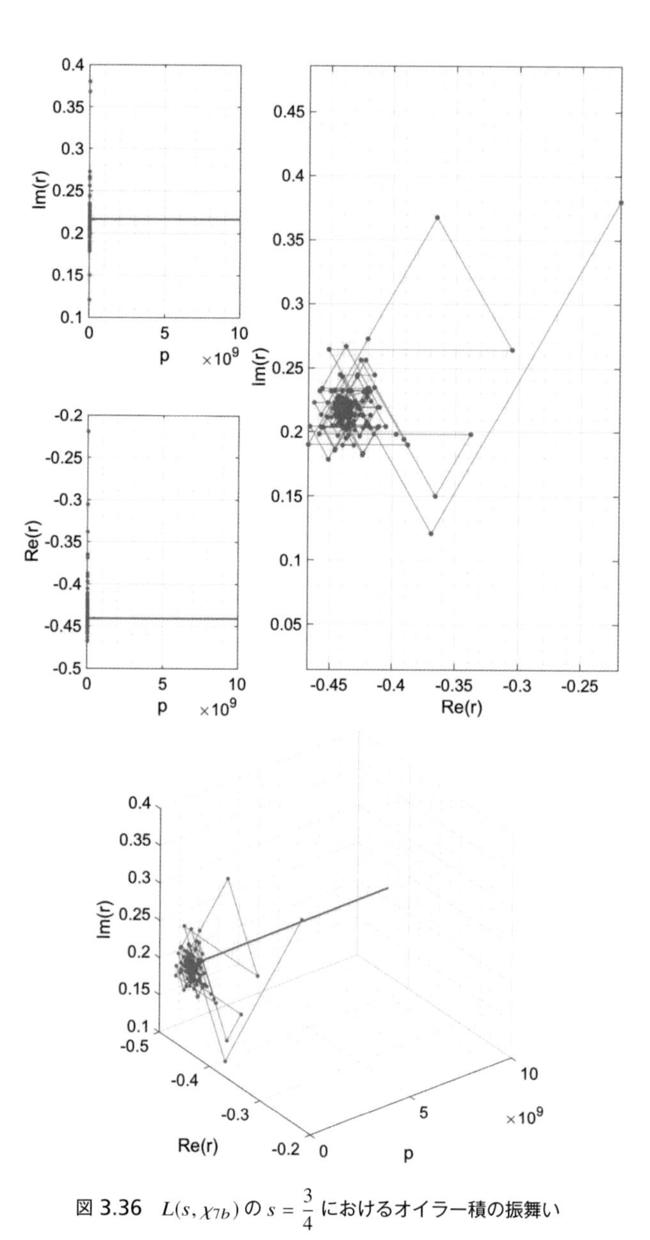

図 3.36　$L(s, \chi_{7b})$ の $s = \frac{3}{4}$ におけるオイラー積の振舞い

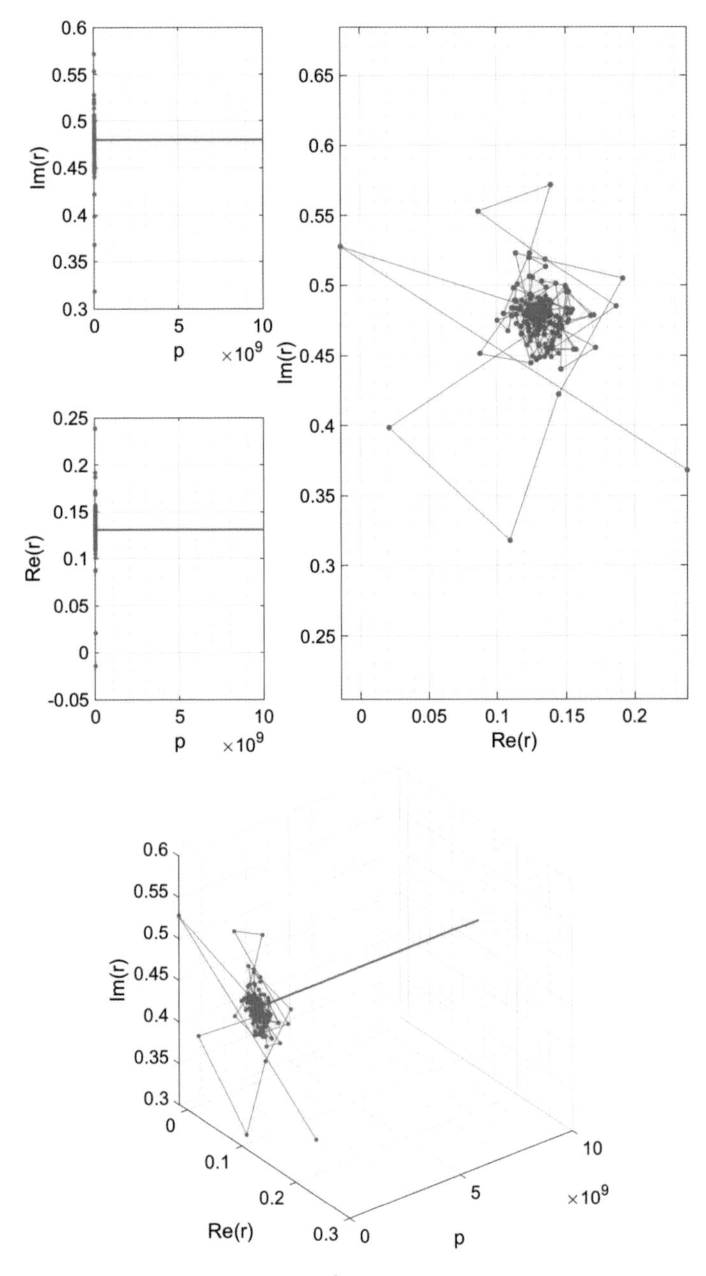

図 3.37　$L(s, \chi_{7b})$ の $s = \dfrac{3}{4} + i$ におけるオイラー積の振舞い

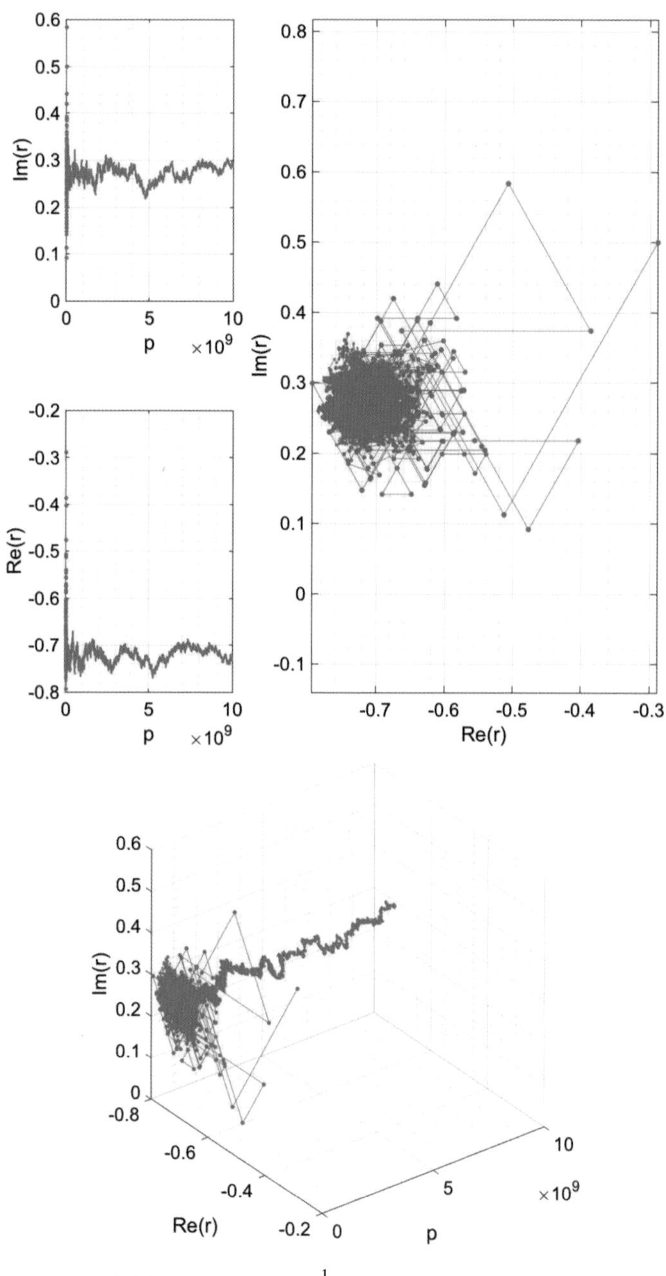

図 3.38 $L(s, \chi_{7b})$ の $s = \dfrac{1}{2}$ におけるオイラー積の振舞い

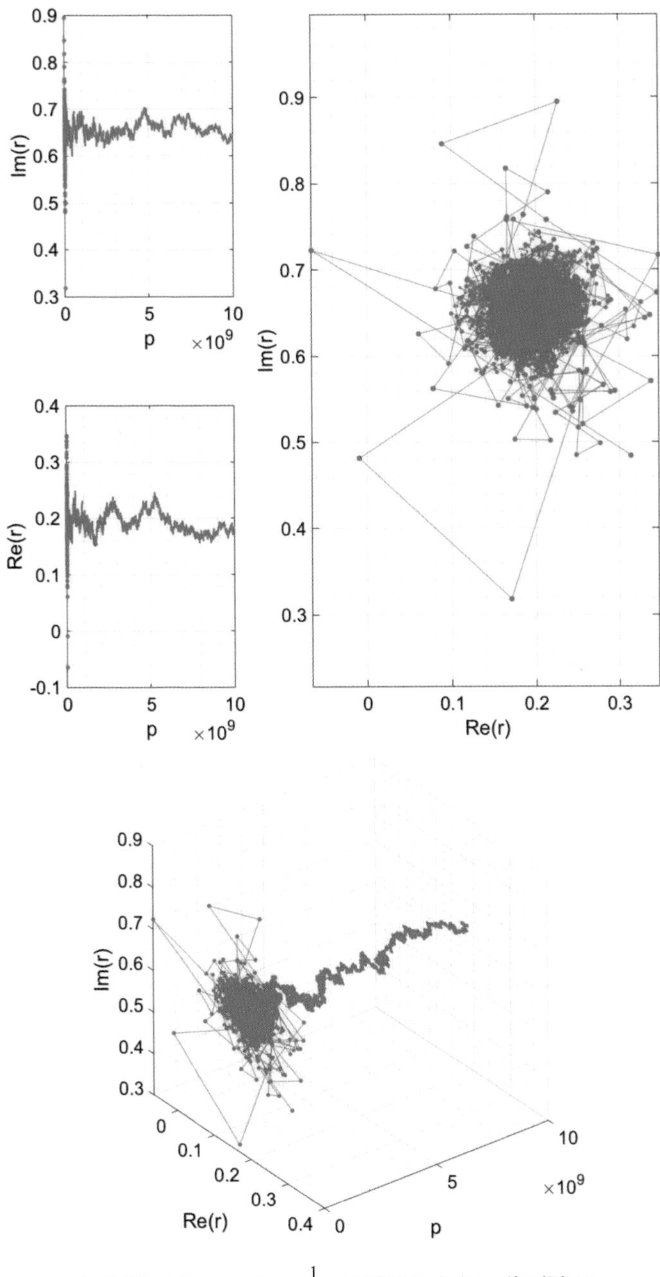

図 3.39　$L(s, \chi_{7b})$ の $s = \frac{1}{2} + i$ におけるオイラー積の振舞い

(H) $L(s, \chi_{7c})$

この指標は実数値であり，χ_3，χ_4 などと同様の傾向が見られる（図 3.40 〜3.43）.

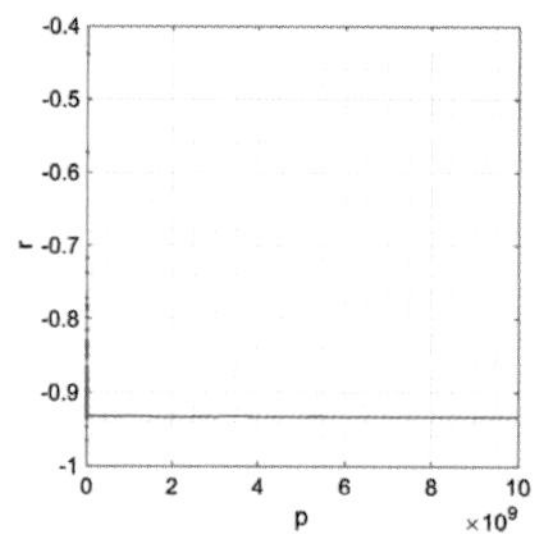

図 3.40 $L(s, \chi_{7c})$ の $s = \dfrac{3}{4}$ におけるオイラー積の振舞い

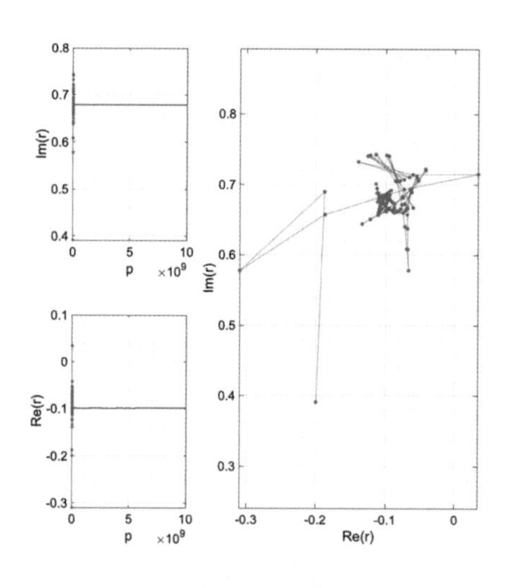

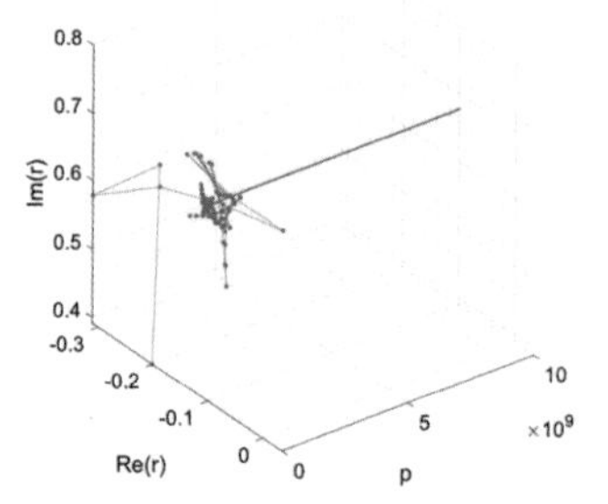

図 3.41 $L(s, \chi_{7c})$ の $s = \dfrac{3}{4} + i$ におけるオイラー積の振舞い

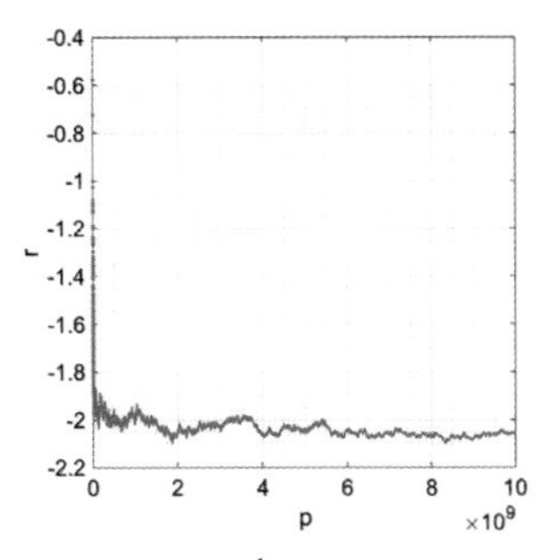

図 3.42 $L(s, \chi_{7c})$ の $s = \frac{1}{2}$ におけるオイラー積の振舞い

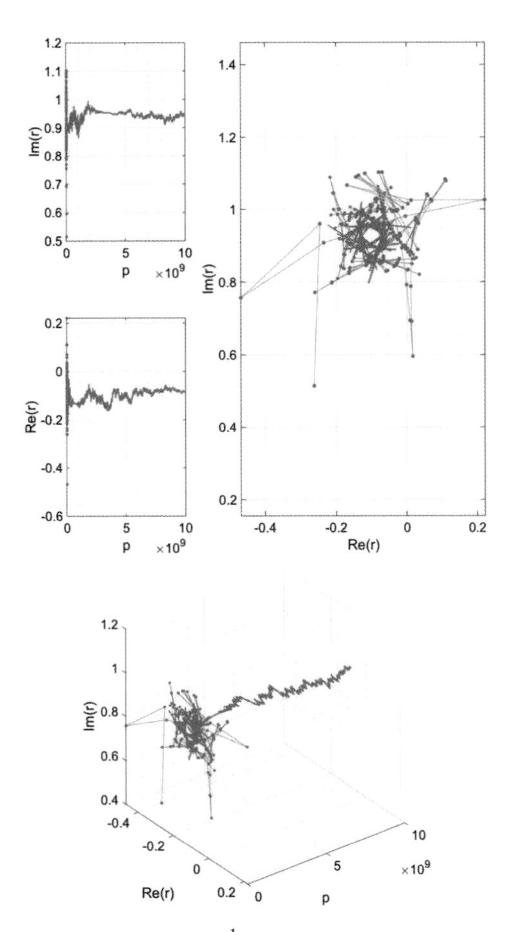

図 3.43 $L(s, \chi_{7c})$ の $s = \frac{1}{2} + i$ におけるオイラー積の振舞い

(l) $L(s, \chi_{8a})$

これも実数値なので，χ_3，χ_4 などと同様の傾向が見られる（図 3.44～3.47）.

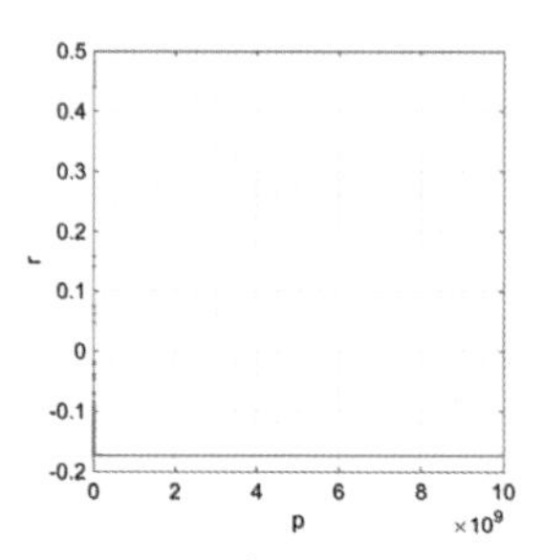

図 3.44 $L(s, \chi_{8a})$ の $s = \frac{3}{4}$ におけるオイラー積の振舞い

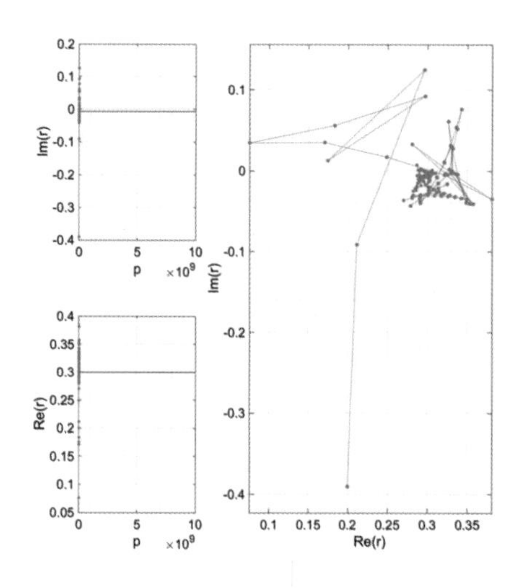

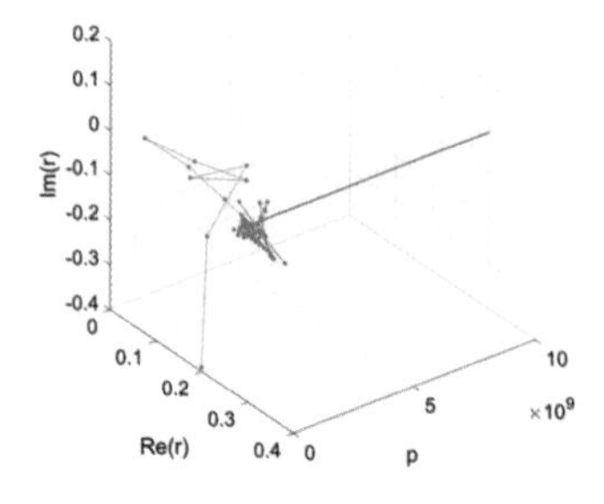

図 3.45 $L(s, \chi_{8a})$ の $s = \frac{3}{4} + i$ におけるオイラー積の振舞い

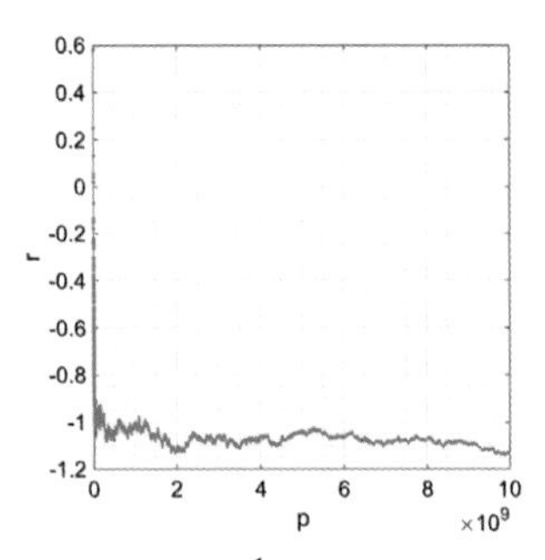

図 3.46　$L(s, \chi_{8a})$ の $s = \dfrac{1}{2}$ におけるオイラー積の振舞い

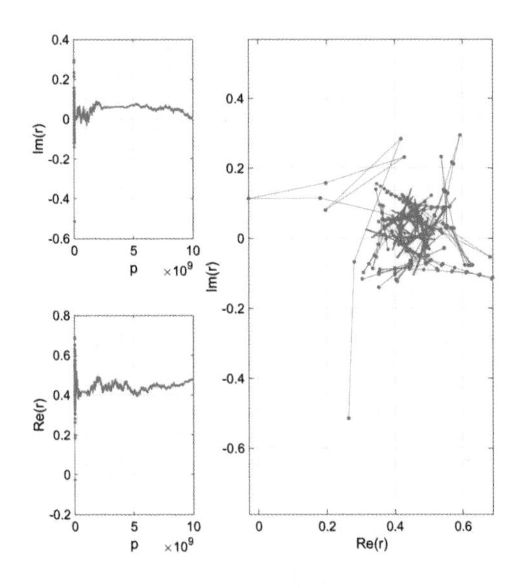

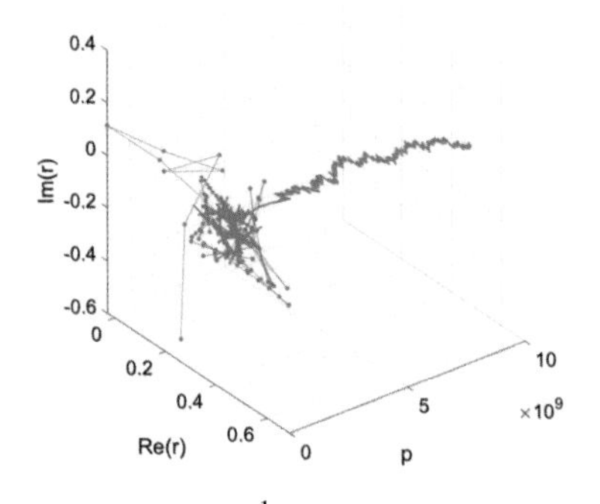

図 3.47　$L(s, \chi_{8a})$ の $s = \dfrac{1}{2} + i$ におけるオイラー積の振舞い

(J)　$L(s, \chi_{8b})$

これも実数値なので，χ_3，χ_4 などと同様の傾向が見られる（図 3.48～3.51）.

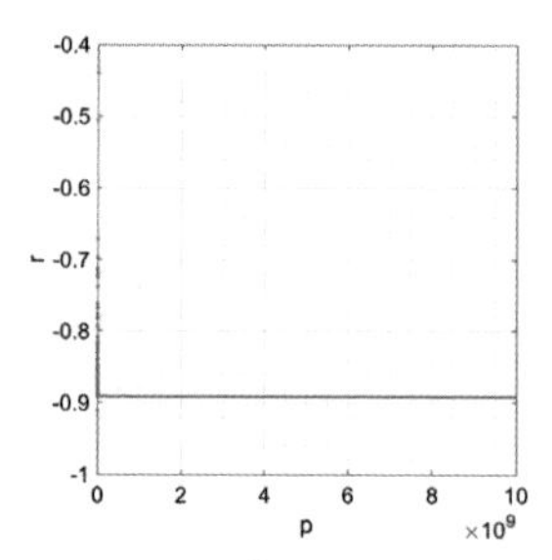

図 3.48　$L(s, \chi_{8b})$ の $s = \frac{3}{4}$ におけるオイラー積の振舞い

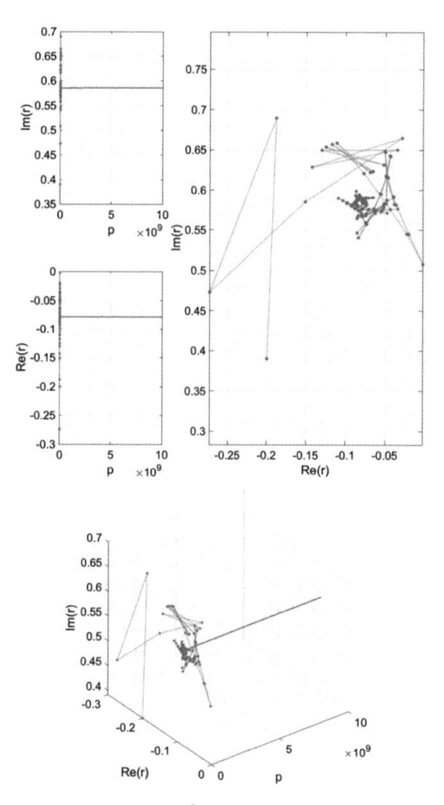

図 3.49　$L(s, \chi_{8b})$ の $s = \frac{3}{4} + i$ におけるオイラー積の振舞い

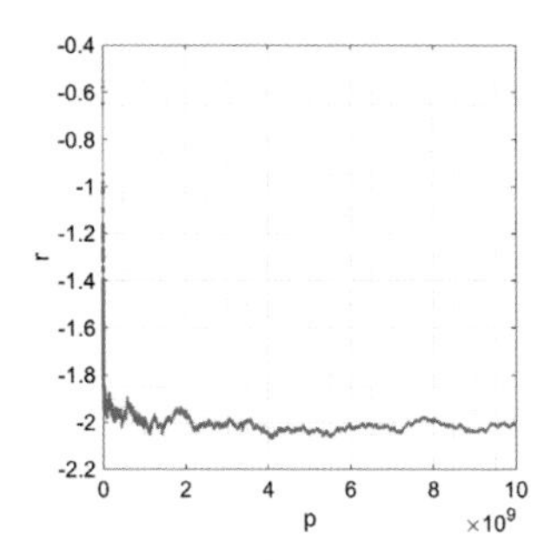

図 3.50　$L(s, \chi_{8b})$ の $s = \dfrac{1}{2}$ におけるオイラー積の振舞い

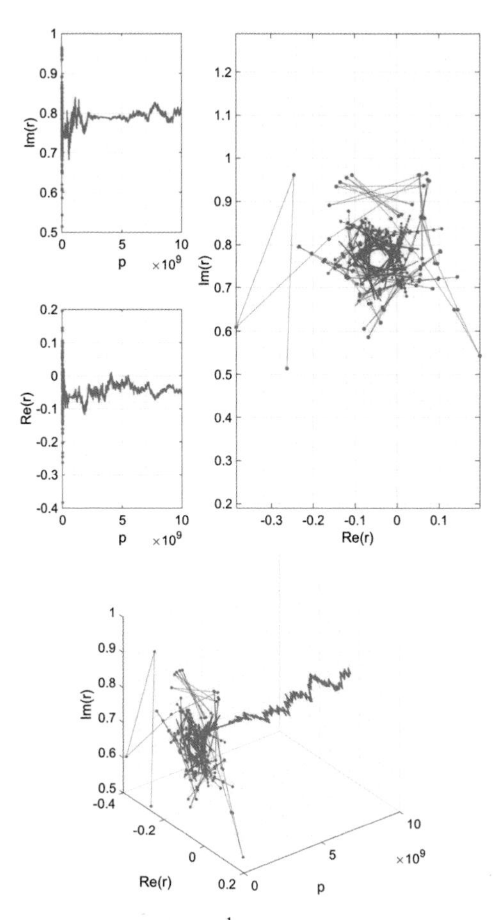

図 3.51　$L(s, \chi_{8b})$ の $s = \dfrac{1}{2} + i$ におけるオイラー積の振舞い

付録A　環論と合同式

ここでは，整数係数多項式 $f(x)$ と自然数 N に対し，合同式

$$f(x) \equiv 0 \pmod N$$

の整数解 x の求め方を解説する．そのためには，整数環 $\mathbb{Z}$ のイデアル $N\mathbb{Z}$ による剰余環 $\mathbb{Z}/N\mathbb{Z}$ における方程式

$$f(x) = 0 \qquad (x \in \mathbb{Z}/N\mathbb{Z})$$

を解けばよい．そこで本章では，剰余環における方程式の解法を解説することを目的とする．はじめに，環論の基礎事項をまとめる．

A.1　環論の基礎

集合 R に加法と乗法が定義され，R がこの 2 つの演算に閉じていて，以下の性質を満たすとき，R を**環**という．

(i)　R は加法に関して群をなす．すなわち，以下の (1)~(4) が成り立つ．

(1)　（加法の結合法則）任意の $a, b, c \in R$ に対し，$(a+b)+c = a+(b+c)$.

(2)　（加法の交換法則）任意の $a, b \in R$ に対し，$a+b = b+a$.

(3)　（零元の存在）$x+a = a$ が任意の $a \in R$ に対して成り立つような $x \in R$ が存在する（これを R の**零元**と呼び 0_R あるいは 0 と書く）.

(4)　（加法の逆元の存在）任意の $a \in R$ に対し，$a+x = 0$ を満たす $x \in R$ が存在する（これを a の**逆元**と呼び $-a$ で表す）.

(ii)　乗法が結合法則を満たし，単位元が存在する．すなわち，$(ab)c = a(bc)$ が任意の $a, b, c \in R$ に対して成り立ち，$ax = a$ かつ $xa = a$ が任意の $a \in R$ に

対し成り立つような $x \in R$ が存在する（これを R の単位元と呼び，1_R あるいは 1 と書く）.

(iii) 分配法則が成り立つ．すなわち，$a, b, c \in R$ に対し，$a(b+c) = ab + ac$ かつ $(a+b)c = ac + bc$.

さらに，乗法が交換法則を満たすとき，すなわち，任意の $a, b \in R$ に対し，$ab = ba$ が成り立つとき，R を**可換環**という.

2 つの環 R, S があるとき，R から S への写像 φ が**準同型**であるとは，次の 2 条件が成り立つことである.

(i) 任意の $a, b \in R$ に対し，$\varphi(ab) = \varphi(a)\varphi(b)$ かつ $\varphi(a+b) = \varphi(a) + \varphi(b)$.

(ii) $\varphi(1_R) = 1_S$

以下の 2 つの記号を定義する.

$$\mathrm{Ker}(\varphi) = \{a \in R \mid \varphi(a) = 0\},$$

$$\mathrm{Im}(\varphi) = \{\varphi(a) \in S \mid a \in R\}.$$

環 R の部分集合 I（ただし I は空集合ではない）が，次の性質を満たすとき，I を R の**イデアル**という.

(i) I は加法に関して群をなす（定義は環の定義 (i) の通り）.

(ii) 任意の $a \in I$ と任意の $c \in R$ に対し，$ca \in I$.

環 R のイデアル I による**剰余類**とは，ある $c \in R$ に対して

$$c + I = \{c + a \mid a \in I\}$$

と表せる集合 $c + I$ のことである.

環 R のイデアル I による剰余類全体の集合を R/I と書く．R/I には，以下のように加法と乗法が定義される．$c, d \in R$ に対し，

$$(c+I) + (d+I) = (c+d) + I,$$

$$(c+I)(d+I) = cd + I.$$

すると，以下に述べるように，R/I は環をなす．これを**剰余環**という.

R/I が環をなすことは，加法と乗法の性質が R から受け継がれているからである．たとえば，加法に関する交換法則は

$$(c+I)+(d+I)=(c+d)+I=(d+c)+I$$
$$=(d+I)+(c+I)$$

となり成り立つ．同様にして他の条件もすべて確かめられる．

写像

$$\varphi:\ R \ni c \longmapsto c+I \in R/I$$

は準同型であり，

$$\mathrm{Ker}(\varphi)=I$$

である．準同型写像 φ の像を，

$$\varphi(x)=\overline{x}$$

のように，上に線を付けて表すことがある．

A.2 合同式の解法

整数全体の集合 $\mathbb{Z}$ は，通常の加法と乗法に関して環をなす．環 $\mathbb{Z}$ の部分集合を

$$N\mathbb{Z}=\{Nn \mid n \in \mathbb{Z}\}$$

とおくと，$N\mathbb{Z}$ は $\mathbb{Z}$ のイデアルとなる．

整数係数多項式 $f(x)$ に関する，自然数 N を法とする合同式

$$f(x) \equiv 0 \pmod N$$

を解くことは，以下に述べるように，同じ方程式を $\mathbb{Z}/N\mathbb{Z}$ 上のものとみなし，y に関する方程式

$$f(y)=0 \qquad (y \in \mathbb{Z}/N\mathbb{Z})$$

を解くことと同値である．

ただし，多項式 $f(x)$ の整数係数を準同型写像 φ によって $\mathbb{Z}/N\mathbb{Z}$ の元とみなした $f(\overline{x})$ を，$\mathbb{Z}/N\mathbb{Z}$ 上の多項式とみなし，同じ記号 f を用いて $f(y)$ と表した．すなわち，

$$f(x) = \sum_{j=0}^{k} a_j x^j \qquad (a_j \in \mathbb{Z})$$

に対し，

$$f(y) = \sum_{j=0}^{k} \overline{a_j} y^j \qquad (\overline{a_j} \in \mathbb{Z}/N\mathbb{Z})$$

とおいた．

方程式を $\dfrac{\mathbb{Z}}{N\mathbb{Z}}$ 上で解けばよい理由は，次の同値変形によってわかる．

$$\begin{aligned} f(x) \equiv 0 \pmod N &\iff f(x) \in N\mathbb{Z} \\ &\iff \varphi(f(x)) = 0 \in \mathbb{Z}/N\mathbb{Z} \\ &\iff f(\varphi(x)) = 0 \in \mathbb{Z}/N\mathbb{Z}. \end{aligned}$$

最終行の同値は，多項式をなしているのは加法と乗法のみであり，それらの演算はともに準同型写像によって保たれるから成り立つ．

実際に合同式を解くには，中国剰余定理を用いて，素数べきを法とする場合に帰着する．法 N が互いに素な 2 数 P, Q の積に $N = PQ$ と分解されるとき，中国剰余定理とは，加法群の同型

$$\mathbb{Z}/N\mathbb{Z} \cong (Z/P\mathbb{Z}) \times (Z/Q\mathbb{Z})$$

が成り立つことを意味する．これを用いると，合同式は素数べきを法とする場合に解ければよいことがわかる．

たとえば，$N = 12$ なら，同型写像

$$\mathbb{Z}/12\mathbb{Z} \cong (\mathbb{Z}/4\mathbb{Z}) \times (\mathbb{Z}/3\mathbb{Z})$$

が存在する．すなわち，12 で割った余りは 12 通りあるが，これらは，4 で割った余りの 4 通りと，3 で割った余りの 3 通りの組合せにちょうど対応しているということである．実際，次表のように，4 で割った余りを最上行に記し，3 で割った余りを左の列に記すと，その組合せは 12 で割った余りに対応していることが，簡単な計算でわかる．

	0	1	2	3
0	0	9	6	3
1	4	1	10	7
2	8	5	2	11

したがって，合同式

$$f(x) \equiv 0 \pmod{12}$$

を解くには，法を素数べきに簡略化した 2 本の合同式

$$f(x_1) \equiv 0 \pmod{4}$$
$$f(x_2) \equiv 0 \pmod{3}$$

を解き，その解を組み合わせた $(x_1, x_2) \in \mathbb{Z}/4\mathbb{Z}\times\mathbb{Z}/3\mathbb{Z}$ を，上の同型写像で $\mathbb{Z}/12\mathbb{Z}$ に戻した像が，求める x となる．

例. 合同式

$$x^2 \equiv 1 \pmod{12}$$

の解は，

$$x \equiv 1, 5, 7, 11 \pmod{12}$$

である．

証明 $x_1^2 \equiv 1 \pmod{4}$ の解は $x_1 = \pm 1 \in \mathbb{Z}/4\mathbb{Z}$ であり，$x_2^2 \equiv 1 \pmod{3}$ の解は $x_3 = \pm 1 \in \mathbb{Z}/3\mathbb{Z}$ であるから，求める解は，

$$(x_1, x_2) = (\pm 1, \pm 1) \in \mathbb{Z}/4\mathbb{Z} \times \mathbb{Z}/3\mathbb{Z} \quad \text{（複号は任意の組合せ）}$$

である．すなわち，

$$(x_1, x_2) = (1, 1), (1, 2), (3, 1), (3, 2), \in \mathbb{Z}/4\mathbb{Z} \times \mathbb{Z}/3\mathbb{Z}$$

の 4 元の，$\mathbb{Z}/12\mathbb{Z}$ への像が求める解である．それは，上の表より

$$x \equiv 1, 5, 7, 11 \pmod{12}$$

である． （証明終）

付録B　テイラー展開

B.1　基本的な考え方

本章では，テイラー展開を解説する．はじめに，基本的な考え方を理解するために，多項式のテイラー展開をしてみよう．

以下のような n 次多項式 $f(x)$ を考える．

$$f(x) = a_0 + a_1 x + a_2 x^2 + a_3 x^3 + \cdots + a_n x^n$$

ただし，$a_0, a_1, a_2, \cdots, a_n$ は定数であり，$a_n \neq 0$ である．

このとき，次の事実が成り立つ．

命題 1．n 次多項式 $f(x)$ は以下のように展開できる．

$$\begin{aligned} f(x) &= \frac{f(0)}{0\,!} + \frac{f'(0)}{1!}x + \frac{f''(0)}{2\,!}x^2 + \cdots + \frac{f^{(n)}(0)}{n\,!}x^n \\ &= \sum_{m=0}^{n} \frac{f^{(m)}(0)}{m\,!}x^m. \end{aligned}$$

証明の前に，命題 1 の意義を考えてみよう．実は，命題 1 は，驚くべき内容を含んでいる．それは，右辺が $x = 0$ における値だけで表されているということだ．ただし，f 単独ではなく高階導関数も含めた値であるが．重要なことは，0 における様子だけで左辺の $f(x)$ が完全に決まることである．これは，関数の見方に関する革命であるといってよい．なぜなら，従来の常識では，関数を表すには，すべての x に対して値を定義する必要があった．関数を定義するとはそういうことだった．ところが，命題 1 の右辺を見ると，0 における値たちだけで $f(x)$ が完全に表されている．0 以外のすべての点での値は，たった 1 点，0 での様子で決まってしまうということだ．

このニュアンスは，人間にたとえるとわかりやすいかもしれない．企業の人事担当者は，採用面接で，相手がどんな人間であるかを短時間で見抜かなくてはならない．本来，相手がどんな人間であるかを知るには，24 時間一緒にいてその人のすべてを観察できればよい．しかし，そんなことは実際には不可能である．彼は，面接という一瞬の情報から，相手がどんな人間であるかを見抜かなくてはならない．それには，相手の言った言葉の字面だけでなく，話し方や些細なしぐさ，物腰や態度，目の表情など，あらゆるデータを考慮に入れることが必要なのだという．そうやって言葉の深層に潜む考え方や心情までを見抜くことで，人物評価が可能となる．24 時間一緒にいて人物を把握することを，すべての x に対し $f(x)$ の値を知ることに例えれば，面接の一瞬だけ相手と接することは，$x = 0$ のときだけ $f(0)$ を知ることに相当する．当然，$f(0)$ だけで関数 $f(x)$ を特定することはできないが，たとえ $x = 0$ での一瞬のデータだけであっても，深層に潜むもの $(f'(0), f''(0), \cdots)$ まで知れば，関数 $f(x)$ を完全に知ることができるのだ．命題 1 は，多項式 $f(x)$ について，それが可能であることを述べている．

命題 1 の証明． 任意の整数 $m\,(0 \leq m \leq n)$ について，

$$a_m = \frac{f^{(m)}(0)}{m\,!}.$$

が成り立つことを示す．

$f(0) = a_0$ は自明である．次に，

$$f'(x) = a_1 + 2a_2x + 3a_3x^2 + \cdots$$

より

$$f'(0) = a_1.$$

同様に，

$$f''(x) = 2a_2 + 6a_3x + \cdots$$

より

$$f''(0) = 2a_2$$

である．このように「微分して 0 を代入する」操作を繰り返し，（正確には帰納法を用いて）

$$f^{(m)}(x) = m\,!\,a_m + \frac{(m+1)!}{1\,!}a_{m+1}x + \frac{(m+2)!}{2\,!}a_{m+2}x^2 + \cdots$$

が示されるので，$f^{(m)}(0) = m\,!\,a_m$ である．（証明終）

この命題の証明は「微分して 0 を代入する」という操作の繰り返しによっているが，その方法で証明できるのは，多項式の場合に限らない．$f(x)$ が

$$f(x) = \sum_{n=0}^{\infty} a_n x^n$$

とべき級数の形に書けるなら，いつでも

$$a_m = \frac{f^{(m)}(0)}{m\,!}$$

が成り立つことは，同じ証明からわかる．

実際，本章の後半では，多項式でない関数に対するべき級数をいろいろ証明する．そのリストを以下に予告として挙げる．ただし，任意の実数 r に対して記号を

$$\binom{r}{n} = \frac{r(r-1)\cdots(r-n+1)}{n\,!}$$

と定める．

$$(1+x)^r = 1 + rx + \binom{r}{2}x^2 + \binom{r}{3}x^3 + \cdots \qquad (|x| < 1).$$

$$e^x = 1 + x + \frac{x^2}{2} + \frac{x^3}{3\,!} + \cdots .$$

$$\sin x = x - \frac{x^3}{3\,!} + \frac{x^5}{5\,!} + \cdots .$$

$$\cos x = 1 - \frac{x^2}{2} + \frac{x^4}{4\,!} + \cdots .$$

$$\log(1-x) = -x - \frac{x^2}{2} - \frac{x^3}{3} + \cdots \qquad (|x| < 1).$$

一般項を使って表すと，以下の 5 例を得ることになる．

例 1.　$(1+x)^r = \sum_{n=0}^{\infty} \binom{r}{n} x^n \qquad (|x| < 1).$

例 2.　$e^x = \sum_{n=0}^{\infty} \frac{x^n}{n!}.$

例 3.　$\sin x = \sum_{n=0}^{\infty} \frac{(-1)^n x^{2n+1}}{(2n+1)!}.$

例 4.　$\cos x = \sum_{n=0}^{\infty} \frac{(-1)^n x^{2n}}{(2n)!}.$

例 5.　$\log(1-x) = -\sum_{n=1}^{\infty} \frac{x^n}{n} \qquad (|x| < 1).$

ただし，これらの関数がべき級数の形に展開できることは，まったく自明でない．したがって，はじめにべき級数の形でおいてから a_n を求めていくという命題 1 の証明法は，もはや通用しない．すべての n に対して $f^{(n)}(0)$ の値がわかっても，そこから関数 $f(x)$ を特定できるとは限らないからである．まず，関数がべき級数の形に展開できることを，証明する必要がある．

その際，重要になってくるのが，無限級数の収束性である．上の展開式を見ると，最初と最後の例にのみ $|x| < 1$ という制限が付いている．当然，その範囲外の多くの x に対しても，関数の値は存在する．べき級数展開式とは，

両辺の関数が定義域も含めて完全に同一

という意味ではなく，

特定の範囲の x で等しい

という意味なのである．したがって各展開式に対し，それが成り立つ x の範囲，すなわち，べき級数の収束範囲を求める必要がある．

ちなみに，展開式に $|x| < 1$ の制限が付いているからといって，$|x| > 1$ の場合

は全く役に立たないかというと，そんなことはない．たとえば，$|x| > 1$ のとき，$\frac{1}{|x|} < 1$ であるから，

$$\begin{aligned}(1+x)^r &= x^r\left(1+\frac{1}{x}\right)^r \\ &= x^r\left(1+r\frac{1}{x}+\binom{r}{2}\frac{1}{x^2}+\binom{r}{3}\frac{1}{x^3}+\cdots\right) \\ &= x^r + rx^{r-1}+\binom{r}{2}x^{r-2}+\binom{r}{3}x^{r-3}+\cdots,\end{aligned}$$

また，$x < -1$ のときは，

$$\begin{aligned}\log(1-x) &= \log\left((-x)\left(1-\frac{1}{x}\right)\right) \\ &= \log(-x)+\log\left(1-\frac{1}{x}\right) \\ &= \log(-x)-\frac{1}{x}-\frac{1}{2x^2}-\frac{1}{3x^3}+\cdots\end{aligned}$$

と，展開式は求められる．ただし，これらは一般にべき級数ではないことに注意しよう．

話を元に戻すと，本章では上のリストに記したべき級数展開を証明するため，次節において，べき級数の収束に関する理論を概観する．そして次々節で，関数がべき級数展開をもつことを証明する目的で微分係数に関する平均値の定理から話を始め，それを高階に拡張したテイラーの定理を紹介する．それによって，どんな関数も $x = a$ で N 回微分可能でさえあれば，$(N-1)$ 次多項式に誤差項 $R_N(x)$ を付けた

$$\begin{aligned}f(x) = f(a) + f'(a)(x-a) + \frac{f''(a)}{2}(x-a)^2 + \cdots \\ + \frac{f^{(N-1)}(a)}{(N-1)!}(x-a)^{N-1} + R_N(x)\end{aligned}$$

の形に表せること，そして誤差項 $R_N(x)$ が N 階導関数 $f^{(N)}(x)$ の値を用いて書けることが示せる．ここで $N \to \infty$ としたとき，$R_N(x) \to 0$ となればテイラー展開

$$f(x) = f(a) + f'(a)(x-a) + \frac{f''(a)}{2}(x-a)^2 + \cdots$$

$$+\frac{f^{(N-1)}(a)}{(N-1)!}(x-a)^{N-1}+\cdots$$

が成り立つということになる.

B.2 収束半径

前節で予告したテイラー展開

$$f(x)=\sum_{n=0}^{\infty}\frac{f^{(n)}(0)}{n\,!}x^n$$

は次節で証明するが，それに先立って無限級数の収束について学ぶ必要がある.

収束性を扱うには，まず「収束とは何か」をはっきりさせる必要がある．数列 $\{a_n\}$ の和が**収束する**とは，第 N 項までの和

$$S_N=\sum_{n=1}^{N}a_n$$

が，$N\to\infty$ のときにある値 α に限りなく近づくことである.

一方，数列 $\{a_n\}$ の和が**発散する**とは，収束しないこと，すなわち極限値 $\alpha=\lim_{N\to\infty}S_N$ が存在しないことであるが，これにはいくつかの種類がある.

まず $\lim_{N\to\infty}S_N=\infty$ となるとき α は存在しない．しかし，$\lim_{N\to\infty}S_N=\infty$ ではなくても，これに似た状態で S_N が発散することはある．たとえば S_N が

$$0,\ 1,\ 0,\ 2,\ 0,\ 3,\ 0,\ \cdots$$

のように,

$$S_N=\begin{cases}0 & (N\text{ が奇数})\\ \dfrac{N}{2} & (N\text{ が偶数})\end{cases}$$

であるとき，偶数のところでは S_N は限りなく大きくなるけれども $\lim_{N\to\infty}S_N=\infty$ は成り立たない．そして「偶数だけ」「奇数だけ」という自然数の一部分だけを動かすと,

$$\lim_{N\to\infty} S_{2N} = \infty,$$

$$\lim_{N\to\infty} S_{2N-1} = 0$$

のように，極限をもつ.「S_N が発散する」とはこうした場合も含む概念であるから，発散の種類として $\lim_{N\to\infty} S_N = \infty$ ばかりでなく，必然的に，N を自然数の一部（このような N の列を自然数列の**部分列**と呼ぶ）だけ動かしながら限りなく大きくした場合の極限も考慮する必要が生ずる.

そして，逆に，どのような部分列で動かしても決して ∞ に発散しないとき，数列 S_N はある有限の値以下に収まっている．このとき，S_N は**上に有界**であるという．符号を逆にした数列 $-S_N$ が上に有界であるとき，S_N は**下に有界**であるという．下に有界とは，「$-\infty$ に発散するような部分列をもたない」という意味である．上に有界でかつ下に有界であるような数列を，**有界**な数列と呼ぶ.

有界な数列は，どんな部分列をとっても決して $\pm\infty$ に発散することがないから，ある意味で収束にかなり近い状況であるともいえるが，それでもまだ収束するとは限らない．たとえば,

$$1, 0, 1, 0, 1, \cdots$$

のように 1 と 0 を永遠に繰り返す数列 S_N は,

$$\lim_{N\to\infty} S_{2N} = 0,$$

$$\lim_{N\to\infty} S_{2N-1} = 1$$

であり，$\lim_{N\to\infty} S_N$ は存在せず，S_N は発散する．このように，有界な数列は適当な部分列が極限値をもつ．しかしそれは，N が自然数全体をわたったときの極限値 $\lim_{N\to\infty} S_N$ を，必ずしも表していないということになる.

数列の部分列が収束するとき，その極限値を元の数列の**集積点**という．上で挙げた 1 と 0 からなる数列の集積点は，1 と 0 である．また，数列

$$S_N = \begin{cases} 1 + \dfrac{1}{N} & (N \text{ は偶数}) \\ -1 + \dfrac{1}{N} & (N \text{ は奇数}) \end{cases}$$

の集積点は，1 と −1 である．一般に，集積点は複数個あり得る．集積点が 2 個以上あるとき，数列は振動する．これは発散の一種である．有界な数列が収束するための必要十分条件は，集積点がただ 1 つであることだ．

以上を踏まえて，次の定理を証明する．

定理 1. 各項に絶対値を付けた数列の和 $\sum_{n=1}^{\infty} |a_n|$ が収束すれば，元の数列の和 $\sum_{n=1}^{\infty} a_n$ も収束する．

証明 仮定より，絶対値を付けた数列の最初の N 項の和の極限値

$$\lim_{N\to\infty} \sum_{n=1}^{N} |a_n|$$

が存在する．これは，「n が大きいときに $|a_n|$ たちの寄与が十分小さい」ということであるから，大きな n だけにわたる和が 0 に収束する，すなわち，

$$\lim_{N\to\infty} \sum_{n=N+1}^{\infty} |a_n| = 0 \tag{1}$$

が成り立つ．

ところで一般に，任意の実数たちに対し，それらの和の絶対値は，絶対値の和以下である（先に和をとると，正負の違いにより打ち消しあいが起き得るが，先に絶対値をとると決して打ち消しあいは起こらない）から，不等式

$$\left|\sum_{n=1}^{\infty} a_n\right| \leq \sum_{n=1}^{\infty} |a_n|$$

が成り立つ．この右辺が仮定より有限であるから，左辺も有限である．よって，$S_N = \sum_{n=1}^{N} a_n$ は有界である．あとは，集積点が 1 つであることを示せばよい．

仮に，α, β がともに集積点であったとする．このとき，

$$\sum_{n=1}^{N} a_n = (\alpha \text{ に近い数}),$$

$$\sum_{n=1}^{M} a_n = (\beta \text{ に近い数})$$

となるような N, M が無数に存在する．$N < M$ とすると，辺々引いて

$$\sum_{n=N+1}^{M} a_n = (\beta - \alpha \text{ に近い数}) \tag{2}$$

を得る．ここで，もし $\alpha \neq \beta$ なら，$\beta - \alpha \neq 0$ だから，式 (2) は 0 と異なるある数に近いことになる．ところが，上式 (2) の左辺で $N, M \to \infty$ とすると，式 (1) より，式 (2) の極限値は 0 となる．これは矛盾である．

この矛盾は $\alpha \neq \beta$ と仮定したことによって起きたので，背理法により $\alpha = \beta$ が証明された．以上より，

$$\sum_{n=1}^{\infty} a_n$$

は収束する．　　　　　　　　　　　　　　　　　　　　　　　　　　（証明終）

各項に絶対値を付けた数列の和 $\sum_{n=1}^{\infty} |a_n|$ が収束するとき，元の数列の和 $\sum_{n=1}^{\infty} a_n$ は**絶対収束**するという．定理 1 は，数列の和が絶対収束すれば，必ず収束することを主張している．

高校の数学Ⅲで習うように，a_n が等比数列のとき，公比を q とおけば，無限和 $\sum_{n=1}^{\infty} a_n$ が収束するための必要十分条件は $|q| < 1$ であり，その和は

$$\sum_{n=1}^{\infty} a_n = \frac{a_1}{1 - q}$$

で与えられる．この事実を用い，べき級数の収束性に関する定理を得る．

収束半径の存在定理　べき級数 $\sum_{n=0}^{\infty} c_n(x-a)^n$ の収束性は，次の (1)〜(3) のいずれかとなる．

(1)　ある実数 $R > 0$ に対し，$|x - a| < R$ のとき絶対収束し，$|x - a| > R$ のとき発散する．

(2)　任意の x に対して絶対収束する．

(3) $x \neq a$ なる任意の x に対して発散する.

(1) が成り立つときの R を**収束半径**と呼ぶ. また, (2) が成り立つとき, 収束半径は ∞ であるといい, (3) が成り立つとき, 収束半径は 0 であるという.

証明 はじめに, 以下の補題を証明する.

補題 べき級数 $\sum_{n=0}^{\infty} c_n(x-a)^n$ が $x-a=K$ のときに収束すれば, $|x-a|<|K|$ なる任意の x に対して絶対収束する.

べき級数 $\sum_{n=0}^{\infty} c_n(x-a)^n$ が $x-a=K$ のときに収束するとする. 以下, x を $|x-a|<|K|$ なる任意の実数とする.

$|x-a|<\eta<|K|$ なる η を一つとる. べき級数 $\sum_{n=0}^{\infty} c_nK^n$ が収束するから, 数列 c_nK^n は有界である. よって, ある有限の値 $B>0$ が存在して, すべての $n>0$ に対して $|c_nK^n| \leq B$ が成り立つ. $|x-a|<\eta$ のとき,

$$|c_n(x-a)^n| \leq |c_n|\,\eta^n \leq |c_nK^n| \cdot \left|\frac{\eta}{K}\right|^n \leq B\left|\frac{\eta}{K}\right|^n$$

となるから,

$$\sum_{n=0}^{\infty} |c_n(x-a)^n| \leq B\sum_{n=0}^{\infty}\left|\frac{\eta}{K}\right|^n = \frac{B}{1-\left|\frac{\eta}{K}\right|}.$$

よって, 絶対収束する. これで補題が示された.

この補題により, もし $|x-a|<R$ で絶対収束するような R があり, そのような R のうちの最大値が存在すれば, それが定理の性質 (1) を満たす. $|x-a|<R$ で絶対収束するような R があり, 最大値が存在しなければ, (2) が成り立つ. $|x-a|<R$ で絶対収束するような R が存在しなければ, (3) が成り立つ. よって, (1), (2), (3) のいずれかが成り立つ. (証明終)

(1) において, 2 つの不等式 $|x-a|<R$, $|x-a|>R$ のいずれにも等号が入っていないことに注意せよ. この定理は $|x-a|=R$ に対しては何も言及していない. たとえば, 原点 $a=0$ のまわりのある級数が収束半径 $R=1$ をもつとき, この級数が $x=1$, $x=-1$ の 2 点で収束するか発散するかは, この仮定だけからは

何ともいえない．双方で収束することも発散することもあり得るし，どちらか一方でのみ収束することもあり得る．

一般に，境界 $x = \pm R$ の 2 点においては，収束・発散を別の方法で調べる必要がある．たとえば，後ほど見るように，$\log(1 - x)$ のマクローリン展開は収束半径が 1 であるから，$-1 < x < 1$ で収束するが，境界 $x = \pm 1$ においては別途考察することにより，$x = 1$ で発散，$x = -1$ で収束することがわかる．よって収束範囲は $-1 \leq x < 1$ となる．

収束半径の公式　べき級数

$$f(x) = \sum_{n=0}^{\infty} c_n (x - a)^n \qquad (c_n \neq 0)$$

において，極限

$$\lim_{n \to \infty} \frac{|c_{n-1}|}{|c_n|}$$

が存在するか，または ∞ であるならば，その極限が収束半径に等しい．すなわち，収束半径は，次式で与えられる．

$$R = \lim_{n \to \infty} \frac{|c_{n-1}|}{|c_n|}.$$

証明　はじめに極限値 $\lim_{n \to \infty} \frac{|c_{n-1}|}{|c_n|}$ が存在する場合を証明する．$R = \lim_{n \to \infty} \frac{|c_{n-1}|}{|c_n|}$ とおく．収束半径の存在定理により，収束半径を求めたい級数の各項に絶対値を付けた級数

$$\sum_{n=0}^{\infty} |c_n| \cdot |x - a|^n$$

が $|x - a| < R$ において収束し，$|x - a| > R$ において発散することを示せばよい．

$\lim_{n \to \infty} \frac{|c_{n-1}|}{|c_n|} = R$ より，n が大きければ，$\frac{|c_{n-1}|}{|c_n|}$ は R に近い．n が小さいときのことは収束性には影響がなく，n が大きいときの各項の振舞いだけが問題であるから，任意の n に対して $\frac{|c_{n-1}|}{|c_n|}$ が R に近い場合に証明すれば十分である．

ここでまず，$R > 0$ の場合に証明する．このとき，$\frac{|c_{n-1}|}{|c_n|}$ が R に近いから，両

者を $\dfrac{|c_n|}{R}$ 倍して比較すると，$\dfrac{|c_{n-1}|}{R}$ は $|c_n|$ に近いことがわかる．この分子に再度仮定を適用すると，$\dfrac{|c_{n-2}|}{R}$ は分子 $|c_{n-1}|$ に近いので，$\dfrac{|c_{n-2}|}{R^2}$ は $|c_n|$ に近いことがわかる．これを繰り返せば，$\dfrac{|c_0|}{R^n}$ は $|c_n|$ に近いことがわかる．

よって，級数

$$\sum_{n=0}^{\infty} |c_n| \cdot |x-a|^n$$

の収束・発散は，$|c_n|$ を $\dfrac{|c_0|}{R^n}$ で置き換えた

$$\sum_{n=0}^{\infty} \frac{|c_0|}{R^n} \cdot |x-a|^n$$

の収束・発散と同じになる．これは，初項 $|c_0|$，公比 $\dfrac{|x-a|}{R}$ の等比数列の和であるから，$\dfrac{|x-a|}{R} < 1$ すなわち $|x-a| < R$ で収束し，$\dfrac{|x-a|}{R} > 1$ すなわち $|x-a| > R$ で発散する．以上で，$R = \lim_{n\to\infty} \dfrac{|c_{n-1}|}{|c_n|}$ が存在し，かつ $R > 0$ である場合の証明を終わる．

次に，$R = \lim_{n\to\infty} \dfrac{|c_{n-1}|}{|c_n|} = 0$ のときに収束半径が 0 になることの証明を，上の $R > 0$ のときの結果を利用して行う．そのため，記号 R を任意の正の数とおきなおし，上の証明で成り立っていた等式 $\lim_{n\to\infty} \dfrac{|c_{n-1}|}{|c_n|} = R$ の代わりに不等式

$$\lim_{n\to\infty} \frac{|c_{n-1}|}{|c_n|} < R$$

を考える．すると，上の証明で「に近い」と書いた部分 (5 カ所）を「より小さい」に書き換えた文章が成り立つ．級数

$$\sum_{n=0}^{\infty} \frac{|c_0|}{R^n} \cdot |x-a|^n$$

の各項は正だから，発散するときは極限が必ず ∞ になる．すなわち，$|x-a| > R$ において，

$$\sum_{n=0}^{\infty} |c_n| \cdot |x-a|^n > \sum_{n=0}^{\infty} \frac{|c_0|}{R^n} \cdot |x-a|^n = \infty$$

となるので発散する．これが任意の $R > 0$ に対して成り立つので，問題の級数は

$|x-a|>0$ なる任意の x に対して発散する．よって収束半径は 0 である．

最後に，$\lim_{n\to\infty}\frac{|c_{n-1}|}{|c_n|}=\infty$ のときに収束半径が ∞ になることの証明を行うが，これも 0 のときと同様，最初に示した $R>0$ のときの結果を利用し，今度は逆側の不等式を用いればできる．すなわち，任意の $R>0$ に対して

$$\lim_{n\to\infty}\frac{|c_{n-1}|}{|c_n|}>R$$

が成り立つことから，$|x-a|<R$ において，

$$\sum_{n=0}^{\infty}|c_n|\cdot|x-a|^n<\sum_{n=0}^{\infty}\frac{|c_0|}{R^n}\cdot|x-a|^n<\infty$$

となり有界であり，各項が正だから収束する．これが任意の $R>0$ に対して成り立つので，問題の級数は $|x-a|>0$ なる任意の x に対して収束する．よって収束半径は ∞ となる．　　（証明終）

注意　この定理では，$c_n\neq 0$，および極限値 $\lim_{n\to\infty}\frac{|c_{n-1}|}{|c_n|}$ が存在するかまたは ∞ であることを仮定しているが，この仮定は，収束のための十分条件の一例にすぎず，まったく必要条件ではない．すなわち，$c_n=0$ となる場合や極限 $\lim_{n\to\infty}\frac{|c_{n-1}|}{|c_n|}$ が ∞ 以外に発散する場合でも，収束半径が $R>0$ となることはある．

実際，以下の例 3，例 4 においては，この公式をそのまま適用しても極限値 $\lim_{n\to\infty}\frac{|c_{n-1}|}{|c_n|}$ が存在しないため，収束半径を求められないが，いったん $t=x^2$ とおき，t に関するべき級数として収束半径の公式を用い，その結果を用いて x に関する収束半径を求めている．

それでは，収束半径の公式を使って，前節で紹介したべき級数の例 1～5 について，収束半径を求めてみよう．

例 1.　$(1+x)^r=\sum_{n=0}^{\infty}\binom{r}{n}x^n.$

収束半径の公式に $c_n=\binom{r}{n}$ を適用すると，

$$\left|\frac{c_{n-1}}{c_n}\right| = \left|\frac{\binom{r}{n-1}}{\binom{r}{n}}\right|$$
$$= \left|\frac{\dfrac{r(r-1)\cdots(r-n+2)}{(n-1)!}}{\dfrac{r(r-1)\cdots(r-n+1)}{n\,!}}\right|$$
$$= \left|\frac{n}{r-n+1}\right| \longrightarrow 1 \qquad (n \to \infty)$$

となるので，収束半径は $R = 1$ である．

例 2. $e^x = \displaystyle\sum_{n=0}^{\infty} \frac{x^n}{n\,!}$.

収束半径の公式に $c_n = \dfrac{1}{n!}$ を適用すると，

$$\left|\frac{c_{n-1}}{c_n}\right| = \left|\frac{\dfrac{1}{(n-1)!}}{\dfrac{1}{n!}}\right| = n \to \infty \qquad (n \to \infty)$$

となるので，収束半径は $R = \infty$ である．

例 3. $\sin x = \displaystyle\sum_{n=0}^{\infty} \frac{(-1)^n x^{2n+1}}{(2n+1)!}$.

$t = x^2$ とおくと，

$$\sin x = x \sum_{n=0}^{\infty} \frac{(-1)^n t^n}{(2n+1)!}.$$

t のべき級数として収束半径を求める．$c_n = \dfrac{(-1)^n}{(2n+1)!}$ とおき収束半径の公式を適用すると，

$$\left|\frac{c_{n-1}}{c_n}\right| = \left|\frac{\dfrac{1}{(2n-1)!}}{\dfrac{1}{(2n+1)!}}\right| = 2n(2n+1) \to \infty \qquad (n \to \infty)$$

となるので，t のべき級数として収束半径は ∞ である．すなわち，任意の実数 t に対して級数は収束する．$t = x^2$ より，任意の実数 x に対して級数

は収束する．よって，求める x のべき級数としての収束半径は，$R=\infty$ である．

例 4. $\cos x = \sum_{n=0}^{\infty} \frac{(-1)^n x^{2n}}{(2n)!}$.

$t=x^2$ とおくと，

$$\cos x = \sum_{n=0}^{\infty} \frac{(-1)^n t^n}{(2n)!}.$$

t のべき級数として収束半径を求める．$c_n = \frac{(-1)^n}{(2n)!}$ とおき収束半径の公式を適用すると，

$$\left|\frac{c_{n-1}}{c_n}\right| = \left|\frac{\frac{1}{(2n-2)!}}{\frac{1}{(2n)!}}\right| = 2n(2n-1) \to \infty \qquad (n\to\infty)$$

となるので，t のべき級数として収束半径は ∞ である．すなわち，任意の実数 t に対して級数は収束する．$t=x^2$ より，任意の実数 x に対して級数は収束する．よって，求める x のべき級数としての収束半径は，$R=\infty$ である．

例 5. $\log(1-x) = -\sum_{n=1}^{\infty} \frac{x^n}{n} \qquad (|x|<1)$.

収束半径の公式に $c_n = \frac{-1}{n}$ を適用すると，

$$\left|\frac{c_{n-1}}{c_n}\right| = \left|\frac{\frac{1}{n-1}}{\frac{1}{n}}\right| = \frac{n}{n-1} \longrightarrow 1 \qquad (n\to\infty)$$

となるので，収束半径は $R=1$ である．

なお，例 5 の境界値 $x=\pm1$ における収束・発散は，以下のように求められる．まず $x=1$ においては，コラム 3 でも扱ったおなじみの級数

$$\sum_{n=1}^{\infty} \frac{1}{n}$$

の発散により，発散する．次に $x = -1$ においては，符号が正と負で交互に変わる級数

$$-\sum_{n=1}^{\infty} \frac{(-1)^n}{n} = 1 - \frac{1}{2} + \frac{1}{3} - \frac{1}{4} + \cdots$$

の収束・発散を調べることになる．このような級数を扱えるものとして，**ライプニッツの判定法**を紹介する．

ライプニッツの判定法　$a_k > 0$ とする．級数

$$-\sum_{k \geq 1} (-1)^k a_k = a_1 - a_2 + a_3 - \cdots$$

は，a_k が単調減少で $a_k \to 0$ ならば，収束する．

証明

$$S_n = -\sum_{k=1}^{n} (-1)^k a_k$$

とおく．S_n のうち，n が奇数の項からなる部分列は，単調減少である．なぜなら，たとえば S_1 と S_3 を比べると，

$$S_3 = S_1 - a_2 + a_3 = S_1 - (a_2 - a_3) < S_1$$

が成り立つことが，$a_2 > a_3$ よりわかるからである．一方，**図 B.1** からわかるように，この部分列は，S_2 の値を下回ることがないので，下に有界である．単調減少で下に有界だから，この部分列は収束する．

一方，同様にして，n が偶数の項からなる S_n の部分列は単調増加であり，かつ，S_1 の値を上回ることがないので，上に有界である．単調増加で上に有界であるから，この部分列は収束する．

よって，偶奇どちらの n からなる部分列も収束するが，それらの差は，仮定より

$$|S_{n+1} - S_n| = a_{n+1} \to 0 \qquad (n \to \infty)$$

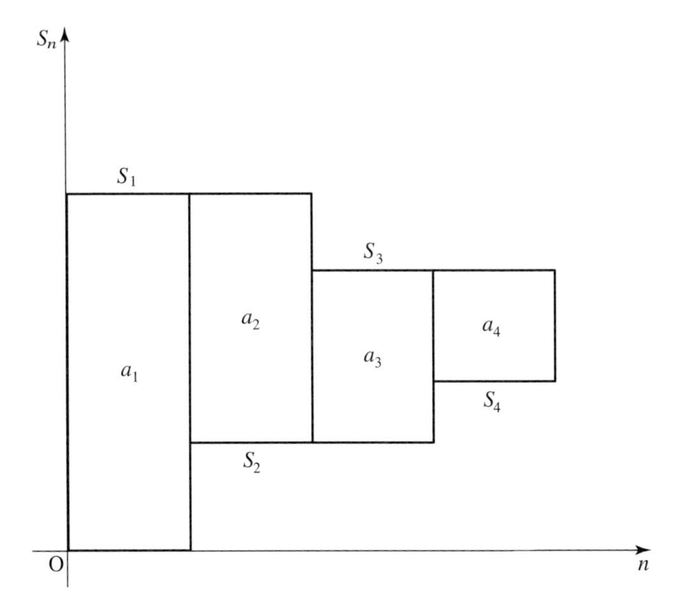

図 B.1 ライプニッツの判定条件の証明

となり，0 に収束する．よって双方の極限値は一致するので，S_n は収束する．

（証明終）

例 5 は，ライプニッツの判定条件により，$x = -1$ で収束することが直ちにわかるので，テイラー展開

$$\log(1 - x) = -\sum_{n=1}^{\infty} \frac{x^n}{n}$$

の収束範囲は $-1 \leq x < 1$ となる．

B.3 テイラーの定理

まず，基礎となる事実として平均値の定理を述べる．以下の定理で「区間の内部」という用語を用いるが，これは「区間から端点を除いた集合」のことである．閉区間 $a \leq x \leq b$ や開区間 $a < x < b$ の内部は，いずれも開区間 $a < x < b$ である．

$f'(a)$ の定義は $x \to a$ における極限値であり，極限値とは右極限と左極限の一致によって定義されるものであるから，$f'(a)$ が存在するためには a の前と後ろの両方で $f(x)$ が定義される必要がある．したがって，関数が定義域の端点で微分可能ということはあり得ない．微分可能性を仮定するには端点を除く必要があるため，区間の内部という語を用いるのである．

平均値の定理　連続関数 $f(x)$ が区間 $a \leq x \leq b$ で定義され，この区間の内部で 2 階微分可能で $f''(x)$ が連続であるとする．このとき，

$$\frac{f(b) - f(a)}{b - a} = f'(c) \tag{B.1}$$

となるような c $(a \leq c \leq b)$ が存在する．

証明　$f''(x)$ の符号で場合分けする．はじめに，$a < x < b$ において常に $f''(x) = 0$ であるとすると，$f'(x)$ は定数であるから常に平均変化率 $\dfrac{f(b) - f(a)}{b - a}$ に等しくなり，任意の c に対して式 (B.1) が成り立つ．よって常に $f''(x) = 0$ である場合は証明される．以下，$f''(x) \neq 0$ となる区間が存在する場合に示せばよい．

$$m = \frac{f(b) - f(a)}{b - a}$$

とおく．ある区間 $\alpha < x < \beta$ において常に $f''(x) > 0$ が成り立つとする．この区間で $f'(x)$ は単調増加だから，

$$f'(\alpha) < m < f'(\beta)$$

が成り立つ．$f'(x)$ は連続関数なので，値が $f'(\alpha)$ から $f'(\beta)$ へ変動する間に，ど

こかの点 $x = c$ でその中間の値 m をとる[1]．これで，$f'(x) > 0$ なる区間が存在する場合に定理が示された（図 B.2）．

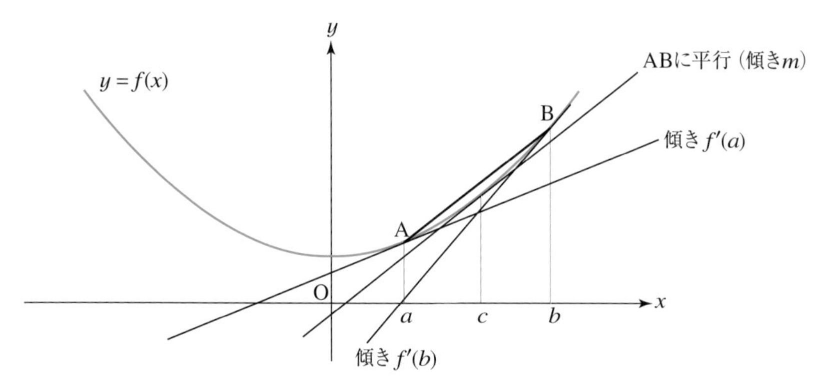

図 B.2　平均値の定理（線分 AB に平行な接線の存在）

次に，区間 $\alpha < x < \beta$ において $f''(x) < 0$ が成り立つ場合を考える．このとき，$g(x) = -f(x)$ とおけば，$g''(x) > 0$ であるから上で示した結果を関数 $g(x)$ に適用すると，

$$\frac{g(b) - g(a)}{b - a} = g(c)$$

なる c が存在する．両辺を -1 倍して，この c は $f(x)$ に対する式 (B.1) を満たすことがわかる．（証明終）

今示した平均値の定理の左辺の分母 $b - a$ は，関数 $g(x)$ を改めて $g(x) = x$ とおくと，$g(b) - g(a)$ と解釈できるが，実は，分母を $g(x) = x$ 以外の一般の関数 $g(x)$ に拡張できることが次の定理からわかる．証明は，上で得た平均値の定理を巧みに利用することによる．

コーシーの平均値定理　2 つの連続関数 $f(x)$, $g(x)$ が区間 $a \leq x \leq b$ 上で定義され，この区間の内部で 2 階微分可能であるとする．

$g(a) \neq g(b)$ かつ $f'(x)$ と $g'(x)$ は同時に 0 にならないとすると，

---

1 このような中間の値が存在するという事実を，連続関数に関する中間値の定理という．

$$\frac{f(b)-f(a)}{g(b)-g(a)}=\frac{f'(c)}{g'(c)}$$

となるような c $(a \leq c \leq b)$ が存在する．

証明　$\varphi(x)=(g(b)-g(a))f(x)-(f(b)-f(a))g(x)$ とおくと，

$$\begin{aligned}\varphi(a)&=(g(b)-g(a))f(a)-(f(b)-f(a))g(a)\\&=f(a)g(b)-f(b)g(a)\\&=(g(b)-g(a))f(b)-(f(b)-f(a))g(b)\\&=\varphi(b).\end{aligned}$$

よって，関数 $\varphi(x)$ に平均値の定理を適用すると，式 (B.1) の左辺が 0 となるから，$a \leq c \leq b$ で $\varphi'(c)=0$ を満たす c が存在する．このとき，

$$\varphi'(c)=(g(b)-g(a))f'(c)-(f(b)-f(a))g'(c)=0$$

より，

$$\frac{f(b)-f(a)}{g(b)-g(a)}=\frac{f'(c)}{g'(c)}.$$

（証明終）

テイラーの定理　2 つの連続関数 $f(x)$, $g(x)$ が区間 $a \leq x \leq b$ 上で定義され，この区間の内部で n 回微分可能であるとする．このとき，次の等式を満たすような c $(a < c < b)$ が存在する．

$$\begin{aligned}f(b)=f(a)+f'(a)(b-a)+\frac{f''(a)}{2}(b-a)^2+\cdots\\+\frac{f^{(n-1)}(a)}{(n-1)!}(b-a)^{n-1}+R_n,\end{aligned}$$

$$\text{ただし}\quad R_n=\frac{f^{(n)}(c)}{n\,!}(b-a)^n.$$

R_n はラグランジュの剰余項と呼ばれる．

証明　関数 $\varphi(x)$ を，

$$\varphi(x) = f(x) - \sum_{k=0}^{n-1} \frac{f^{(k)}(a)}{k\,!}(x-a)^k$$

とおくと，

$$\varphi(a) = 0, \quad \varphi'(a) = 0, \quad \varphi''(a) = 0, \quad \cdots \quad , \varphi^{(n-1)}(a) = 0$$

が成り立つ．また，$g(x) = (x-a)^n$ とおくと，

$$g(a) = 0, \quad g'(a) = 0, \quad g''(a) = 0, \quad \cdots \quad , g^{(n-1)}(a) = 0$$

が成り立つ．コーシーの平均値定理で $f(x)$ として $\varphi(x)$ を採用すると，上のことから，

$$\frac{\varphi(b)}{g(b)} = \frac{\varphi'(c)}{g'(c)}$$

なる c が存在する．この c を c_1 とおく．$a \leq c_1 \leq b$ である．

次に，コーシーの平均値定理で $f(x)$ として $\varphi'(x)$ を採用し，区間 $a < x < c_1$ 上でコーシーの平均値定理を適用すると，再び

$$\frac{\varphi'(c_1)}{g'(c_1)} = \frac{\varphi''(c)}{g''(c)}$$

なる c が存在する．この c を c_2 とおく．$a \leq c_2 \leq c_1$ である．

これを繰り返していくと，

$$\frac{\varphi(b)}{g(b)} = \frac{\varphi'(c_1)}{g'(c_1)} = \frac{\varphi''(c_2)}{g''(c_2)} = \cdots = \frac{\varphi^{(n)}(c_n)}{g^{(n)}(c_n)}$$

なる列 $a \leq c_n \leq c_{n-1} \leq \cdots \leq c_1 \leq b$ が存在する．

$$g^{(n)}(x) = n\,! \qquad \text{（定数関数）}$$

であるから

$$\frac{\varphi(b)}{g(b)} = \cdots = \frac{\varphi^{(n)}(c_n)}{n\,!}.$$

両辺に $g(b) = (b-a)^n$ を掛けて

$$\varphi(b) = \cdots = \frac{\varphi^{(n)}(c_n)}{n\,!}(b-a)^n.$$

この c_n が求める c である．(証明終)

注意 テイラーの定理は，$n = 1$ のとき平均値の定理と一致する．$n = 2$ のときにテイラーの定理の意味は，以下のように説明できる．

$$f(b) = f(a) + f'(a)(b - a) + R_2$$

は，図 B.3 に示すようになる．左辺の値 $f(b)$ は $x = b$ における高さであり，これを 3 つの部分に分けたものが右辺である．

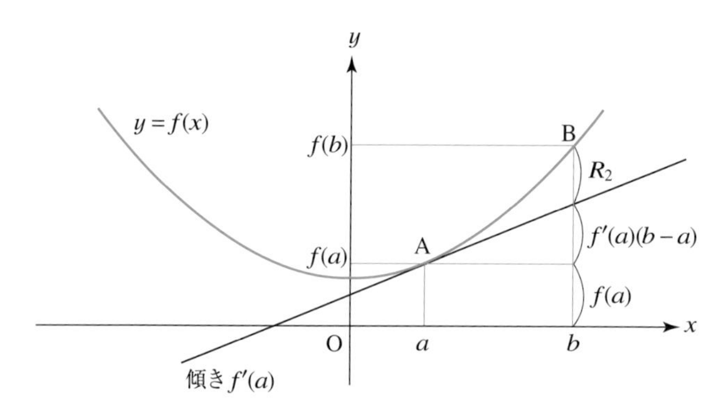

図 B.3 点 A のデータから点 B の高さを見積もる

たとえば，$f(x)$ を時刻が x 時のときの単位時間あたりの降水量とする．現在 1 時 ($a = 1$) であるとき，2 時間後の 3 時 ($b = 3$) の降水量 $f(3)$ を予測するために，現在の降水量 $f(1)$ を基本とし，そこからどれだけ雨が強まるか弱まるかを考える．現在，雨がどんどん強くなっている状態（すなわち $f'(1) > 0$）ならば，今後は今よりも激しく降る可能性が高い．現在の勢い $f'(1)$ を加味して 2 時間後を予測した式が，テイラー展開の最初の 2 項

$$f(1) + 2f'(1)$$

である．このとき，残りの項 R_2 とは，この予測の誤差を表す．そして，この予測

$$f(a) + f'(a)(b - a)$$

をより精密にするには，$b = 3$ を変数 x に書き換えて目指す真の値 $f(x)$ と予測との差を

$$\varphi(x) = f(x) - (f(a) + f'(a)(x - a))$$

とおき，この $\varphi(x)$ について改めて考えればよい．これを実行したのがテイラーの定理の証明の中身である．この $\varphi(x)$ がテイラーの定理における R_2 なのだ．

以上をまとめると，いわば，テイラーの定理とは，現在の関数値から将来の関数値を「この調子でいくとどうなるか」という考えのもとに予測するものである．「この調子」の中身として高階導関数をどこまで用いるかによって予測がどれだけ精密になるかが決まる．そして，誤差 R_n が $n \to \infty$ で 0 に収束するとき，完全な予測すなわちテイラー展開が可能となる．

テイラー展開　$f(x)$ が $x = a$ で無限回微分可能で $\lim_{n\to\infty} R_n = 0$ のとき，$f(x)$ を $x - a$ のべき級数として以下のように表示できる．

$$\begin{aligned} f(x) &= f(a) + f'(a)(x - a) + \frac{f''(a)}{2}(x - a)^2 + \cdots \\ &\quad + \frac{f^{(n)}(a)}{n\,!}(x - a)^n + \cdots \\ &= \sum_{n=0}^{\infty} \frac{f^{(n)}(a)}{n\,!}(x - a)^n. \end{aligned}$$

これを $f(x)$ の $x = a$ における**テイラー展開**と呼ぶ．

特に $a = 0$ のとき，$f(x)$ は x のべき級数として

$$\begin{aligned} f(x) &= f(0) + f'(0)x + \frac{f''(0)}{2}x^2 + \cdots + \frac{f^{(n)}(0)}{n\,!}x^n + \cdots \\ &= \sum_{n=0}^{\infty} \frac{f^{(n)}(0)}{n\,!}x^n \end{aligned}$$

と表される．これを $f(x)$ の**マクローリン展開**と呼ぶ．

関数 $f(x)$ が与えられたとき，n 階導関数を求め $f^{(n)}(a)$ を計算すれば，$f(x)$ の

$x = a$ におけるテイラー展開が求められる．

以下の (2) で用いる記号 $\binom{r}{n}$ は，実数 r と，0 以上の整数 n に対し，次式で定義される．

$$\binom{r}{n} = \frac{r(r-1)\cdots(r-n+1)}{n\,!}.$$

これを**二項係数**と呼ぶ．r が n 以上の整数のときは，高校で習う組合せの数に等しい．すなわち，

$$\binom{r}{n} = {}_rC_n$$

であり，二項係数は組合せの数の一般化である．

テイラー展開（マクローリン展開）の例

(1) $$\frac{1}{1-x} = 1 + x + x^2 + x^3 + \cdots = \sum_{n=0}^{\infty} x^n \qquad (|x| < 1).$$

(2) $$(1+x)^r = 1 + rx + \frac{r(r-1)}{2}x^2 + \frac{r(r-1)(r-2)}{3\,!}x^3 + \cdots$$
$$= \sum_{n=0}^{\infty} \binom{r}{n} x^n \qquad (|x| < 1,\ r \text{ は任意の実数}).$$

(3) $$e^x = 1 + x + \frac{x^2}{2} + \frac{x^3}{3\,!} + \cdots = \sum_{n=0}^{\infty} \frac{x^n}{n\,!}.$$

(4) $$\sin x = x - \frac{x^3}{3\,!} + \frac{x^5}{5\,!} + \cdots = \sum_{n=0}^{\infty} \frac{(-1)^n x^{2n+1}}{(2n+1)!}.$$

(5) $$\cos x = 1 - \frac{x^2}{2} + \frac{x^4}{4\,!} + \cdots = \sum_{n=0}^{\infty} \frac{(-1)^n x^{2n}}{(2n)!}.$$

(6) $$\log(1-x) = -x - \frac{x^2}{2} - \frac{x^3}{3} + \cdots = -\sum_{n=1}^{\infty} \frac{x^n}{n} \quad (-1 \leq x < 1).$$

ただし，x の範囲を記していないものについては，任意の実数 x で成立する（すなわち収束半径が ∞ である）．

証明 (1) は無限等比数列の和であるから，高校の数学Ⅲで証明されている．

(2) は，テイラー展開において $f(x) = (1+x)^r$ とおき

$$f^{(n)}(0) = \binom{r}{n} n\,! = r(r-1)\cdots(r-n+1) \qquad (n = 0, 1, 2, \cdots)$$

を示せばよい．はじめに数学的帰納法で，任意の整数 $n\,(n \geq 0)$ に対して

$$f^{(n)}(x) = r(r-1)\cdots(r-n+1)(1+x)^{r-n} \qquad (*)$$

が成り立つことを示す．まず，$n = 0$ のとき，$(*)$ は

$$f(x) = (1+x)^r$$

となるので成り立つ．また，ある n について $(*)$ が成り立っていたとすると，両辺を微分して

$$f^{(n+1)}(x) = r(r-1)\cdots(r-n+1)(r-n)(1+x)^{r-n-1}.$$

これは，$(*)$ で n を $n+1$ に置き換えた式が成り立つことを意味する．よって数学的帰納法により $(*)$ が示された．

$(*)$ に $x = 0$ を代入して

$$f^{(n)}(0) = r(r-1)\cdots(r-n+1) \qquad (n = 0, 1, 2, \cdots)$$

となるので，(2) が成立する．

(3) 以降を示すために，まず，テイラー展開におけるラグランジュの剰余項が $0 \leq c \leq x$ において，

$$R_n = \frac{f^{(n)}(c)}{n!} x^n \longrightarrow 0 \qquad (n \to \infty)$$

となることを示す．

(3) について

$$R_n = \frac{f^{(n)}(c)}{n!} x^n = \frac{e^c}{n!} x^n.$$

ここで，

$$\frac{x^n}{n!} = \frac{x}{n} \frac{x}{n-1} \frac{x}{n-2} \cdots \frac{x}{4} \frac{x}{3} \frac{x}{2} \frac{x}{1}$$

において，x より大きな整数 b を 1 つとり，後半の b 個の分数の積を B とおく．

$$B = \frac{x^b}{b!}$$

は定数（すなわち $n \to \infty$ で一定）．よって

$$\frac{x^n}{n!} = \frac{x}{n}\frac{x}{n-1}\frac{x}{n-2}\cdots\frac{x}{b+1} \times B.$$

前半の $n-b$ 個の分数は

$$\frac{b}{k} \qquad (k \geq b+1)$$

の形だから

$$\frac{x}{k} \leq \frac{x}{b+1}.$$

よって，

$$\frac{x^n}{n!} \leq B\left(\frac{x}{b+1}\right)^{n-b}.$$

したがって，

$$\lim_{n\to\infty}\left(\frac{x}{b+1}\right)^n = 0.$$

よって，

$$\lim_{n\to\infty}\frac{x^n}{n!} = 0$$

が成り立つ．

(4)，(5) についても同様である．(6) は，$-1 \leq x < 1$ の下で

$$\lim_{n\to\infty}\frac{x^n}{n} = 0$$

であることからわかる．

以上より，テイラー展開の展開式を求めれば (3) 以降を示せることがわかった．

あとは，n 階導関数の値 $f^{(n)}(0)$ を求め，テイラー展開に代入して展開式の形を求めた後，収束半径を計算すればよい．このうち，収束半径の計算は B.2 節で完了しているので，以下，展開式の求め方のみ概略を記す．

(3) は，$f(x) = e^x$ とおくと任意の n に対して $f^{(n)}(x) = e^x$ であるから，任意の n に対して $f^{(n)}(0) = 1$ であり，これをテイラー展開に代入して展開式がわかる．

(4) は，

$$
(\sin x)^{(n)} = \begin{cases} \sin x & (n \text{ が 4 の倍数のとき}) \\ \cos x & (n \text{ を 4 で割って 1 余るとき}) \\ -\sin x & (n \text{ を 4 で割って 2 余るとき}) \\ -\cos x & (n \text{ を 4 で割って 3 余るとき}) \end{cases}
$$

となる（正確には数学的帰納法で示せる）から，$f(x) = \sin x$ とおくと

$$
f^{(n)}(0) = \begin{cases} 0 & (n \text{ が偶数のとき}) \\ 1 & (n \text{ を 4 で割って 1 余るとき}) \\ -1 & (n \text{ を 4 で割って 3 余るとき}) \end{cases}
$$

となることから証明できる．

(5) も同様にして，$f(x) = \cos x$ とおくと，0 以上の整数 n に対し，

$$
\begin{aligned}
f^{(4n+1)}(x) &= -\sin x \\
f^{(4n+2)}(x) &= -\cos x \\
f^{(4n+3)}(x) &= \sin x \\
f^{(4n)}(x) &= \cos x
\end{aligned}
$$

となることから，

$$
\begin{aligned}
f^{(2n+1)}(0) &= 0 \\
f^{(4n+2)}(0) &= -1 \\
f^{(4n)}(0) &= 1
\end{aligned}
$$

となり，証明できる．

(6) は，（正確には数学的帰納法によって）任意の自然数 n に対し，

$$
f^{(n)}(x) = -\frac{(n-1)!}{(1-x)^n}
$$

が示される．よって，

$$
f^{(n)}(0) = -(n-1)!.
$$

また，$n = 0$ のときは，$f(x) = \log(1 - x)$ より $f(0) = 0$ となることからわかる．

（証明終）

最後に，きれいなテイラー展開をもつ関数のもう 1 つの例として，逆正接関数 $y = \tan^{-1} x$ を挙げる．これは逆三角関数の一種である．逆三角関数は高校数学の範囲外であるので，以下に解説する．なお，$\tan^{-1}$ は「アークタンジェント」と読む．

正接関数の逆関数 $\tan^{-1} x$ とは，

tan の値が x になる角度 y

のことであるが，そのような角度は無数に存在する．たとえば，$x = 1$ のとき，「tan の値が 1 となる角度」は，

$$\frac{\pi}{4} + n\pi \qquad (n \in \mathbb{Z})$$

であり，任意の整数 n の分だけ存在する．そこで，区間

$$-\frac{\pi}{2} < y < \frac{\pi}{2}$$

を定め，この区間に属する角度を，$\tan^{-1} x$ の値として採用したものが，逆正接関数である．よって，$\tan^{-1} 1 = \frac{\pi}{4}$ となる．すなわち，定義域付きの関数

$$y = \tan x \qquad \left(-\frac{\pi}{2} < x < \frac{\pi}{2}\right)$$

の逆関数を，$y = \tan^{-1} x$ と定義する．

高校の数学Ⅲで習うように，逆関数の導関数は，以下の公式で求められる．

$$\frac{dy}{dx} = \frac{1}{\frac{dx}{dy}}$$

これを用いると，$y = \tan^{-1} x$ の導関数の公式を得られる．

$y = \tan^{-1} x$ の微分公式

$$(\tan^{-1} x)' = \frac{1}{1 + x^2}.$$

証明 上記の逆関数の微分公式により，

$$
\begin{aligned}
(\tan^{-1} x)' &= \frac{1}{(\tan y)'} = \frac{1}{\frac{1}{\cos^2 y}} \\
&= \cos^2 y = \frac{1}{1 + \tan^2 y} \\
&= \frac{1}{1 + x^2}.
\end{aligned}
$$

（証明終）

この結果を用いると，テイラー展開のもう一つの例を，以下のように得られる．

$y = \tan^{-1} x$ のマクローリン展開

$$
\begin{aligned}
\tan^{-1} x &= x - \frac{x^3}{3} + \frac{x^5}{5} - \frac{x^7}{7} + \cdots \\
&= \sum_{n=0}^{\infty} \frac{(-1)^n x^{2n+1}}{2n+1} \qquad (-1 < x \leq 1).
\end{aligned}
$$

証明 $\tan^{-1} x$ の導関数 $\frac{1}{1+x^2}$ は，初項 1，公比 $-x^2$ の無限等比数列の和であるから，以下のようにマクローリン展開が求められる．

$$
\frac{1}{1 + x^2} = 1 - x^2 + x^4 - x^6 + \cdots \qquad (|x| < 1).
$$

この式の両辺を 0 から x まで定積分する（または，不定積分して $x = 0$ での値から積分定数を求める）と，

$$
\tan^{-1} x = x - \frac{x^3}{3} + \frac{x^5}{5} - \frac{x^7}{7} + \cdots \qquad (|x| < 1).
$$

さらに，$x = 1$ のとき，この級数はライプニッツの判定条件により収束する．したがって，両辺で $x \to 1$ とした極限をとれば，$x = 1$ のときも展開式は成り立つ．よって，

$$
\tan^{-1} x = x - \frac{x^3}{3} + \frac{x^5}{5} - \frac{x^7}{7} + \cdots \qquad (-1 < x \leq 1).
$$

（証明終）

付録C　アーベルの総和法

C.1　基本的な考え方

高校の数学Ⅲで，「部分積分」の公式を学ぶ．それは，

$$\int f(x)g(x)dx = F(x)g(x) - \int F(x)g'(x)dx \qquad (\text{ただし，} F'(x) = f(x))$$

と関数の積の積分を変形する公式である．実際，この変形を用いて多くの場合に積の積分を求めることができる．

この公式の証明は，積の導関数の公式

$$(F(x)g(x))' = f(x)g(x) + F(x)g'(x)$$

の右辺第 2 項を移項した

$$(F(x)g(x))' - F(x)g'(x) = f(x)g(x)$$

の両辺を積分して得る

$$F(x)g(x) - \int F(x)g'(x)dx = \int f(x)g(x)ds$$

の左辺と右辺を入れ替えて得られる．

素数や整数などの離散的な対象を扱う場合，積分の代わりが和になる．たとえば，定積分

$$\int_0^x t^2 dt = \frac{x^3}{3}$$

の離散的な代替物は

$$\sum_{k=1}^{n} k^2 = \frac{n(n+1)(2n+1)}{6}$$

であり，整数 n を実数 x で書き換えれば，より定積分に似た形の

$$\sum_{1 \le k \le x} k^2 \sim \frac{x^3}{3} \qquad (x \to \infty)$$

が成り立つ．これは，「平方数の和の振舞い」として意味のある式である．ここで，右辺の k^2 を少し変えた式の振舞いが知りたい場合，たとえば，

$$\sum_{1 \le k \le x} k^2 \log(k+1)$$

の $x \to \infty$ における振舞いは，どうすれば求められるだろうか．新たに掛かった $\log(k+1)$ は，最大 $\log(x+1)$ になり得るので，最大の可能性は

$$\sum_{1 \le k \le x} k^2 \log(k+1) \sim \frac{x^3 \log(x+1)}{3} \qquad (x \to \infty)$$

かもしれないが，本当にこれは正しいのだろうか．どうすれば証明できるだろう？

定積分の場合を思い出してみると，積分を計算する際は，既知の

$$\int_0^x t^2 dt = \frac{x^3}{3}$$

と部分積分を合わせ用いることで，

$$\int_0^x t^2 \log(t+1) dt = \frac{x^3}{3} \log(x+1) - \frac{1}{3} \int_0^x \frac{t^3}{t+1} dt$$

と変形できた．末尾の定積分は有理関数なので容易に求められる．実際，$s = t+1$ とおけば，

$$\begin{aligned}
\int_0^x \frac{t^3}{t+1} dt &= \int_1^{x+1} \frac{(s-1)^3}{s} ds \\
&= \int_1^{x+1} \left(s^2 - 3s + 3 - \frac{1}{s} \right) ds \\
&= \frac{(x+1)^3 - 1}{3} - \frac{3((x+2)^2 - 1)}{2} + 3x - \log(x+1)
\end{aligned}$$

となる．

よって，離散的な和の場合にも，もし部分積分に相当する公式（いわゆる「部分和の公式」）があれば，目的は達成できそうである．そのような公式は，「アーベルの総和法」と総称される．本章ではアーベルの総和法を紹介し，簡単な応用例を学ぶ．

C.2　部分和の公式

部分積分の公式は，「積の導関数」から得られた．離散版で導関数の代替物は「差分」すなわち「隣り合う項の差」と考えよう．2 つの数列 $a(n)$, $b(n)$ $(n = 1, 2, 3, \ldots)$ に対し，

$$a'(n) = a(n) - a(n-1) \qquad （ただし\ a(0) = 0）,$$
$$b'(n) = b(n) - b(n-1) \qquad （ただし\ b(0) = 0）$$

とおく．記号 a'，b' は単に「a, b とは別の新たな数列」の意味だが，導関数と同じダッシュの記号を用いることで類似性をわかりやすくしている．

微分の逆演算である積分は，定積分を $n = 1, 2, 3, \ldots, N$ について和をとることで定義できる．すなわち，関係式

$$\begin{aligned}\sum_{n=1}^{N} a'(n) &= \sum_{n=1}^{N}(a(n) - a(n-1)) \\ &= a(N) - a(0) \\ &= a(N)\end{aligned}$$

が，

$$\int_0^x f'(t)dt = f(x)$$

に相当する．

すると，「積の導関数」に相当する公式が，積の数列

$$(ab)(n) = a(n)b(n)$$

に対し，次のように証明できる．

$$\begin{aligned}(ab)'(n) &= (ab)(n) - (ab)(n-1)\\ &= a(n)b(n) - a(n-1)b(n-1)\\ &= (a(n) - a(n-1))b(n) + a(n-1)(b(n) - b(n-1))\\ &= a'(n)b(n) + a(n-1)b'(n).\end{aligned}$$

ここで，末尾の項を移項して

$$(ab)'(n) - a(n-1)b'(n) = a'(n)b(n).$$

さらに，両辺を「定積分」すなわち，$n = 1, 2, 3, \ldots, N$ に対して和をとると，

$$(ab)(N) - \sum_{n=1}^{N} a(n-1)b'(n) = \sum_{n=1}^{N} a'(n)b(n).$$

今の目的は，「数列の積」の和を変形する公式であるから，右辺から出発したい．そこで，上式の $a'(n)$ を改めて $a(n)$ とおきなおし，上式の $a(n)$ を $A(n)$ とおくと，

$$A(N) = \sum_{n=1}^{N} a(n)$$

である．よって，

$$\sum_{n=1}^{N} a(n)b(n) = A(N)b(N) - \sum_{n=1}^{N} A(n-1)(b(n) - b(n-1))$$

となる．$A(0) = 0$ より，

$$\begin{aligned}\sum_{n=1}^{N} a(n)b(n) &= A(N)b(N) - \sum_{n=2}^{N} A(n-1)(b(n) - b(n-1))\\ &= A(N)b(N) - \sum_{n=1}^{N-1} A(n)(b(n+1) - b(n)).\end{aligned}$$

これが部分和の公式である．以上より，次の定理を得た．

部分和の公式 1　2 つの複素数列 $a(n)$，$b(n)$ $(n = 1, 2, 3, \ldots)$ に対し，次式が成り立つ．

$$\sum_{n=1}^{N} a(n)b(n) = A(N)b(N) - \sum_{n=1}^{N-1} A(n)(b(n+1) - b(n)).$$

応用上は，冒頭で与えた例のように，$a(n)$ を既知の数列にとり，$b(n)$ は $\log n$ のような新しい関数にとることが多い．その際，$b(n)$ は微分可能な関数 $f(r) = \log r$ の整数点 $r = n$ における値と解釈し，部分和の公式を導関数 $f'(r)$ で書き換えた形を用いると便利である．そのように修正した定理を，以下に示す．

部分和の公式 2　複素数列 $a(r)$ $(r = 1, 2, 3, \ldots)$ に対して

$$A(x) = \sum_{r \le x} a(r)$$

とおく．区間 $0 \le r \le x$ 上の C^1-級複素数値関数 $f(r)$ に対し，次式が成り立つ．

$$\sum_{0<r \le x} a(r)f(r) = A(x)f(x) - \int_1^x A(t)f'(t)dt.$$

証明　x が整数とは限らないので，整数からのずれによる半端分の寄与と整数間の寄与とを分けて計算する．整数 n を，$n \le x < n+1$ なるものとすると，定理の左辺は

$$\sum_{0<r \le x} a(r)f(r) = \sum_{r=1}^{n} a(r)f(r)$$

と表せる．これは前定理の左辺と同じ形であるから，前定理の右辺の和を変形する．右辺第 2 項を次のように変形する．

$$\begin{aligned}
&-\sum_{r=1}^{n-1} A(r)\,(f(r+1) - f(r)) \\
&= -\sum_{r=1}^{n-1} A(r) \int_r^{r+1} f'(t)dt \\
&= -\sum_{r=1}^{n-1} \int_r^{r+1} A(t)f'(t)dt \qquad (A(t) = A(r) \quad (r \le t < r+1))
\end{aligned}$$

$$= -\int_1^n A(t)f'(t)dt.$$

この式を，今示したい定理の右辺の第 2 項 $-\int_1^x$ と比べると，次の関係にある．

$$-\int_1^n A(t)f'(t)dt = -\int_1^x A(t)f'(t)dt + \int_n^x A(t)f'(t)dt.$$

$n \leq t \leq x$ なる任意の t に対して $A(t) = A(n)$ であるから

$$\begin{aligned}\int_n^x A(t)f'(t)dt &= A(n)\int_n^x f'(t)dt \\ &= A(n)\Big[f(t)\Big]_n^x \\ &= A(n)(f(x) - f(n)) \\ &= A(x)f(x) - A(n)f(n).\end{aligned}$$

以上より結論を得る． （証明終）

C.3 応用例

部分和の公式を使って，本章の冒頭で掲げた

$$\sum_{1 \leq k \leq x} k^2 \log(k+1)$$

の $x \to \infty$ における振舞いを，求めてみよう．

$$a(k) = k^2, \quad f(r) = \log(r+1)$$

とおき，「部分和の公式 2」を適用する．

$$A(n) = \sum_{k=1}^n k^2 = \frac{n(n+1)(2n+1)}{6}, \quad f'(r) = \frac{1}{r+1}$$

であるから，

$$\sum_{1 \leq k \leq x} k^2 \log(k+1)$$

$$
\begin{aligned}
&= \frac{x(x+1)(2x+1)}{6}\log(x+1) - \int_1^x \frac{t(t+1)(2t+1)}{6} \cdot \frac{1}{t+1}dt \\
&= \frac{x^3}{3}\log(x+1) + O\left(x^2 \log x\right) - \frac{1}{6}\int_1^x t(2t+1)dt \quad (x \to \infty) \\
&= \frac{x^3}{3}\log(x+1) + O\left(x^3\right) \quad (x \to \infty).
\end{aligned}
$$

以上より，予想通りに

$$
\sum_{1 \le k \le x} k^2 \log(k+1) \sim \frac{x^3}{3}\log(x+1) \quad (x \to \infty)
$$

が示された.

注意　付録 B のテイラー展開を用いれば,

$$
\begin{aligned}
\log(x+1) &= \log\left(x\left(1+\frac{1}{x}\right)\right) \\
&= \log x + \log\left(1+\frac{1}{x}\right) \\
&= \log x + O\left(\frac{1}{x}\right)
\end{aligned}
$$

となるので，より簡潔な結論

$$
\sum_{1 \le k \le x} k^2 \log(k+1) \sim \frac{x^3}{3}\log x \quad (x \to \infty)
$$

が得られる.

あとがき

「ゼータ関数について質問があるのですが」――その若い研究者が日本語でそう話しかけてきたのは，ある国際会議の休憩時間だった．

その国際会議は，「ランダム行列理論」という物理学・生物学・数学が交錯するテーマであったため，多岐にわたる分野の学者たちが世界中から集結していた．欧米の研究者たちの中，彼は数少ない日本人の一人だったが，数学界では見かけない顔で，私は初対面だった．彼は数学者ではないのかもしれない．

質問は，以下の内容だった：

> 臨界領域内でゼータ関数のオイラー積の対数微分を計算したところ，零点の付近で特異な挙動が観察された．臨界領域内でもオイラー積の値に意味があるのだろうか．

当時，数学界では，オイラー積を臨界領域内で考察する研究は，ほとんど行われていなかった．通常，数学者からは発せられないはずの質問を受け，私は即答できなかったため，東京に戻ってから師匠であり共同研究者である黒川信重・東京工業大学教授（現在は同大学名誉教授）に相談したところ，「ゴールドフェルドが1980年代に提唱した予想に関連するだろう」とのことだった．ちょうど当時，黒川教授も臨界領域内のオイラー積を研究しており，「深リーマン予想」の名称を提起しつつあった．

結局，彼の質問は最先端のリーマン予想研究に直結していたのである．彼の名は，数理物理学者の木村太郎氏であった．私たちは共同研究を開始し，翌年には彼と私，黒川教授の3名で深リーマン予想に関する共著論文を書くに至った．当時，ポスドク（博士取得後の研究員）だった彼は，現在，フランスのブルゴーニュ大学数学研究所で教授職に就いている．数学と物理学の双方に秀でた世界でも稀少な人材として，数理物理学界を牽引する活躍をしている．

木村氏がオイラー積の計算をした理由は，ある物理学的な要請からとのことだった．数学に変革をもたらす大発見が物理学に端を発する事例は，数学史上いくつかある．本書の冒頭で，数学のもつ「第二の力」が，数学的な風景の広がりをもつことであると説明したが，実はその風景の中に見えるのは数学にとどまらない．物理学など他分野の力によって数学的な風景が切り開かれ，逆に，数学的な風景の広がりの中に他分野の本質が垣間見える．そんな相互作用が数学をより深いものとし，数学の価値を高めている．

研究者にとって，数学的風景の中に身を置き，まわりの景色を味わうことが何よりも幸せであると，私は繰り返し述べてきた．なぜそれを幸せに感じるのか，突き詰めれば，研究者はそこに普遍性，万能性，真実の深みと重さを感じているからである．絶対的な真実に到達した以上，物理学など他分野の真実がかかわっていることは，むしろ自然である．

深リーマン予想は，数学の専門家でない人々にも理解しやすい記述になっているが，その明快さこそ，予想が本質を言い当てていることの表れである．本書は，「深リーマン予想を使えば，リーマン予想を高校数学で説明できるかもしれない」との思いから執筆した．そのこと自体が，数学という学問の魅力の表れであると感じて頂ければ，著者としてこんなに嬉しいことはない．

理系の最先端というと，現代社会の便利な生活を可能にするテクノロジーを真っ先に連想するかもしれない．しかし，その基礎となる学問を根底で支えている力は，社会からの要請よりもむしろ，研究者を惹きつけてやまない学問そのものがもつ魅力である．それによって初めて，要請を受けて行う後追いの学問ではなく，まだ見ぬ新たな可能性を社会にもたらし人類の向上に真に貢献する学問を実践できるのだと思う．読者が心の片隅で，そんな思いに少しでも共感してくれたなら，私は幸せである．

2020年3月31日　　著者

本書は，企画段階から，3人の執筆チームで一丸となって取り組み完成したものです．メンバーをここで紹介させて頂き，著者のわがままを聞き入れ，ともに労苦を乗り越えてくれたことに，感謝の意を表します．

Cotone.（イラストレーター）　代表作に「みーこの富山弁」（LINEスタンプ）など．
吉田崇将（東洋大学助教）　専門は神経科学，生体信号処理，脳機能イメージング．

索引

小山信也（こやま・しんや）
数学者．東洋大学教授．東京大学理学部数学科卒業．東京工業大学大学院理工学研究科修士課程修了，理学博士．プリンストン大学客員研究員，慶応義塾大学助教授，ケンブリッジ大学ニュートン数理科学研究所員，梨花女子大学客員教授などを経て現職．
著書に『リーマン教授にインタビューする』（青土社），『素数とゼータ関数』（共立出版），『素数からゼータへ，そしてカオスへ』（日本評論社），訳書に『オイラー博士の素敵な数式』（日本評論社）など．

数学の力
高校数学で読みとくリーマン予想

2020年7月28日　1版1刷

著　者　小山信也

発行者　鹿児島昌樹
発　行　株式会社 日経サイエンス
http://www.nikkei-science.com/
発　売　日経BPマーケティング
〒105-8308　東京都港区虎ノ門4-3-12
印刷・製本　株式会社 シナノ パブリッシング プレス

ISBN978-4-532-52079-3